普通高等教育一流本科专业建设系列教材

现代通信原理

（第二版）

韩国军　主编

科学出版社

北京

内 容 简 介

本书主要深入分析数字通信系统的模型、基本原理和性能；重在讲清原理、物理概念和分析方法，对理论的分析由浅入深、条理清楚，减少冗长的公式推导，可读性好。

全书共分 6 章，包括概述、随机过程、模拟信号的数字化传输、数字信号的基带传输、数字信号的频带传输和差错控制编码。本书将传输中的位同步和载波同步融入数字基带传输系统和数字频带传输系统进行介绍，使读者更容易理解同步原理和技术；同时将内容做了重新编排，先信源编码后通信信号传输，经典与现代的调制技术融合，力求更符合学生的认知规律。

本书可作为高等院校信息工程、电子信息工程、通信工程等相关专业"通信原理"课程的教材和参考书。同时，本书可为相关领域的科技人员提供参考，也为相近专业的人员提供一个了解通信原理的窗口。

图书在版编目（CIP）数据

现代通信原理/韩国军主编. —2 版. —北京：科学出版社，2023.9
ISBN 978-7-03-076368-6

Ⅰ. ①现⋯ Ⅱ. ①韩⋯ Ⅲ. ①通信原理 Ⅳ. ①TN911

中国国家版本馆 CIP 数据核字（2023）第 177538 号

责任编辑：孙露露　王会明 / 责任校对：赵丽杰
责任印制：吕春珉 / 封面设计：东方人华平面设计部

科学出版社 出版

北京东黄城根北街 16 号
邮政编码：100717
http://www.sciencep.com

天津翔远印刷有限公司印刷
科学出版社发行　　各地新华书店经销

*

2005 年 8 月第 一 版　　开本：787×1092　1/16
2023 年 9 月第 二 版　　印张：12 1/4
2024 年 6 月第四次印刷　　字数：290 000

定价：48.00 元
（如有印装质量问题，我社负责调换）

销售部电话 010-62136230　编辑部电话 010-62138978-2010

前　言

在当今蓬勃发展的信息时代，以数字通信技术和计算机技术为代表的信息产业蓬勃发展，深刻地改变着社会经济结构乃至人们的生活方式。以第五代移动通信系统为代表的现代通信技术正迅速地渗透到各个领域，学习和掌握现代通信原理和技术已成为信息社会许多工科大学的共识。为了适应通信技术的最新发展和更好地服务于学生的自主学习，本书内容在第一版的基础上进行重新组织并做了较大的修订。

本书作为现代通信技术的导论，以数字通信技术为主线，对通信系统、随机信号与噪声、模拟信号的数字传输、数字基带传输、数字频带传输和差错控制编码等主要技术进行全面、系统的论述。本书在强调信号的数学表达和推导的同时，力求将基本概念阐述透彻，注重理论联系实际。为帮助读者掌握基本分析方法，书中列举了许多例题，每章后附有习题。本书力求符合学生的认知规律，内容编排循序渐进，涵盖了必要的基础知识、经典知识和新技术，以方便学生自主学习。本书注重理论分析和操作实践，在保持一定理论深度的基础上尽可能简化数学分析过程，突出核心概念和重要理论。

全书共分 6 章，第 1、2 章为基础部分，第 3 章为模拟信号数字传输，第 4、5 章为数字信号传输，第 6 章为差错控制编码。

第 1 章概述，介绍通信系统的基本概念、分类与组成，概述调制信道与编码信道，分析恒参信道和随参信道特性及其对所传输信号的影响，介绍信道容量的概念，以及通信系统的主要质量指标。

第 2 章随机过程，主要介绍随机信号和噪声分析所必需的基础理论，随机过程的基本概念和统计特性；用随机过程的理论研究应用问题，介绍随机信号与噪声的特性表达以及它们通过线性系统的基本分析方法。

第 3 章模拟信号的数字化传输，简单介绍带通模拟信号的抽样定理，概述低通模拟信号的抽样定理和脉冲振幅调制，讨论模拟信号的量化，包括均匀量化和非均匀量化基本原理，重点讨论脉冲编码调制的工作原理及其抗噪声性能，简要介绍时分复用技术。

第 4 章数字信号的基带传输，全面阐述基带信号的传输原理，介绍在数字通信中实际应用的各种传输码型、波形无失真传输条件、部分响应系统等，还对功率谱的计算和传输差错率进行分析，并简单介绍位同步的原理与技术。

第 5 章数字信号频带传输，主要介绍二进制数字调制与解调的原理和方法，讨论二进制数字调制系统的抗噪性能，讨论数字信号最佳接收基本原理及性能比较，简要介绍多进制数字调制系统及其性能，正交频分复用调制工作原理，以及载波提取技术。

第 6 章差错控制编码，介绍差错控制编码的基本概念和原理，重点介绍线性分组码、循环码和卷积码。

本书由韩国军担任主编并负责统稿。具体编写分工如下：文元美编写第 1 章，王靖编写第 2 章，许少秋编写第 3 章，翟因虎编写第 4 章，蔡国发和刘喜英编写第 5 章，韩国军编写第 6 章。本书在编写过程中参阅了国内外大量著作、文献和资料，在此向相关作者表示诚挚的谢意。

由于作者水平有限，书中难免存在疏漏和不妥之处，敬请读者指正。

目　录

第1章 概 述

本章首先讨论通信和通信系统的一般概念，帮助读者对通信基本概念以及本课程所要研究的主要对象有一个初步的了解；然后在此基础上介绍包括信息量、信道、信道容量等在内的信息论基础；最后介绍通信系统的主要性能指标。

1.1 通信和通信系统一般概念

1.1.1 通信的定义

通信的目的是传递消息（message）。在电信号出现之前，人们创造了许多种传递消息的方式。例如，古代的烽火台、金鼓、旌旗，航海用的信号灯等，现代社会人们采用电话、文字、电视、遥控、遥测、因特网和计算机通信等方式来进行消息的传递。消息的表达形式有语言、文字、数据、图像等。

那么什么是通信（communication）呢？通信是按照一致同意的协定由一地向另一地进行消息的有效传递。例如，两个人打电话是利用电话系统来传递消息，两个人对话是利用声音来传递消息，邮寄信件是利用邮政媒体来传递消息。

实现通信的方式很多，目前使用最广泛的是电通信方式，即用"电"来传递消息的通信方法，称为电信（telecommunication）。电通信用电信号（signal）携带所要传递的消息，经过各种电信道进行传输，达到通信的目的。从广义上讲，光通信也属于电通信，因为光也是一种电磁波。在这里不妨对通信进行重新定义：所谓通信就是利用电子等技术手段，借助电信号（含光信号）实现从一地向另一地进行消息的有效传递和交换。

通信从本质上来讲就是实现信息（information）传递功能的一门科学技术，它将大量有用的信息无失真、高效率地进行传输，同时还在传输过程中将无用信息和有害信息抑制掉。因此，通信就是有效而可靠地传递信息。

这里所讨论的通信不是广义上的通信，而是特指利用各种电信号和光信号作为通信信号的电通信与光通信。作为一门科学、一种技术，现代通信所研究的主要问题概括地说就是如何把信息大量、快速、准确、广泛、方便、经济、安全地从信源通过传输介质传送到信宿。"通信原理"就是介绍支撑各种通信技术的通信基本概念和数学理论基础。

1.1.2 通信系统的一般模型

通信是要完成从一地到另一地的消息传递或交换。实现消息传递所需的一切技术设备和传输介质的总和称为通信系统。通信系统的一般模型如图1.1所示。

在发送端，信源是消息的产生地，将待传输的消息转换成原始电信号；发送设备将信源和信道匹配起来，将信源产生的原始电信号转换成适合在信道中传输的信号。

信道是信号传输的通道，可以是有线的也可以是无线的。通常信道中叠加有噪声，噪声来源多样，是传输过程中引入信道的噪声及分散在通信系统其他各处噪声的集中表示。

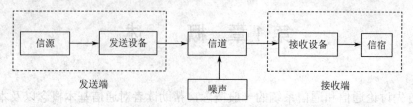

图 1.1　通信系统的一般模型

在接收端，接收设备从带有干扰的接收信号中恢复出相应的原始电信号；信宿将复原的原始电信号转换成相应的消息。

1.1.3　通信系统的分类

通信系统按不同形式，可分成以下几类。

（1）按传输信号形式不同，可分为模拟通信系统和数字通信系统。

（2）按信道具体形式不同，可分为有线通信系统和无线通信系统。有线通信系统包括有线（双绞线、同轴电缆）电通信和光纤通信等通信系统；无线通信系统包括微波通信、卫星通信、移动通信等通信系统。

（3）按调制方式不同，可分为载波调制和脉冲调制，如表 1.1 所示。

表 1.1　按调制方式分类

调制方式			主要用途
载波调制	线性调制	振幅调制（AM）	广播
		双边带调制（DSB）	立体声广播
		单边带调制（SSB）	载波通信、短波无线电话通信
		残留边带调制（VSB）	电视广播、传真
	非线性调制	频率调制（FM）	微波中继、卫星通信、立体声广播
		相位调制（PM）	中间调制方式
	数字调制	幅移键控（ASK）	数据传输
		频移键控（FSK）	
		相移键控（PSK、DPSK）	
		其他高效数字调制（QAM、MSK）	数字微波、空间通信
脉冲调制	脉冲模拟调制	脉冲振幅调制（PAM）	中间调制方式、遥测
		脉宽调制（PDM）	中间调制方式
		脉位调制（PPM）	遥测、光纤传输
	脉冲数字调制	脉冲编码调制（PCM）	市话中继线、卫星、空间通信
		增量调制（DM(ΔM)）	军用、民用数字电话
		差分脉冲编码调制（DPCM）	电视电话、图像编码
		其他编码方式（ADPCM）	中继数字电话

（4）按通信工作频段不同，可分为长波通信、中波通信、短波通信、微波通信等，如表 1.2 所示。

表 1.2 按通信工作频段分类

频率范围 f	波长 λ	符号	常用传输介质	用途
3Hz～30kHz	10^8～10^4m	VLF（甚低频）	有线线对、长波无线电	音频、电话、数据终端、长距离导航、时标
30～300kHz	10^4～10^3m	LF（低频）	有线线对、长波无线电	导航、信标、电力线通信
300kHz～3MHz	10^3～10^2m	MF（中频）	同轴电缆、中波无线电	调幅广播、移动陆地通信、业余无线电
3～30MHz	10^2～10m	HF（高频）	同轴电缆、短波无线电	移动无线电话、短波广播、定点军用通信、业余无线电
30～300MHz	10～1m	VHF（甚高频）	同轴电缆、米波无线电	电视、调频广播、空中管制、车辆通信、导航、集群通信、无线寻呼
300MHz～3GHz	100～10cm	UHF（特高频）	波导、分米波无线电	电视、空间遥测、雷达导航、点对点通信、移动通信
3～30GHz	10～1cm	SHF（超高频）	波导、厘米波无线电	微波接力、卫星和空间通信、雷达
30～300GHz	10～1mm	EHF（极高频）	波导、毫米波无线电	雷达、微波接力、射电天文学
10^5～10^7GHz	3×10^{-3}～3×10^{-5}mm	紫外、可见光红外	光纤、激光空间传播	光通信

1.2 模拟通信与数字通信

电报是一种出现较早的简单数字通信方式。随着真空管的出现，模拟通信得到了发展。此后脉冲编码原理和信息论的提出以及晶体管和集成电路的发明，使数字通信逐步进入全盛时期。

1.2.1 模拟信号与数字信号

根据信号参量取值特点的不同，可将信号分为模拟信号和数字信号，其波形示例分别如图 1.2 和图 1.3 所示。

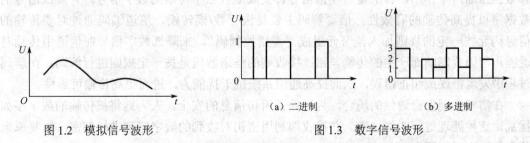

图 1.2 模拟信号波形　　　　　　　　图 1.3 数字信号波形

模拟信号的特点是信号参量的取值是连续的或具有无穷多个取值。这里具有无穷多个取值是指信号的参量（见图 1.2 中电压 U）在某一取值范围内可以有无穷多个取值，且直接与消息相对应，如强弱连续变化的语音信号、亮度连续变化的电视图像信号等。模拟信号在时间上不一定连续。

数字信号的参量取值（见图 1.3 电压 U）是离散变化的，具有有限个取值，并且常常不直接与消息相对应，如早期的电报信号、电传机送出来的脉冲信号等。

1.2.2 模拟通信系统模型和数字通信系统模型

1. 模拟通信系统模型

在图 1.4 所示的模拟通信系统一般化模型中，调制器和解调器只是模拟通信系统发送设备和接收设备的一部分，实际上还有放大等环节，这里只是突出模拟调制与解调在模拟通信系统中的作用。在该系统中存在以下两种变换：一是信源的模拟消息转换成原始电信号（基带信号）；二是基带信号变换成已调信号（带通信号）。

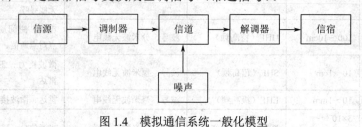

图 1.4　模拟通信系统一般化模型

2. 数字通信系统模型

数字通信系统一般化模型如图 1.5 所示。

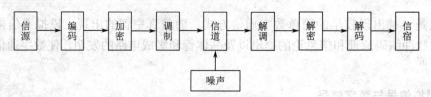

图 1.5　数字通信系统一般化模型

编码和解码包含信源编码和信源解码、信道编码和信道解码。信源编码有模/数转换和数据压缩两个作用，目的是将模拟信号转变成适合数字传输的数字信号，并降低信号的数据量以提高传输的有效性；信源解码主要是进行数/模转换。信道编码通过对要传输的信息码元按一定的规则加入监督元组成"差错控制码"，来降低数字信号在信道中传输时受噪声等因素影响而产生的传输差错；接收端的信道解码是按一定规则进行解码，在解码过程中发现错误或纠正错误，从而提高通信系统抗干扰能力，进而提高传输可靠性。

在需要实现保密通信的场合，为了保证所传信息的安全，人为地将被传输的数字序列扰乱，这种处理过程叫作加密。在接收端利用密钥对收到的数字序列进行解密，恢复原来信息的过程叫作解密。

调制的任务是把各种数字基带信号转换成适应于信道传输的数字频带信号，而解调则是将接收到的数字频带信号转换成数字基带信号。

实际的数字通信系统不一定包括图 1.5 中的所有环节。

1.2.3 数字通信系统的主要特点

数字通信系统的主要特点如下。

（1）抗干扰能力强。模拟通信系统中传输的是连续变化的模拟信号，如果传输中叠加噪声，即使噪声很小，也很难消除，如图 1.6（a）所示。在数字通信中，由于数字信号的振幅值为有限个数的离散值，虽然在传输过程中也叠加噪声，但是当信噪比还没有恶化到一定程度时，可采用再生的方法消除噪声干扰，将信号整形成原发送信号，如图 1.6（b）所示。

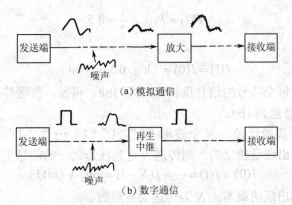

图 1.6 模拟通信与数字通信抗干扰示意图

（2）占用频带宽。例如，一路数字电话频带一般为 64kHz，而一路模拟电话所占频带仅为 4kHz，前者是后者的 16 倍。在系统频带紧张的场合，这一缺点很突出，但目前在微波通信、光通信的场合，数字通信的这些缺点被弱化，数字通信几乎成了唯一的选择。

（3）易于加密处理，且保密性能好。例如，在语音通信系统中，语音信号经电话机的声/电转换，将声音信号转换成电信号，电信号经模拟信号数字化过程转换成数字信号，然后可对此数字信号进行加密处理，扰乱原有数字序列，以达到保密的目的。

（4）可以采用信道编码技术，降低误码率，提高传输的可靠性。

1.3 信息及其度量

通信系统传输的具体对象是消息，通信的目的在于通过消息的传送使接收者获知信息，信息是指接收者在收到消息之前对消息的不确定性。消息是具体的，可以有各种形式，信息是抽象的，可被理解为消息中包含的有意义的内容。这就是说，不同形式的消息，可以包含相同的信息。通信系统传输信息的多少可直观地使用"信息量"来衡量。

1.3.1 信息量

根据概率论知识，事件的不确定性可用事件出现的概率来描述。可能性越小，概率越小；反之，概率越大。因此，消息中包含的信息量与消息发生的概率密切相关。消息出现的概率越小，其中包含的信息量就越大。假设 $P(x)$ 是一个消息发生的概率，I 是从该消息中获悉的信息量，I 与 $P(x)$ 之间有以下关系式：

$$I = \log_a \frac{1}{P(x)} = -\log_a P(x) \tag{1.1}$$

信息量 I 的单位与对数的底数 a 有关：$a=2$，单位为比特（bit，简写为 b）；$a=e$，单位为奈特（nat，简写为 n）；$a=10$，单位为笛特（det）或称为十进制单位；$a=N$，单位称为 N 进制单位。通常使用的单位为比特。

例 1.1 设二进制离散信源，数字 0 或 1 以相等的概率出现，试计算每个符号的信息量。

解 二进制等概率时，有

$$P(1) = P(0) = \frac{1}{2} = 0.5$$

有

$$I(1) = I(0) = -\log_2 0.5 = 1 \, (\text{bit})$$

即二进制等概率时，每个符号的信息量相等，为 1bit。可见，传送等概率的二进制波形之一（$P=1/2$）的信息量为 1bit。

综上所述，对于离散信源，N 个波形 "0" "1" "2" … "N-1" 等概率（$P=1/N$）发送，且每个波形的出现是独立的，则传送 N 进制波形之一的信息量为

$$I(0) = I(1) = \cdots = I(N-1) = \log_2 N \, (\text{bit}) \tag{1.2}$$

式中，P 为每个波形出现的概率；N 为传送的波形数。

若 N 是 2 的整幂次，如 $N = 2^K (K=1,2,3,\cdots)$，则式（1.2）可改写为

$$I = \log_2 2^K = K \, (\text{bit})$$

式中，K 为二进制脉冲数目。

也就是说，传送每个 N（$N=2^K$）进制波形的信息量就等于用二进制脉冲表示该波形所需的脉冲数目 K。因此，传送等概率的四进制波形之一（$P=1/4$）的信息量为 2bit，这时每个四进制波形需要用 2 个二进制脉冲表示；传送等概率的八进制波形之一（$P=1/8$）的信息量为 3bit，这时至少需要 3 个二进制脉冲。

1.3.2 平均信息量

当各个符号出现的概率不相等时，计算消息的信息量时常用到 "平均信息量" 的概念。平均信息量定义：每个符号所含信息量的统计平均值，用符号 $\bar{I}$ 表示。

设离散信源是一个由 n 个符号组成的符号集，其中每个符号 $x_i(i=1,2,\cdots,n)$ 出现的概率为 $P(x_i)$，即

$$\begin{bmatrix} x_1, & x_2, & \cdots, & x_n \\ P(x_1), & P(x_2), & \cdots, & P(x_n) \end{bmatrix} \quad \text{且} \quad \sum_{i=1}^{n} P(x_i) = 1$$

则离散信源的平均信息量为

$$\bar{I} = -P(x_1)\log_2 P(x_1) - P(x_2)\log_2 P(x_2) \cdots - P(x_n)\log_2 P(x_n)$$

$$= -\sum_{i=1}^{n} P(x_i)\log_2 P(x_i) \, (\text{bit/symbol}) \tag{1.3}$$

当 $P(x_0) = P(x_1) = \cdots = P(x_{n-1}) = \frac{1}{N}$ 时，平均信息量 $\bar{I} = \log_2 N \, (\text{bit/symbol})$ 是最大值。

例 1.2 非等概率四进制数字信号 "0" "1" "2" "3" 出现的概率分别为 $\begin{bmatrix} 0 & 1 & 2 & 3 \\ \dfrac{3}{8} & \dfrac{1}{4} & \dfrac{1}{4} & \dfrac{1}{8} \end{bmatrix}$，

计算平均信息量。

解

$$\overline{I} = -\sum_{i=1}^{n} P(x_i) \log_2 P(x_i)$$

$$= -\left(\frac{3}{8} \log_2 \frac{3}{8} + \frac{1}{4} \log_2 \frac{1}{4} + \frac{1}{4} \log_2 \frac{1}{4} + \frac{1}{8} \log_2 \frac{1}{8} \right)$$

$$= 1.906 \, (\text{bit/symbol})$$

以上介绍了离散消息所含信息量的度量方法。抽样定理说明，一个频带受限的连续信号，可以用每秒一定数目的抽样值代替，每个抽样值可以用若干个二进制脉冲序列来表示。因此，以上信息量的定义和计算同样适用于连续消息。

1.4 信道与噪声

信道是通信系统中载荷信息的信号所通过的通道，噪声是通信系统中不可避免的。本节首先讨论信道的定义与数学模型，在讨论信道数学模型的基础上，着重分析信道的特性及其对传输信号的影响；然后介绍信道噪声的一般特性；最后介绍信息容量的相关内容。

1.4.1 信道的定义与数学模型

1. 信道的定义与分类

信道是指载荷信息的信号所通过的通道，是信号的传输介质。在实际通信中，信道是指传输的物理介质，如由双绞线、同轴电缆等固体介质组成的有线信道，另外还有由空气介质组成的无线信道以及由混合介质组成的光纤信道等。具体地说，信道是指由有线或无线线路提供的信号通路；抽象地说，信道是指定的一段频带，它让信号通过，同时又给信号以限制和损害。信道的作用是传输信号。

信道大体可分为两类，即狭义信道和广义信道。如果信道仅是指信号的传输介质，这种信道称为狭义信道；如果信道不仅是指信号的传输介质，还包括通信系统中的一些转换装置，则这种信道称为广义信道。信道的分类如图 1.7 所示。

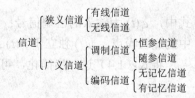

图 1.7 信道的分类

狭义信道分为有线信道和无线信道。有线信道是指传输介质为对称电缆、同轴电缆、光缆及波导等一类能够看得见的介质。无线信道的传输介质比较多，包括短波电离层、对流层散射等。可以这样认为，凡不属于有线信道的介质均为无线信道的介质，无线信道的传输特性没有有线信道的传输特性稳定和可靠，但无线信道具有方便、灵活、通信者可移动等优点。

广义信道通常分为调制信道和编码信道，如图1.8所示。调制信道是从研究调制与解调的基本问题出发构成的，它的范围是从调制器输出端到解调器输入端，调制信道常用在模拟通信中。编码信道是从编码和译码的角度出发，编码器的输出是一个数字序列，译码器的输入同样是一个数字序列，这两个数字序列可能是不同的数字序列。编码信道常用于数字通信。

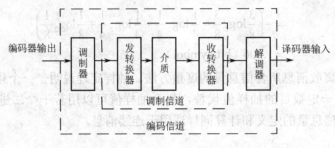

图1.8　广义信道

2. 信道的数学模型

1）调制信道模型

调制信道是传输已调信号，可以被视为一个二对端（或多对端）的时变线性网络，如图1.9所示。

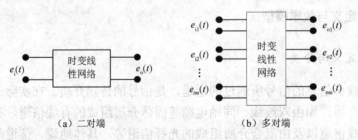

（a）二对端　　　　（b）多对端

图1.9　调制信道模型

对于二对端的信道模型来说，其输出与输入之间的关系可表示成

$$e_o(t) = f[e_i(t)] + n(t) \tag{1.4}$$

式中，$e_i(t)$ 为输入的已调信号；$e_o(t)$ 为调制信道对输入信号的响应输出信号；$n(t)$ 为信道中的加性噪声，$n(t)$ 独立于 $e_i(t)$；$f[e_i(t)]$ 为已调信号 $e_i(t)$ 通过网络所发生的线性变换。

将式·(1.4)进一步简化，可以写成

$$e_o(t) = k(t) \cdot e_i(t) + n(t) \tag{1.5}$$

式中，$k(t)$ 反映网络特性对 $e_i(t)$ 的影响，通常称其为乘性因子或乘性干扰。

这样信道对信号的影响可归纳为两点：一是乘性干扰 $k(t)$；二是加性干扰 $n(t)$。不同特性的信道仅反映信道模型有不同的 $k(t)$ 及 $n(t)$。根据信道中 $k(t)$ 的特性不同，可以将信道分为恒参信道和随参信道。恒参信道是 $k(t)$ 不随时间变化或基本不随时间变化的信道；随参信道是 $k(t)$ 随时间的变化快速变化的信道。

2）编码信道模型

编码信道是包括调制信道及调制器、解调器在内的信道。它与调制信道模型有明显的不同，即调制信道对信号的影响是通过 $k(t)$ 和 $n(t)$ 使调制信号发生"模拟性"的变化；而编码信道对信号的影响则是一种数字序列的变换，即将一种数字序列转换成另一种数字序列，故编码信道也被看作一种数字信道。

编码信道的模型可用数字信号的转移概率来描述。图 1.10 所示为无记忆二进制和无记忆四进制编码信道模型，模型中假设解调器每个输出码元的差错发生是相互独立的，即是无记忆信道。$P(0/0)$、$P(1/0)$、$P(0/1)$、$P(1/1)$ 称为信道转移概率，以 $P(1/0)$ 为例，其含义是"经信道传输，将 0 转移为 1 的概率"，其中 $P(0/0)$、$P(1/1)$ 是正确转移的概率，$P(1/0)$、$P(0/1)$ 是错误转移的概率。由信道特性可知

$$\begin{cases} P(0/0) + P(1/0) = 1 \\ P(1/1) + P(0/1) = 1 \end{cases} \tag{1.6}$$

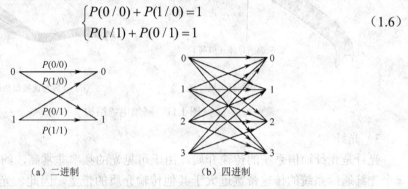

（a）二进制　　　　　　（b）四进制

图 1.10　编码信道模型

信道噪声越大，将导致输出数字序列发生的错误越多，错误转移概率 $P(1/0)$、$P(0/1)$ 也越大；反之，错误转移概率 $P(1/0)$、$P(0/1)$ 越小。输出的总错误概率为

$$P_e = P(0)P(1/0) + P(1)P(0/1) \tag{1.7}$$

在有记忆编码的信道中，噪声、干扰的影响往往前后相关，错误成串出现，这类信道也被称为突发差错信道。实际的衰落信道、码间串扰信道均属于这类信道。

编码信道将调制信道及调制器、解调器包含在内，且它的特性紧密依赖于调制信道，下面将进一步讨论调制信道。

1.4.2　恒参信道及其传输特性

1. 恒参信道举例

恒参信道的信道特性不随时间变化或变化很缓慢。有线信道中的双绞线、同轴电缆、光纤及无线信道中的中波通信、长波通信、超短波及微波无线电视距通信信道等基本上都属于恒参信道，举例如下。

1）双绞线

双绞线由若干对且每对有两条相互绝缘的铜导线按一定规则绞合而成。采用这种绞合结构是为了减少对邻近线对的电磁干扰。为了进一步提高双绞线的抗电磁干扰能力，还可以在双绞线的外层再加上一个用金属丝编织的屏蔽层。双绞线可用于模拟信号和数字信号的传输，其通信距离一般为几千米到十几千米。导线越粗，通信距离越长，导线价格也越

高。双绞线的性价比较高，使用十分广泛。

2）同轴电缆

同轴电缆由同轴的两个导体构成，外导体是一个圆柱形的空管（在可弯曲的同轴电缆中，它可由金属丝编织而成），内导体是金属线（芯线），如图 1.11 所示。实际应用中同轴电缆的外导体是接地的，对外界干扰具有较好的屏蔽作用，所以同轴电缆抗电磁干扰性能较好，有线电视网络中常大量采用这种结构的同轴电缆。按特性阻抗数值的不同，同轴电缆还可分为 50Ω 的基带同轴电缆和 75Ω 的宽带同轴电缆。

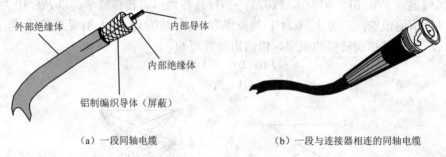

外部绝缘体　　　内部导体

内部绝缘体

铝制编织导体（屏蔽）

（a）一段同轴电缆　　　　　　　　　　　　（b）一段与连接器相连的同轴电缆

图 1.11　同轴电缆结构

3）光纤

光纤是光纤通信系统的传输介质。由于可见光的频率非常高，约为 10^8MHz 的量级，一个光纤通信系统的传输带宽远大于其他传输介质的带宽，因此，光纤是目前最有发展前途的有线传输介质。

光纤呈圆柱形，由纤维芯、包层、绝缘层和外套等部分组成，如图 1.12 所示。纤维芯是光纤最中心的部分，它由一条或多条非常细的玻璃或塑料纤维线构成，每根纤维线都有包层。由于包层涂层的折射率比纤维芯低，因此可使光波保持在纤维芯内。环绕一束或多束有包层纤维的外套由若干塑料或其他材料层构成，以防止外部的潮湿气体侵入，并可防止纤

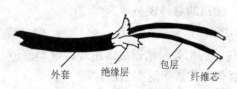

外套　绝缘层　包层　纤维芯

图 1.12　光纤结构示意图

维芯受到磨损或挤压等伤害。

光纤不易受电磁干扰和噪声影响，可进行远距离、高速率的数据传输，而且具有很好的保密性能。但是光纤的衔接、分叉比较困难，一般只适应于点到点或环形连接。目前光纤通信的 3 个实用的低损耗窗口是 0.85μm、1.31μm 和 1.55μm。

4）无线电视距中继信道

无线电视距中继信道是指工作频率在超短波和微波时，电磁波基本上沿视线传播，通信距离依靠中继方式延伸的无线电线路。在其接收点所接收的电波一般是直射波与大地反射波的合成，由于受地形和天线高度的限制，两点间的传输距离一般为 30~50km，当进行长距离通信时，需要在中间建立多个中继站，如图 1.13 所示。无线电视距中继信道具有传输容量大、长途传输质量稳定、节约有色金属、投资少、维护方便等优点，被广泛用于传输多路电话及电视等。

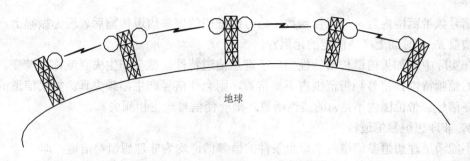

图 1.13　无线电视距中继信道的构成

2. 恒参信道特性

由于恒参信道对信号传输的影响是固定不变的或者是变化极为缓慢的，因而可以等效为一个非时变的线性网络，可用网络的传输函数 $H(\omega)$ 表示，如图 1.14 所示。

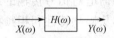

图 1.14　恒参信道传输函数 $H(\omega)$ 示意图

传输函数 $H(\omega)$ 表示为

$$H(\omega) = \frac{Y(\omega)}{X(\omega)} = |H(\omega)| \mathrm{e}^{\mathrm{j}\phi(\omega)} \qquad (1.8)$$

式中，$|H(\omega)|$ 为信道的振幅-频率特性；$\phi(\omega)$ 为信道的相位-频率特性。

1）理想恒参信道特性

要使任意一个信号通过线性网络不产生波形失真，网络的传输特性应该具备以下两个理想条件。

（1）网络的振幅-频率特性 $|H(\omega)|$ 是一个不随频率变化的常数，即

$$|H(\omega)| = K_0 \qquad (1.9)$$

式中，K_0 为传输系数，是与频率无关的常数。

（2）网络的相位-频率特性 $\phi(\omega)$ 应与频率呈线性关系，即

$$\phi(\omega) = \omega t_\mathrm{d} \qquad (1.10)$$

式中，t_d 为时间延迟，是与频率无关的常数。

信道的相频特性通常还采用群迟延特性来衡量，所谓的群迟延特性就是相频特性 $\phi(\omega)$ 的导数，群迟延特性可以表示为

$$\tau(\omega) = \frac{\mathrm{d}\phi(\omega)}{\mathrm{d}\omega} = t_\mathrm{d} \qquad (1.11)$$

理想信道的幅频特性、相频特性和群迟延-频率特性如图 1.15 所示。可知，在整个频率范围，其幅频特性为常数或在信号频带范围内为常数，其相频特性为 ω 的线性函数

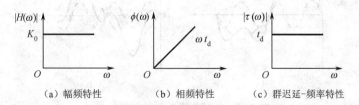

（a）幅频特性　　　　（b）相频特性　　　　（c）群迟延-频率特性

图 1.15　理想信道的幅频特性、相频特性和群迟延-频率特性

或在信号频带范围内为ω的线性函数。信号经理想的恒参信道传输后表现为振幅上产生固定的增益K_0、时间上产生固定的延迟t_d。

在实际中，如果信道传输特性偏离了理想信道特性，就会产生失真或称为畸变。如果信道的幅频特性在信号频带范围内不是常数，则会使信号产生幅频失真；如果信道的相频特性在信号频带范围内不是ω的线性函数，则会使信号产生相频失真。

2）非理想恒参信道特性

不能满足理想恒参信道两个理想条件的恒参信道均为非理想恒参信道，即

$$\begin{cases} H(\omega) \neq 常数 \\ \tau(\omega) = \dfrac{\mathrm{d}\phi(\omega)}{\mathrm{d}\omega} \neq 常数 \end{cases} \tag{1.12}$$

恒参信道对信号传输的影响主要是线性畸变，线性畸变是由于网络特性不理想所造成的，具体从幅频特性和相频特性两方面进行讨论。

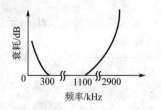

图 1.16　典型音频电话信道的相对衰耗

（1）幅频畸变。由于实际信道幅频特性的不理想造成了幅频畸变。图 1.16 所示为典型音频电话信道的振幅衰耗特性。由图可见，低频端截止频率在 300Hz 以下，在 300～1100Hz 频率范围内衰耗比较平坦，在 1100～2900Hz 之间，衰耗通常是线性上升的，在 2900Hz 以上衰耗增加很快。

信道幅频特性的不理想使通过它的信号波形产生失真，若传输的是数字信号，会引起相邻数字信号波形之间在时间上的相互重叠，即码间串扰。

（2）相频畸变（群迟延畸变）。相频畸变是由于信道相频特性不理想，信道的相频特性偏离线性关系所引起的畸变，经常也用群迟延-频率特性来衡量。图 1.17 所示为典型电话信道群迟延-频率特性，电话信道的相频畸变主要来源于信道中的各种滤波器，尤其在信道频带的边缘，相频畸变就更严重。相频畸变对模拟语音信号影响并不显著，这是因为人耳对相频畸变不太灵敏；但对数字信号传输却不然，尤其当传输速率比较高时，相频畸变将会引起严重的码间串扰，给通信带来很大损害。图 1.18 所示为相移失真前后的波形比较。

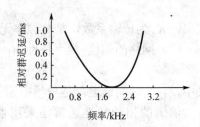

图 1.17　典型电话信道群迟延-频率特性

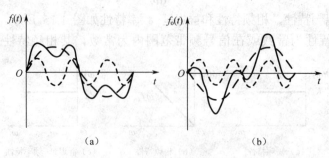

图 1.18　相移失真前后的波形比较

（3）减小畸变的措施。减小幅频畸变的措施为改善电话信道中的滤波性能，或者通过线性补偿网络使衰耗特性曲线变得平坦。这一措施通常称为"均衡"。相频畸变（群迟延畸变）与幅频畸变一样，也是一种线性畸变，因此可采取相位均衡技术补偿。

1.4.3　随参信道及其传输特性

1. 随参信道举例

随参信道的信道特性随时间快速变化，典型的随参信道如下。

1）短波电离层反射信道

短波是指波长为 10～100m（相应的频率为 3～30MHz）的无线电波。短波电离层反射信道利用地面发射的无线电波在电离层，或电离层与地面之间的一次反射或多次反射所形成的信道。由于太阳辐射的紫外线和 X 射线，使离地面 60～600km 的大气层成为电离层。电离层由分子、原子、离子及自由电子组成。当短波无线电波射入电离层时，由于折射现象会使电波发生反射，返回地面，从而形成短波电离层反射信道。

电离层厚度有数百千米，可分为 D、E、F_1 和 F_2 这 4 层，如图 1.19 所示。由于太阳辐射的变化，电离层的密度和厚度也随时间随机变化，因此短波电离层反射信道是随参信道。在白天，由于太阳辐射强，所以 D、E、F_1 和 F_2 这 4 层都存在。在夜晚，由于太阳辐射减弱，D 层和 F_1 层几乎完全消失，因此只有 E 层和 F_2 层存在。由于 D、E 层电子密度小，不能形成反射条件，因此短波电波不会被反射。D、E 层对电波传输的影响主要是吸收电波，使电波能量损耗。F_2 层是反射层，其高度为 250～300km，所以一次反射的最大通信距离约为 4000km。

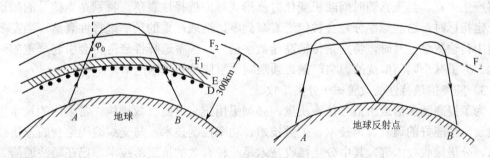

图 1.19　电离层结构示意图

短波电离层反射信道是远距离传输的重要信道之一，具有终端设备功率小、成本较低、传播距离远、有适当的传输频带宽度、不易受到人为破坏等优点，但同时也存在传输可靠性较差、使用较复杂、存在快衰落与多径时延等不足。

2）陆地移动信道

陆地移动通信工作频段主要在 VHF 和 UHF 频段，电波传播特点是以直射波为主。但是，由于城市建筑群和其他地形地物的影响，电波在传播过程中会产生反射波、散射波及其合成波，电波传输环境较为复杂，因此移动信道是典型的随参信道。

图 1.20 所示为移动信道的传播路径，图中 d_1 为光滑平面反射波传输路径，d 为直射波传输路径，d_2 为建筑物反射或散射路径。

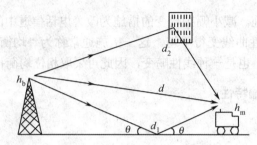

图 1.20　移动信道的传播路径

从以上两种典型随参信道的例子可以看出，随参信道的传输介质具有对信号的衰耗随时间而变化、传输的时延随时间而变化、多径传播的特点。

2. 随参信道特性

1）多径衰落与频率弥散

图 1.20 所示的移动信道传播路径也是陆地移动多径传播示意图。基站天线发射的信号经过多条不同的路径到达移动台。从时间上看，多径传播使单一频率的正弦信号变成了包络和相位受调制的窄带信号，即多径传播使信号产生瑞利型衰落；从频谱上看，多径传播使单一谱线变成了窄带频谱，即多径传播引起了频率弥散。

2）频率选择性衰落

当发送信号是具有一定频带宽度的信号时，多径传播除了会使信号产生瑞利型衰落外，还会产生频率选择性衰落。频率选择性衰落是多径传播的又一重要特征。对于信号不同的频率成分，信道将有不同的衰减比例。显然，信号通过这种传输特性的信道时，其频谱将产生失真。当失真随时间随机变化时就形成频率选择性衰落。特别是当信号的频谱宽于一定指标时，这些频率分量会被信道衰减到零，造成严重的频率选择性衰落。当在多径信道中传输数字信号时，特别是传输高速数字信号，频率选择性衰落将会引起严重的码间串扰。为了减小码间串扰的影响，就必须限制数字信号的传输速率。

3）随参信道特性的改善——分集接收

为了提高随参信道中信号传输质量，必须采用抗衰落的有效措施。常采用的技术措施有抗衰落性能好的调制解调技术、扩频技术、功率控制技术、与交织编码结合的差错控制技术、分集接收技术等。其中分集接收技术是一种有效的抗衰落技术，已在短波通信、移动通信系统中得到广泛应用。

所谓分集接收，是指接收端按照某种方式使它收到的携带同一信息的多个信号衰落特性相互独立，并对多个信号进行特定的处理，以降低合成信号电平起伏，减小各种衰落对接收信号的影响。从广义信道的角度来看，分集接收可看作随参信道中的一个组成部分，通过分集接收使包括分集接收在内的随参信道衰落特性得到改善。

分集接收包含两重含义：一是分散接收，使接收端能得到多个携带同一信息的、统计独立的衰落信号；二是集中处理，即接收端把收到的多个统计独立的衰落信号进行适当合并，从而降低衰落的影响，改善系统性能。

（1）互相独立或基本独立的一些信号，一般可利用不同路径或不同频率、不同角度、不同极化等接收手段来获取，于是大致有以下几种分集方式。

① 空间分集。空间分集是接收端在不同的位置上接收同一个信号，只要各位置间的距离大到一定程度，则所收到信号的衰落是相互独立的。因此，空间分集的接收机至少需要两副间隔一定距离的天线，其基本结构如图 1.21 所示。图中，发送端用一副天线发射，接收端用 N 副天线接收。为了使接收到的多个信号满足相互独立的条件，接收端各接收天线之间要有足够的间距。通常，分集天线数（分集重数）越多，性能改善越好。

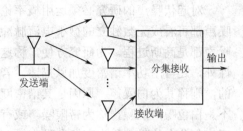

图 1.21　空间分集示意图

② 频率分集。频率分集是将待发送的信息分别调制到不同的载波频率上发送，只要载波频率之间的间隔大到一定程度，则接收端所接收到信号的衰落是相互独立的。在实际中，当载波频率间隔大于相关带宽时，则可认为接收到信号的衰落是相互独立的。

③ 时间分集。时间分集是将同一信号在不同的时间区间多次重发，只要各次发送的时间间隔足够大，则各次发送信号所出现的衰落将是相互独立的。时间分集主要用于在衰落信道中传输数字信号。

（2）在接收端采用分集方式可以得到 N 个衰落特性相互独立的信号，所谓合并就是采用某种方法将得到的各个独立衰落信号相加后合并输出，从而获得分集增益。各分散的合成信号进行合并的方法如下。

① 最佳选择式。检测所有接收机输出信号的信噪比，选择其中信噪比最大的那一路信号作为合并器的输出。

② 等增益相加式。各条支路取相同的加权系数直接相加，相加后的信号作为接收信号。

③ 最大比值相加式。各条支路加权系数与该支路信噪比成正比。信噪比越大，加权系数越大，对合并后信号贡献也越大。

1.4.4　信道内的噪声

噪声就是除有用信号以外的一切不需要的信号及各种电磁干扰的总称。根据噪声在信道中的表现形式，通常分为乘性噪声和加性噪声两类。乘性噪声一般是一个复杂的函数，常常包括各种线性畸变、非线性畸变、交调畸变和衰落畸变等，通常只能用随机过程进行描述。加性噪声包括自然噪声、人为噪声和内部噪声，是信道噪声的主要研究内容。

自然噪声存在于自然界的各种电磁波中，如闪电、雷暴及其他宇宙噪声。人为噪声来源于人类的各种活动，如电焊产生的电火花、车辆或各种机械设备运行时产生的电磁波和电源的波动，尤其是为某种目的而专门设置的干扰源（如电子对抗）。内部噪声是通信系统设备内部由元器件本身产生的热噪声、散弹噪声及电源噪声等。

根据表现形式，噪声可分为单频噪声、脉冲噪声和起伏噪声。对于单频噪声和脉冲噪声，可以通过合理设计系统、选择合适的工作频率、远离脉冲源等措施来减小和避免。起伏噪声主要是信道内部的热噪声和器件噪声以及来自空间的宇宙噪声，是一种始终存在的随机噪声，是影响通信系统性能的主要因素。在以后各章分析通信系统抗噪声性能时，都是以起伏噪声为重点。

　　对起伏噪声的研究必须运用概率论和随机过程知识。元器件本身产生的热噪声、散弹噪声都可看成无数独立的微小电流脉冲的叠加，它们是服从高斯分布的，即热噪声、散弹噪声都是高斯过程。为研究方便，称这类噪声为高斯噪声。除了用概率分布描述噪声的特性外，还可用功率谱密度加以描述。若噪声的功率谱密度在整个频率范围内都是均匀分布的，则称其为白噪声。原因是其谱密度类似于光学中包含所有可见光光谱的白色光光谱。不是白色噪声的噪声称为带限噪声或有色噪声。通常把统计特性服从高斯分布、功率谱密度均匀分布的噪声称为高斯白噪声。

　　起伏噪声本身是一种频谱很宽的噪声，当它通过通信系统时，会受到通信系统中各种变换的影响，使其频谱特性发生变化。一个通信系统的线性部分可以用线性网络来描述，通常具有带通特性。当宽带起伏噪声通过带通特性网络时，输出噪声就变为带通型噪声。如果线性网络具有窄带特性，则输出噪声为窄带噪声。

　　干扰是一种电信号，是一种由噪声引起的对通信产生不良影响的效应。但并不是所有噪声都会产生干扰。例如，数字信号上会出现小尖峰脉冲噪声，由于其振幅不会造成电路判断错误，因此不能称为干扰。当然，噪声与干扰的界定是比较困难的，在实际工程中，不管噪声是否能形成干扰，都尽量把它们降到最低。

　　抗干扰是通信系统研究的主要问题之一，相关专业人员也一直在理论方法与实用技术上寻求解决方案，如角调制比振幅调制抗干扰性好、数字通信系统比模拟通信系统抗干扰性好，在实用技术上也有如屏蔽、滤波等很多措施。

1.4.5　信道容量

　　在信息论中，称信道无差错传输信息的最大信息速率为信道容量。这里只讨论调制信道的信道容量。

1. 香农公式

　　假设调制信道的加性高斯白噪声功率为 $N(\text{W})$，信道的带宽为 $B(\text{Hz})$，信号功率为 $S(\text{W})$，则该信道的信道容量为

$$C = B\log_2\left(1 + \frac{S}{N}\right)(\text{bit/s}) \tag{1.13}$$

　　式（1.13）就是著名的香农（Shannon）信道容量公式，简称香农公式。香农公式表明，当信号与信道加性高斯白噪声的平均功率给定时，在具有一定带宽的信道上，理论上单位时间内可能传输的信息量的极限数值。

　　由于噪声功率与信道带宽有关，故若噪声单边功率谱密度为 n_0，则在信道带宽 B 内的噪声功率 $N = n_0 B$。因此，香农公式的另一种形式为

$$C = B\log_2\left(1 + \frac{S}{n_0 B}\right)(\text{bit/s}) \tag{1.14}$$

　　由以上可见，一个调制信道的信道容量受 B、n_0、S 三要素的限制。只要这三要素确定，则信道容量随之确定。

2. 关于香农公式的几点讨论

由香农公式可得到以下结论。

（1）在给定 B、S/N 的情况下，信道的极限传输能力为 C，而且此时能够做到无差错传输（即差错率为零）。这就是说，如果信道的实际传输速率大于 C 值，则无差错传输在理论上就已不可能。因此，实际传输速率要求不能大于信道容量，除非允许存在一定的差错率。

（2）提高信噪比 S/N，可提高信道容量。若信号功率趋于无穷大或者噪声功率趋于零（或噪声功率谱密度趋于零），则信道容量趋于无穷大。

（3）增加信道带宽 B，也可有限地增加信道的容量，但不能使信道容量无限增大。信道带宽 B 趋于无穷大时，信道容量的极限值为

$$\lim_{B \to \infty} C = \lim_{B \to \infty} B \log_2 \left(1 + \frac{S}{N_0 B} \right)$$

$$= \frac{S}{N_0} \lim_{B \to \infty} \frac{N_0 B}{S} \log_2 \left(1 + \frac{S}{N_0 B} \right)$$

$$= \frac{S}{N_0} \log_2 e$$

$$\approx 1.44 \frac{S}{N_0} \tag{1.15}$$

（4）信道容量可以通过系统带宽与信噪比的互换来保持不变。

例如，如果 $S/N = 7$，$B = 4000\text{Hz}$，则可得 $C = 1.2 \times 10^4 \text{bit/s}$；如果 $S/N = 15$，$B = 3000\text{Hz}$，则可得同样的 C 值。这就提示我们，为达到某个实际传输速率，在系统设计时可以利用香农公式中的互换原理，确定合适的系统带宽和信噪比。

这种信噪比和带宽的互换性在通信工程中有很大用处。例如，在宇宙飞船与地面的通信中，飞船上的发射功率不可能做得很大，因此可用增大带宽的方法来换取对信噪比要求的降低。相反，如果信道频带比较紧张，如有线载波电话信道，这时主要考虑频带利用率，可用提高信号功率来增加信噪比，或采用多进制的方法来换取较窄的频带。

香农公式给出了通信系统所能达到的极限信息传输速率，达到极限信息速率的通信系统称为理想通信系统。但是，香农公式只证明了理想通信系统的"存在性"，却没有指出这种通信系统的实现方法。这正是通信系统研究和设计者们所面临的任务。

1.5 通信系统的主要性能指标

通信的任务是快速且准确地传递信息，因此传输信息的有效性和可靠性成为通信系统最主要的质量指标。有效性是指在给定信道内能传输信息内容的多少；可靠性是指接收信息的准确程度。这两者相互矛盾又相互联系，通常也可以互换，而其极限性能则遵从香农公式。

1.5.1 模拟通信系统的质量指标

模拟通信系统的有效性可用有效传输频带来度量。同样的消息用不同的调制方式，则

需要不同的带宽。例如，单边带调制（single-sideband modulation，SSB）和振幅调制（amplitude modulation，AM）比较，对于每路语音信号，SSB 占用频带只有 AM 的一半，因此在一定频带内用 SSB 信号传输的路数比 AM 多 1 倍，可以传输更多消息，因此 SSB 的有效性比 AM 好。

模拟通信系统的可靠性用接收端最终输出信噪比 S/N 来度量。例如，电视一般要求信噪比 $S/N>40\sim60\text{dB}$，电话一般要求信噪比 $S/N=20\sim40\text{dB}$，信噪比 S/N 越大，通信质量越高。不同调制方式在同样信道信噪比下所得到的最终解调后的信噪比是不同的，如调频信号抗干扰能力比调幅好，但调频信号所需传输频带却宽于调幅。

1.5.2　数字通信系统的质量指标

在数字通信中传输的是离散信号，若离散信号的状态只有两种，则可以用一位（$\log_2 2$）二进制数字表示；若离散信号的状态多于两种，则可以用 N 进制数字表示，而 N 进制的每一位数字可以用 $\log_2 N$ 个二进制数字来表示，但要注意，当 $\log_2 N$ 不为整数时，应取大于此值的第一个整数。

在数字通信中常常用时间间隔相同的信号来表示一位二进制数字，这个时间间隔称为码元长度，该码元长度内的信号称为二进制码元。同样，N 进制的信号也是等长的，称为 N 进制码元。

1. 有效性

数字通信系统的有效性可用码元速率 R_B、信息速率 R_b 及系统的频带利用率 η 来描述。

1）码元速率 R_B

码元速率 R_B 又称为传码率、码元传输速率、符号速率，是单位时间内所传送的码元数目，单位为波特（Baud），记为 B。数字信号有多进制和二进制之分，但码元速率与进制数无关，只与传输的码元宽度 T 有关，即

$$R_\text{B} = \frac{1}{T} \tag{1.16}$$

在保证信息速率不变的情况下，N 进制的码元速率 $R_{\text{B}N}$ 与二进制的码元速率 $R_{\text{B}2}$ 之间有以下转换关系，即

$$R_{\text{B}2} = R_{\text{B}N} \cdot \bar{I} \tag{1.17}$$

2）信息速率 R_b

信息速率 R_b 是指单位时间内系统所传送的信息量，单位为 bit/s 或 bps。在 N 进制码元传输中，其码元速率 $R_{\text{B}N}$ 与信息速率 $R_{\text{b}N}$ 的关系为

$$R_{\text{b}N} = R_{\text{B}N} \cdot \bar{I} \tag{1.18}$$

3）频带利用率 η

通信系统的频带利用率 η 是指单位时间、单位系统频带上传输的信息量多少，单位为 b/(s·Hz)。

$$\eta = \frac{R_\text{b}}{B} \tag{1.19}$$

在二进制基带系统中，最高频带利用率为 2b/(s·Hz)；在多进制基带系统中，频带利

用率可以大于2b/(s·Hz)。

例 1.3 已知二进制数字信号在 2min 内共传送了 72000 个码元。①码元速率和信息速率各为多少？②如果码元宽度不变，但改为八进制数字信号，则其码元速率为多少？信息速率又为多少？

解 ① $R_{B2} = \dfrac{72000}{2 \times 60} = 600(\text{B})$

$R_{b2} = R_{B2} = 600(\text{bit/s})$

② $R_{B8} = \dfrac{72000}{2 \times 60} = 600(\text{B})$

$R_{b8} = R_{B8} \cdot \log_2 8 = 1800(\text{bit/s})$

2. 可靠性

数字通信系统的可靠性用误码率 P_e、误信率 P_b 来描述。

（1）误码率 P_e 是指发生差错的码元数在传输总码元数中所占的比例，即

$$P_e = \frac{\text{传错码元个数}}{\text{传输码元总数}} \tag{1.20}$$

（2）误信率 P_b 是指发生差错的比特数在传输总比特数中所占的比例，即

$$P_b = \frac{\text{传错比特数}}{\text{传输的总比特数}} \tag{1.21}$$

例 1.4 已知某八进制数字通信系统的信息速率为12000bit/s，在接收端半小时内共测得出现了 216 个错误码元。试求系统的误码率。

解 $R_{b8} = 12000\text{bit/s}$

$R_{B8} = R_{b8} / \log_2 8 = 4000(\text{B})$

$P_e = \dfrac{216}{4000 \times 30 \times 60} = 3 \times 10^{-5}$

本 章 小 结

本章重点介绍通信和信道的基本概念。

（1）通信的任务就是从一地向另一地有效且可靠地传递消息。消息与信息是两个不同的概念，信息是消息的内涵，是消息中所包含的受信者原来不知而待知的内容。

（2）实现消息传递所需的一切技术设备和传输介质的总和称为通信系统。一个典型的通信系统由发送端、信道、接收端构成，模拟通信系统与数字通信系统在构成上有很大的差异。数字通信系统具有抗干扰能力强、易加密等优点，但也存在占用较宽频带的不足。目前在微波通信、光通信等场合，数字通信的缺点被弱化，数字通信几乎成了唯一的选择。

（3）消息中所含不确定性的大小用信息量来描述，消息中包含的信息量与消息发生的概率密切相关。消息出现的概率越小，其中包含的信息量就越大。当消息中的符号出现不等概率时，用平均信息量来描述消息中的不确定性。

（4）信道是指以传输介质为基础的信号通道。如果信道仅指信号的传输介质，这种信道称为狭义信道，狭义信道按照传输介质的特性可分为有线信道和无线信道。如果信道不

仅是传输介质，而且包括通信系统中的一些转换装置，则这种信道称为广义信道，广义信道按照它包括的功能，可以分为调制信道和编码信道。

（5）信道特性主要由传输介质所决定，如果传输介质的特性基本不随时间变化，其所构成的信道通常属于恒参信道；如果传输介质的特性随时间随机快速变化，则构成的信道通常属于随参信道。恒参信道特性的不理想表现为幅频特性以及群迟延特性不为常数，将引起信号的失真，可采用均衡器进行补偿。随参信道的多径传播除了会使信号产生瑞利型衰落外，还会产生频率选择性衰落，分集接收技术是一种有效的抗衰落技术。

（6）信道无差错传输信息的最大信息速率为信道容量，用香农公式表示连续信道的信道容量。单边功率谱密度 n_0、信道带宽 B、信号功率 S 决定了信道容量的大小。信道容量可以通过系统带宽与信噪比的互换来保持不变，同时香农公式给出了通信系统所能达到的极限信息传输速率，但是没有指出这种通信系统的实现方法。

（7）衡量通信系统质量的两个主要指标即有效性与可靠性。在数字通信系统中，有效性具体用码元传输速率或信息传输速率来进行描述，可靠性则用误码率或误信率来描述。

习　题

1. 设 E 出现的概率 $P(E) = 0.105$，X 出现的概率 $P(X) = 0.002$，求 E 和 X 的信息量。

2. 某信息源的符号集由 A、B、C、D、E 组成，设每一符号独立出现，其出现概率分别为 1/4、1/8、1/8、3/16、5/16。试求该信息源符号的平均信息量。

3. 一个由字母 A、B、C、D 组成的字，对于传输每一个字母用二进制脉冲编码，00 代替 A，01 代替 B，10 代替 C，11 代替 D，每个脉冲宽度为 5ms。

① 不同的字母等可能出现时，试计算传输的平均信息速率。

② 若每个字母出现的可能性分别为 $P_A = \dfrac{1}{5}$，$P_B = \dfrac{1}{4}$，$P_C = \dfrac{1}{4}$，$P_D = \dfrac{3}{10}$，试计算传输的平均信息速率。

4. 设一数字传输系统传送二进制码元的速率为 1200B，试求该系统的信息速率；若该系统改为传送十六进制信号码元，码元速率为 2400B，则此时的系统信息速率为多少？

5. 黑白电视机的图像每秒传输 25 帧，每帧 625 行，屏幕宽与高之比为 4∶3。设图像每一像素的亮度等级为 10 个电平，各像素电平相互独立且等概率。求电视图像给观众的平均信息速率为多少？

6. 在强干扰环境下，某电台在 5min 内共收到正确信息量为 355Mbit，假定系统信息速率为 1200kbit/s。

① 试问系统误信率是多少？

② 若假定信号为四进制信号，系统码元传输速率为 1200KB/s，则系统误信率又是多少？

7. 经长期测定，系统的误码率 $P_e = 10^{-5}$，系统码元速率为 1200B/s，问在多长时间内可能收到 360 个错误码元？

8. 设一恒参信道的幅频特性为 $|H(\omega)| = K_0$，相频特性为 $\phi(\omega) = \omega t_d$，其中，$K_0$ 和 t_d 都是常数。试确定信号 $S(t)$ 通过该信道后输出信号的时域表示式，并进行讨论。

9. 设某恒参信道的幅频特性为 $H(\omega) = [1 + \cos(\omega T_0)]e^{-j\omega t_d}$，其中 t_d 为常数。试确定信

号 $S(t)$ 通过该信道后的输出信号表示式。

10. 两个恒参信道，其等效模型分别如题图 1.1 所示。试求这两个信道的群迟延特性并画出它们的群迟延曲线。

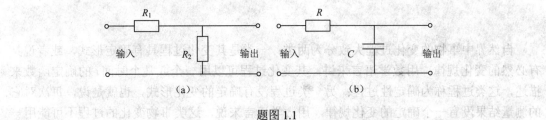

题图 1.1

11. 某一待传输的图片约含 2.25×10^6 个像元，为了很好地重现图片需要 12 个亮度电平。假设所有这些亮度电平等概率出现，试计算用 3min 传送一张图片时所需的信道带宽（假设信道中信噪功率比为 30dB）。

12. 具有 6.5MHz 带宽的某高斯信道，若信道中信号功率与噪声功率谱密度之比为 45.5MHz，试求其信道容量。

13. 某计算机网络通过同轴电缆相互连接，已知同轴电缆每个信道带宽为 8MHz，信道输出信噪比为 30dB，求计算机无误码传输的最高信息速率。

14. 已知每张静止图片含有 6×10^5 个像素，每个像素具有 16 个亮度电平，且所有这些亮度电平等概率出现。若要求每秒钟传输 24 幅静止图片，计算所要求信道的最小带宽（设信道输出信噪比为 30dB）。

第2章 随机过程

　　自然界中事物的变化过程大致分为两类：一类是其变化过程具有确定形式，或者说具有必然的变化规律，用数学语言来讲，其变化过程可以用一个或几个时间 t 的确定函数来描述，这类过程称为确定性过程；另一类过程没有确定的变化形式，也就是说，每次对它的测量结果没有一个确定的变化规律，用数学语言来说，这类事物变化的过程不可能用一个或几个时间 t 的确定函数来描述，这类过程称为随机过程。

　　通信系统中遇到的信号，通常总带有某种随机性，即它们的某个或几个参数不能预知或不能完全预知。通常把这种具有随机性的信号称为随机信号。通信系统中还必然遇到噪声，如自然界中的各种电磁波噪声，它们更不能预测。凡是不能预测的噪声统称为随机噪声，简称为噪声。从统计学的观点讲，随机信号和噪声统称为随机过程。

　　虽然随机信号和噪声都具有不可预测的波形特点，但两者的意义完全不同。随机信号的不可预测性是它具有携带信息的能力，而噪声的不可预测性却是有害的，它将使有用信号受到污染。随机信号和噪声的统计特性有许多差异，因此可以利用这种差异在某种程度上将信号从噪声中提取出来，尽量恢复信号所携带的信息。

　　本章首先对随机信号和噪声的数学模型，也就是随机过程，做理论上的探讨，介绍其基本概念和统计特性；然后用随机过程的理论来研究实际应用问题，介绍随机信号与噪声的特性表达以及它们通过线性系统的基本分析方法。

2.1　随机过程概述

2.1.1　随机过程的定义

　　随机过程是随机变量在时间上的连续变化。随机变量是定义在样本空间上的实值单值函数。样本空间是由随机试验的所有基本结果组成的集合。随机试验是研究随机现象的试验。随机现象是具有随机性的一类现象。通常用 Ω 表示随机试验的样本空间，用 e 表示样本空间中的元素，该元素也是随机试验的基本结果。随机变量就是与 e 一一映射的实值函数，可用 $\xi(e)$ 表示。假如 $\eta(e)$ 是另一个随机变量，也定义在该样本空间 Ω 上，则称 $(\xi(e),\eta(e))$ 为 Ω 上的二维随机向量。类似地，可定义 n 维随机向量 $(\xi_1(e),\xi_2(e),\cdots,\xi_n(e))$，其中 $\xi_1(e),\xi_2(e),\cdots,\xi_n(e)$ 皆为定义在同一样本空间 Ω 上的随机变量。进一步拓展 n 维随机向量的概念，可得到随机序列 $(\xi_1(e),\xi_2(e),\cdots)$，它是由可数无穷多个随机变量构成的（可数无穷多指集合中的元素可以与自然数一一对应）。沿着这个思路，随机过程可看作以时间 t 为参数的二元函数，记为 $\xi(e,t)$，其中 e 作为样本空间的元素，在样本空间中取值，时间 t 则在实数域上连续取值。对随机过程在时间上进行采样可以得到随机序列。将随机序列由无穷多项截断成有限多项就可以得到 n 维随机向量。当 $n=2$ 时，n 维随机向量退化成二维随机向量；当 $n=1$ 时，则变为随机变量。

通常可以从两个不同的角度来描述随机过程。一个角度是，站在任一时间点 t_1 上看，作为二元函数的随机过程表现为随机变量 $\xi(e, t_1)$（简记为 $\xi_{t_1}(e)$），换句话说，随机过程在任意时刻的取值是一个随机变量，这正是随机过程随机性的体现，一族依赖于时间 t 的随机变量构成随机过程。从这个角度理解，可将随机过程 $\xi(e, t)$ 记为 $\xi_t(e)$，强调时间 t 为参变量。另一个角度是，如果选定随机试验的基本结果 e_1，那么随机过程表现为随时间变化的函数 $\xi(e_1, t)$（简记为 $\xi_{e_1}(t)$），通常称为样本函数，或称随机过程的一次实现，这正是随机过程过程性的体现，全部样本函数的集合构成随机过程。从这个角度理解，可将随机过程 $\xi(e, t)$ 记为 $\xi_e(t)$ 或简记为 $\xi(t)$，表明随机过程是时间 t 的函数，取值随机。下面通过实例说明随机过程。

设有 n 台性能完全相同的接收机，在相同的工作环境和测试条件下记录各台接收机的输出噪声波形。如图 2.1 所示，测试结果表明，尽管接收设备和测试条件相同，但是在记录的所有曲线 $\xi_{e_i}(t)$（其中 $i = 1, 2, \cdots, n, \cdots$，下同）中却找不到两个完全相同的波形。

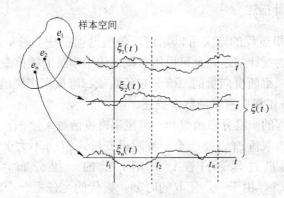

图 2.1　随机试验样本函数的总体

换句话说，接收机输出的噪声波形随时间的变化是不可预知的，是一个随机过程。这里的任何一次测试 $\xi_{e_i}(t)$ 都是随机过程的一次实现，全部可能实现构成的总体就是一个随机过程 $\xi(t)$。随机过程在任一时刻的取值都是一个随机变量，如在 t_1 时刻的取值 $(\xi_{e_1}(t_1), \xi_{e_2}(t_1), \cdots, \xi_{e_n}(t_1), \cdots)$、在 t_2 时刻的取值 $(\xi_{e_1}(t_2), \xi_{e_2}(t_2), \cdots, \xi_{e_n}(t_2), \cdots)$ $\cdots\cdots$ 在 t_n 时刻的取值 $(\xi_{e_1}(t_n), \xi_{e_2}(t_n), \cdots, \xi_{e_n}(t_n), \cdots)$ 等都是定义在同一样本空间上的随机变量。各个时刻的随机变量的取值范围一样，都构成了随机过程的状态空间。下面再通过例题说明随机过程。

例 2.1　具有随机初始相位的余弦信号 $\xi(t) = A\cos(\omega_0 t + \varphi)$，其中 A 和 ω_0 均为正常数，时间 t 在整个实数域上取值，初始相位 φ 是在 $(-\pi, \pi)$ 上服从均匀分布的随机变量，试判断 $\xi(t)$ 是否为随机过程，如是，则考察其样本函数和状态空间。

解　站在任一时刻 t_i 上看，余弦信号 $\xi(t_i) = A\cos(\omega_0 t_i + \varphi)$ 是一个随机变量 φ 的单值函数，自然也是一个随机变量，因此，$\xi(t)$ 是在时间上连续变化的一族随机变量，从而也就是一个随机过程。如果确定随机变量 φ 的值为 φ_i，那么余弦信号 $\xi(t)$ 变成 $A\cos(\omega_0 t + \varphi_i)$，这正是随时间变化的函数，即样本函数。图 2.2 给出了两个样本函数 $\xi_{\varphi_1}(t) = A\cos(\omega_0 t + \varphi_1)$ 和 $\xi_{\varphi_2}(t) = A\cos(\omega_0 t + \varphi_2)$，以及与其对应的某一时刻 t_i 上的状态值 $\xi_{\varphi_1}(t_i) = A\cos(\omega_0 t_i + \varphi_1)$ 和 $\xi_{\varphi_2}(t_i) = A\cos(\omega_0 t_i + \varphi_2)$。该样本函数是一族随时间变化的余弦

函数，取值范围为$[-A,A]$，该范围构成了该随机过程的状态空间。通过该例题可以看到，随机过程往往是随机变量和时间的函数，如本题中的随机过程$\xi(t)=A\cos(\omega_0 t+\varphi)$是随机变量$\varphi$和时间$t$的函数。

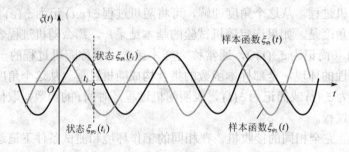

图 2.2   具有随机初始相位的余弦信号的样本函数

2.1.2   随机过程的统计描述

通过以上关于随机过程的定义可以知道，随机过程在任一时刻都表现为一个随机变量。因此，随机过程的统计描述完全可以用在概率论中学过的随机变量的一维分布函数或一维概率密度函数、二维随机向量的二维分布函数或二维概率密度函数，以及n维随机向量的n维分布函数或n维概率密度函数来描述。

首先给出随机过程的一维分布函数和一维概率密度函数。设$\xi(t)$表示一个随机过程，它在任一给定时刻t_1的取值$\xi(t_1)$是一个一维随机变量。$\xi(t_1)$不大于某一实数值x_1的概率$P[\xi(t_1)\leqslant x_1]$就是随机过程$\xi(t)$在该时刻t_1上的一维分布，记为$F_1(x_1,t_1)$，即$F_1(x_1,t_1)=P[\xi(t_1)\leqslant x_1]$。由于$t_1$是任取的时刻，指代的是任意一个时刻，因此可以将其替换为t。同理，可以将x_1替换为x，那么随机过程$\xi(t)$在任一时刻的一维分布函数$F_1(x_1,t_1)$可以写为

$$F_1(x,t)=P[\xi(t)\leqslant x] \tag{2.1}$$

如果$F_1(x,t)$对x的偏导数存在，即有

$$f_1(x,t)=\frac{\partial F_1(x,t)}{\partial x} \tag{2.2}$$

则称$f_1(x,t)$为随机过程$\xi(t)$在任一时刻t上的一维概率密度函数。

由于随机过程的一维分布函数和一维概率密度函数仅仅描述了随机过程在各个孤立时刻的统计特性，而没有说明随机过程在不同时刻之间的内在联系，为此进一步引入随机过程在不同时刻之间的二维分布函数和二维概率密度函数，以及更高维的分布函数和概率密度函数。随机过程$\xi(t)$的二维分布函数可定义为

$$F_2(x_1,x_2;t_1,t_2)=P[\xi(t_1)\leqslant x_1,\xi(t_2)\leqslant x_2] \tag{2.3}$$

式中，t_1和t_2为在随机过程中任取的两个时刻；$P[\xi(t_1)\leqslant x_1,\xi(t_2)\leqslant x_2]$为$\xi(t_1)\leqslant x_1$和$\xi(t_2)\leqslant x_2$同时成立的概率。如果存在

$$f_2(x_1,x_2;t_1,t_2)=\frac{\partial^2 F_2(x_1,x_2;t_1,t_2)}{\partial x_1 \partial x_2} \tag{2.4}$$

则称$f_2(x_1,x_2;t_1,t_2)$为随机过程$\xi(t)$在任意两个时刻t_1和t_2上的二维概率密度函数。

同理，可以得到随机过程 $\xi(t)$ 的 n 维分布函数，即

$$F_n(x_1, x_2, \cdots, x_n; t_1, t_2, \cdots, t_n) = P[\xi(t_1) \leqslant x_1, \xi(t_2) \leqslant x_2, \cdots, \xi(t_n) \leqslant x_n] \tag{2.5}$$

它是定义在任意 n 个时刻 $t_1, t_2, \cdots, t_n$ 上的，其中 $P[\xi(t_1) \leqslant x_1, \xi(t_2) \leqslant x_2, \cdots, \xi(t_n) \leqslant x_n]$ 为 $\xi(t_1) \leqslant x_1, \xi(t_2) \leqslant x_2, \cdots, \xi(t_n) \leqslant x_n$ 同时成立的概率。如果存在

$$f_n(x_1, x_2, \cdots, x_n; t_1, t_2, \cdots, t_n) = \frac{\partial^n F_n(x_1, x_2, \cdots, x_n; t_1, t_2, \cdots, t_n)}{\partial x_1 \partial x_2 \cdots \partial x_n} \tag{2.6}$$

则称 $f_n(x_1, x_2, \cdots, x_n; t_1, t_2, \cdots, t_n)$ 为随机过程 $\xi(t)$ 在任意 n 个时刻 $t_1, t_2, \cdots, t_n$ 上的 n 维概率密度函数。显然，n 越大，对随机过程统计特性的描述越充分，但问题的复杂性也随之增加。在通信系统中，用到二维分布函数和二维概率密度函数就足够了。

2.1.3　随机过程的数字特征

在实际应用中要确定随机过程的分布函数或概率密度函数并加以分析往往比较困难，而随机过程的数字特征既能刻画其重要特征，又便于运算和实际测量。因此，接下来考察随机过程的数字特征，主要包括数学期望、方差、相关函数和协方差函数。它们的定义与在概率论中学习过的随机变量的数字特征类似，介绍如下。

1. 数学期望 $a(t)$

$$a(t) = E[\xi(t)] = \int_{-\infty}^{\infty} x f_1(x, t) \mathrm{d}x \tag{2.7}$$

随机过程 $\xi(t)$ 在 t 时刻表现为一随机变量，此处的 x 便是该随机变量的取值，$f_1(x, t)$ 则是该随机变量的一维概率密度函数。积分的结果表明，$a(t)$ 是时间 t 的函数，它表示随机过程 $\xi(t)$ 所有样本函数在时刻 t 的平均值，也即所有样本函数曲线的摆动中心。

2. 方差 $D[\xi(x)]$

$$\begin{aligned}
D[\xi(x)] &= E\left\{\left[\xi(x) - a(t)\right]^2\right\} \\
&= E\left[\xi^2(x)\right] - a^2(t) \\
&= \int_{-\infty}^{\infty} x f_1(x, t) \mathrm{d}x - a^2(t)
\end{aligned} \tag{2.8}$$

$D[\xi(x)]$ 常记为 $\sigma^2(t)$，表示随机过程在时刻 t 对均值 $a(t)$ 的偏离程度。

数学期望和方差都只与随机过程的一维概率密度函数有关，它们只描述了随机过程在各个孤立时刻的特征，而不能反映随机过程在各个时刻之间的内在联系。为了衡量随机过程在任意两个时刻上获得的随机变量之间的统计相关特性，常引入自相关函数 $R(t_1, t_2)$ 和自协方差函数 $C(t_1, t_2)$。

3. 自相关函数 $R(t_1, t_2)$

$$\begin{aligned}
R(t_1, t_2) &= E[\xi(t_1)\xi(t_2)] \\
&= \int_{-\infty}^{\infty} \int_{-\infty}^{\infty} x_1 x_2 f_2(x_1, x_2; t_1, t_2) \mathrm{d}x_1 \mathrm{d}x_2
\end{aligned} \tag{2.9}$$

为随机过程 $\xi(x)$ 在时刻 t_1 和 t_2 上的自相关函数。

4. 自协方差函数 $C(t_1, t_2)$

$$C(t_1, t_2) = E\{[\xi(t_1) - a(t_1)][\xi(t_2) - a(t_2)]\}$$
$$= \int_{-\infty}^{\infty} \int_{-\infty}^{\infty} [x_1 - a(t_1)][x_2 - a(t_2)] f_2(x_1, x_2; t_1, t_2) \mathrm{d}x_1 \mathrm{d}x_2 \quad (2.10)$$

为随机过程 $\xi(x)$ 在时刻 t_1 和 t_2 上的自协方差函数。显然，由式（2.9）和式（2.10）可得到 $C(t_1, t_2)$ 与 $R(t_1, t_2)$ 之间的关系为

$$C(t_1, t_2) = R(t_1, t_2) - a(t_1)a(t_2) \quad (2.11)$$

如果 $a(t) = 0$ ，那么 $C(t_1, t_2) = R(t_1, t_2)$ 。即使 $a(t) \neq 0$ ， $C(t_1, t_2)$ 与 $R(t_1, t_2)$ 所描述的随机过程的特征也是一致的，今后将常用 $R(t_1, t_2)$ 。 $R(t_1, t_2)$ 与观测时刻 t_1 和 t_2 有关，若 $t_2 = t_1 + \tau$ ，即 τ 是 t_1 与 t_2 的时间间隔，则 $R(t_1, t_2)$ 可表示为 $R(t_1, t_1 + \tau)$ ，这说明自相关函数是时间起点 t_1 与时间间隔 τ 的函数。

如果在 $C(t_1, t_2)$ 中取 $t_1 = t_2 = t$ ，则

$$C(t, t) = R(t, t) - a^2(t) = E[\xi^2(t)] - a^2(t) = D[\xi(t)] \quad (2.12)$$

由此可知，数学期望 $a(t)$ 和自相关函数 $R(t_1, t_2)$ 是随机过程最基本的数字特征，方差 $D[\xi(t)]$ 和自协方差函数 $C(t_1, t_2)$ 可通过它们求得。以上所述的 4 个数字特征都是针对某一个随机过程的，如果研究两个或更多随机过程，可引入互相关函数和互协方差函数。

5. 互相关函数 $R_{\xi\eta}(t_1, t_2)$

设 $\xi(t)$ 和 $\eta(t)$ 分别表示两个随机过程，则互相关函数 $R_{\xi\eta}(t_1, t_2)$ 定义为

$$R_{\xi\eta}(t_1, t_2) = E[\xi(t_1)\eta(t_2)] \quad (2.13)$$

6. 互协方差函数 $C_{\xi\eta}(t_1, t_2)$

$$C_{\xi\eta}(t_1, t_2) = E\left\{[\xi(t_1) - a_\xi(t_1)][\eta(t_2) - a_\eta(t_2)]\right\} \quad (2.14)$$

从以上可见，随机过程的数字特征都与时刻 $t_1, t_2, \cdots$ 有关。

2.2 平稳随机过程

2.2.1 平稳随机过程的定义

平稳随机过程指的是其任意维分布函数或概率密度函数都与时间起点无关的随机过程，又称为平稳过程。数学上，平稳过程的任意 n 维概率密度函数满足

$$f_n(x_1, x_2, \cdots, x_n; t_1, t_2, \cdots, t_n) = f_n(x_1, x_2, \cdots, x_n; t_1 + \Delta t, t_2 + \Delta t, \cdots, t_n + \Delta t) \quad (2.15)$$

式中， n 为任意整数； Δt 为任意实数。换句话说，平稳过程的统计特性不随时间的推移而变化。由此可知，平稳过程的一维概率密度函数满足

$$f_1(x; t) = f_1(x; t + \Delta t) = f_1(x) \quad (2.16)$$

即平稳过程的一维概率密度函数与时间 t 无关。平稳过程的二维概率密度函数满足

$$f_2(x_1, x_2; t_1, t_2) = f_2(x_1, x_2; t_1 + \Delta t, t_2 + \Delta t) = f_2(x_1, x_2; \tau) \quad (2.17)$$

即平稳过程的二维概率密度函数只与两个观测点的时间间隔 $\tau = t_2 - t_1$ 有关，而与时间的起点 t_1 无关。

下面考察平稳过程的数字特征，即

$$a(t) = E[\xi(t)] = \int_{-\infty}^{\infty} x f_1(x) \mathrm{d}x = a \tag{2.18}$$

即对任意时间 t，平稳过程的数学期望 $a(t)$ 为与时间 t 无关的常数 a。

$$R(t_1, t_2) = E[\xi(t_1)\xi(t_1+\tau)] = \int_{-\infty}^{\infty}\int_{-\infty}^{\infty} x_1 x_2 f_2(x_1, x_2; \tau) \mathrm{d}x_1 \mathrm{d}x_2 = R(\tau) \tag{2.19}$$

即平稳过程的自相关函数仅与时间间隔 τ 有关。

与一般的随机过程相比，平稳过程的数字特征变得简单了，可以根据式（2.18）和式（2.19）来判断一个随机过程是否平稳。根据式（2.18）和式（2.19）来定义的平稳过程称为弱平稳过程或广义平稳过程，而用式（2.15）定义的平稳过程称为强平稳过程或狭义平稳过程。

从本质上来说，只要产生随机过程的物理因素在很长时间内保持不变，就可以认为这个随机过程是平稳过程。通信系统中所遇到的信号及噪声，大多数可视为平稳过程。以后讨论的随机过程除特殊说明外，均假定是平稳的，且指广义平稳过程，简称平稳过程。

例 2.2 判断例 2.1 中的随机过程 $\xi(t) = A\cos(\omega_0 t + \varphi)$ 是否平稳。

解 若随机过程的数学期望为常数并且其相关函数满足 $R(t_1, t_2) = R(\tau)$，则该过程是平稳过程。下面计算该过程的数学期望及相关函数。

$$\begin{aligned}a(t) &= E[A\cos(\omega_0 t + \varphi)] \\ &= AE[\cos(\omega_0 t)\cos\varphi - \sin(\omega_0 t)\sin\varphi] \\ &= A\cos(\omega_0 t)\cdot E(\cos\varphi) - A\sin(\omega_0 t)\cdot E(\sin\varphi) \\ &= 0\end{aligned} \tag{2.20}$$

式中，$E(\cos\varphi) = \int_{-\pi}^{\pi} \frac{1}{2\pi}\cos\varphi \mathrm{d}\varphi = 0$，$E(\sin\varphi) = \int_{-\pi}^{\pi} \frac{1}{2\pi}\sin\varphi \mathrm{d}\varphi = 0$。

$$\begin{aligned}R(t_1, t_2) &= E\{A\cos(\omega_0 t_1 + \varphi)\cdot A\cos[\omega_0(t_1+\tau)+\varphi]\} \\ &= \frac{A^2}{2}E[\cos(\omega_0\tau) + \cos(2\omega_0 t_1 + \omega_0\tau + 2\varphi)] \\ &= \frac{A^2}{2}\cos(\omega_0\tau) \\ &= R(\tau)\end{aligned} \tag{2.21}$$

式中，$E[\cos(\omega_0\tau)] = \cos(\omega_0\tau)$；$E[\cos(2\omega_0 t_1 + \omega_0\tau + 2\varphi)] = 0$。

由式（2.20）和式（2.21）可见，该随机相位余弦信号 $\xi(t)$ 为平稳过程。

2.2.2 平稳过程的各态历经性

前面讨论的数字特征都是对随机过程的全体样本函数在特定时刻上取值，然后按概率密度函数加权积分而求得的。这种求法在实际操作上极为困难，困难在于不知道随机过程的概率密度函数，很难得到随机过程的全体样本。能否根据随机过程的任意样本函数来求取随机过程的数字特征及怎样求取，就是平稳过程各态历经性要解决的问题。

所谓各态历经性就是平稳过程的数字特征（均为统计平均）完全可由平稳过程中的任一样本的数字特征（均为时间平均）来替代。也就是说，假设 $x(t)$ 是平稳过程 $\xi(t)$ 的任意一个实现，定义它的时间平均值 $\bar{a}$ 和时间相关函数 $\overline{R(\tau)}$ 分别为

$$\bar{a} = \overline{x(t)} = \lim_{T \to \infty} \frac{1}{T} \int_{-\frac{T}{2}}^{\frac{T}{2}} x(t) \mathrm{d}t \tag{2.22}$$

$$\overline{R(\tau)} = \overline{x(t)x(t+\tau)} = \lim_{T \to \infty} \frac{1}{T} \int_{-\frac{T}{2}}^{\frac{T}{2}} x(t)x(t+\tau) \mathrm{d}t \tag{2.23}$$

总希望

$$a = \bar{a} \tag{2.24}$$
$$R(\tau) = \overline{R(\tau)} \tag{2.25}$$

数学期望 a 也称为空间平均。理论上，它是随机过程的多个样本函数在 t 时刻的值的统计平均。式（2.24）表示空间平均等于时间平均。若式（2.24）成立，则称平稳过程 $\xi(t)$ 具有数学期望的各态历经性。我们的目的是希望通过时间平均获得空间平均。

式（2.25）表示空间自相关函数等于时间自相关函数，当 τ 固定时，$R(\tau)$ 相当于随机过程 $\xi(t)\xi(t+\tau)$ 在时刻 t 上的统计平均。若式（2.25）成立，则称该平稳过程 $\xi(t)$ 具有自相关函数的各态历经性。以上数学期望的各态历经性和自相关函数的各态历经性统称为平稳过程的各态历经性。

例 2.3 判断例 2.1 中的随机过程 $\xi(t) = A\cos(\omega_0 t + \varphi)$ 是否具有各态历经性。

解 取任一样本函数 $x(t) = A\cos(\omega_0 t + \theta)$，其中 $-\pi \leqslant \theta \leqslant \pi$。

$$\bar{a} = \lim_{T \to \infty} \frac{1}{T} \int_{-\frac{T}{2}}^{\frac{T}{2}} A\cos(\omega_0 t + \theta) \mathrm{d}t = 0$$

$$\overline{R(\tau)} = \lim_{T \to \infty} \frac{1}{T} \int_{-\frac{T}{2}}^{\frac{T}{2}} A\cos(\omega_0 t + \theta) \cdot A\cos[\omega_0(t+\tau) + \theta] \mathrm{d}t$$

$$= \lim_{T \to \infty} \frac{A^2}{2T} \int_{-\frac{T}{2}}^{\frac{T}{2}} [\cos(\omega_0 \tau) + \cos(2\omega_0 t + \omega_0 \tau + 2\theta)] \mathrm{d}t$$

$$= \frac{A^2}{2} \cos(\omega_0 \tau)$$

由于 $a = \bar{a} = 0$ 且 $R(\tau) = \overline{R(\tau)} = \dfrac{A^2}{2}\cos(\omega_0 \tau)$，故该随机相位信号具有各态历经性。

平稳过程的各态历经性可理解为平稳过程的各个样本都同样经历了平稳过程的各种可能状态。由于任一样本都包含了平稳过程的全部统计特性的信息，因而任一样本的时间特征就可以充分地代表整个平稳过程的统计特性。通信系统中所遇到的随机信号和噪声，一般均能满足各态历经条件。

2.2.3 平稳过程的自相关函数和功率谱密度

1. 平稳过程的自相关函数

平稳过程的自相关函数 $R(\tau)$ 具有以下主要性质。

（1）$|R(\tau)| \leqslant R(0)$

$$|R(\tau)| = |E[\xi(t) \cdot \xi(t+\tau)]| \leqslant \sqrt{E[\xi^2(t)]} \cdot \sqrt{E[\xi^2(t+\tau)]} = \sqrt{R(0)} \cdot \sqrt{R(0)} = R(0)$$

可见自相关函数是有界的，且最大值出现在 $\tau = 0$ 时，即零时刻处。

（2）$R(0) = E[\xi^2(t)]$ 是平稳过程 $\xi(t)$ 的平均功率。

（3）$R(\infty) = E^2[\xi(t)] = a^2$ 是平稳过程 $\xi(t)$ 的直流功率。

（4）$R(0) - R(\infty) = \sigma^2$ 是平稳过程 $\xi(t)$ 的交流功率。

（5）$R(\tau)$ 是偶函数，即 $R(\tau) = R(-\tau)$，有

$$R(-\tau) = R(t, t-\tau) = E[\xi(t)\xi(t-\tau)] = E[\xi(t-\tau)\xi(t)] = R(t-\tau, t) = R(\tau)$$

可见自相关函数是对称的。

2. 平稳过程的功率谱密度

随机过程的频谱特性可以用它的功率谱密度来表述。下面利用频谱分析的方法介绍平稳过程的功率谱密度。分 3 步讨论。

① 介绍确定性功率信号的功率谱密度。

② 介绍平稳随机信号的功率谱密度。

③ 获得平稳随机信号的功率谱密度与其自相关函数之间的关系。

1）确定性功率信号的功率谱密度

对确定性功率信号 $f(t)$ 做频谱分析。$f(t)$ 可表示 t 时刻的电流强度 I 或电压 U。根据电功率公式 $P = I^2 R = U^2/R$，如果取电阻 R 为 1Ω，那么 $f^2(t)$ 表示信号在 t 时刻的功率。假设信号 $f(t)$ 的频谱函数为 $F(\omega)$。

根据帕塞瓦尔（Parseval）等式，即

$$\int_{-\infty}^{\infty} f^2(t)\mathrm{d}t = \frac{1}{2\pi}\int_{-\infty}^{\infty} |F(\omega)|^2 \mathrm{d}\omega \tag{2.26}$$

式（2.26）左端表示信号 $f(t)$ 的总能量，这是因为 $f^2(t)\mathrm{d}t$ 为时间 $(t, t+\mathrm{d}t)$ 中的能量；而右端中 $|F(\omega)|^2 \mathrm{d}\omega$ 为信号谐波分量在频带 $(\omega, \omega+\mathrm{d}\omega)$ 中的能量。式（2.26）右端表示信号的总能量等于各谐波分量能量的叠加。在频域中，$|F(\omega)|^2$ 表示在频率 ω 处的能量谱密度。但是，对确定性功率信号而言，总能量 $\int_{-\infty}^{\infty} f^2(t)\mathrm{d}t \to \infty$；然而其平均功率 $\lim_{T \to \infty} \frac{1}{T}\int_{-\frac{T}{2}}^{\frac{T}{2}} f^2(t)\mathrm{d}t$ 却是有限的。定义 $f(t)$ 的截尾函数为

$$f_T(t) = \begin{cases} f(t), & |t| \leqslant \dfrac{T}{2} \\ 0, & |t| > \dfrac{T}{2} \end{cases} \tag{2.27}$$

图 2.3 所示为 $f(t)$ 及其截尾函数 $f_T(t)$ 的典型波形。假设 $f_T(t)$ 的频谱函数为 $F_T(\omega)$，对 $f_T(t)$ 应用帕塞瓦尔等式，得到 $f(t)$ 在时间 $\left(-\dfrac{T}{2}, \dfrac{T}{2}\right)$ 内的总能量为

$$\int_{-\frac{T}{2}}^{\frac{T}{2}} f^2(t)\mathrm{d}t = \int_{-\infty}^{\infty} f_T^2(t)\mathrm{d}t = \frac{1}{2\pi}\int_{-\infty}^{\infty} |F_T(\omega)|^2 \mathrm{d}\omega \tag{2.28}$$

两边除以 T，再让 $T \to \infty$，得 $f(t)$ 在时间 $(-\infty, \infty)$ 内的平均功率，即

$$\lim_{T \to \infty} \frac{1}{T} \int_{-\frac{T}{2}}^{\frac{T}{2}} f^2(t) \mathrm{d}t = \lim_{T \to \infty} \frac{1}{T} \cdot \frac{1}{2\pi} \int_{-\infty}^{\infty} |F_T(\omega)|^2 \, \mathrm{d}\omega = \frac{1}{2\pi} \int_{-\infty}^{\infty} \lim_{T \to \infty} \frac{|F_T(\omega)|^2}{T} \, \mathrm{d}\omega \quad (2.29)$$

在频域中看右端，其中

$$\lim_{T \to \infty} \frac{|F_T(\omega)|^2}{T}$$

称为确定性功率信号 $f(t)$ 在 ω 处的功率谱密度，即

$$P_f(\omega) = \lim_{T \to \infty} \frac{|F_T(\omega)|^2}{T} \quad (2.30)$$

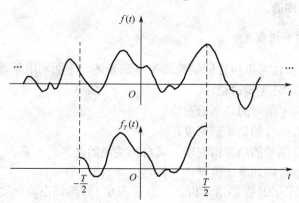

图 2.3　功率信号 $f(t)$ 及其截尾函数 $f_T(t)$

2）平稳随机信号的功率谱密度

对于功率型的平稳随机信号，它的每一实现都是一个确定性功率信号，因而每一实现的功率谱也可由式（2.30）表示。但是，随机过程中的每一实现是不能预知的，因此，某一实现 $f(t)$ 的功率谱密度 $P_f(\omega)$ 不能作为平稳过程 $\xi(t)$ 的功率谱密度 $P_\xi(\omega)$。平稳过程的功率谱密度应看成每一可能实现的功率谱的统计平均，即

$$P_\xi(\omega) = E[P_f(\omega)] = \lim_{T \to \infty} \frac{E[|F_T(\omega)|^2]}{T} \quad (2.31)$$

$\xi(t)$ 的平均功率 S 表示为

$$S = \frac{1}{2\pi} \int_{-\infty}^{\infty} P_\xi(\omega) \mathrm{d}\omega = \frac{1}{2\pi} \int_{-\infty}^{\infty} \lim_{T \to \infty} \frac{E[|F_T(\omega)|^2]}{T} \mathrm{d}\omega \quad (2.32)$$

式（2.31）给出了平稳过程 $\xi(t)$ 的功率谱密度 $P_\xi(\omega)$，但通常很难直接用它来计算功率谱，往往是通过自相关函数来求功率谱密度的。

3）平稳随机信号的功率谱密度与自相关函数之间的关系

确定性信号的自相关函数与其谱密度之间有确定的傅里叶变换关系，那么对于平稳随机信号，其自相关函数是否与功率谱密度也存在这种变换关系呢？

考察式（2.31），由于

$$\frac{E[|F_T(\omega)|^2]}{T} = \frac{E[F_T(\omega)F_T(-\omega)]}{T}$$

$$= E\left\{\frac{1}{T}\int_{-\frac{T}{2}}^{\frac{T}{2}}\xi(t_1)\mathrm{e}^{-\mathrm{j}\omega t_1}\mathrm{d}t_1\int_{-\frac{T}{2}}^{\frac{T}{2}}\xi(t_2)\mathrm{e}^{\mathrm{j}\omega t_2}\mathrm{d}t_2\right\}$$

$$= \frac{1}{T}\int_{-\frac{T}{2}}^{\frac{T}{2}}\int_{-\frac{T}{2}}^{\frac{T}{2}}R(t_1-t_2)\mathrm{e}^{-\mathrm{j}\omega(t_1-t_2)}\mathrm{d}t_1\mathrm{d}t_2$$

作积分变换，令 $\tau = t_1 - t_2$，$k = t_1 + t_2$，则上式简化为

$$\frac{E[|F_T(\omega)|^2]}{T} = \int_{-T}^{T}\left(1-\frac{|\tau|}{T}\right)R(\tau)\mathrm{e}^{-\mathrm{j}\omega\tau}\mathrm{d}\tau$$

于是

$$P_\xi(\omega) = \lim_{T\to\infty}\frac{E[|F_T(\omega)|^2]}{T} = \lim_{T\to\infty}\int_{-T}^{T}\left(1-\frac{|\tau|}{T}\right)R(\tau)\mathrm{e}^{-\mathrm{j}\omega\tau}\mathrm{d}\tau$$

$$= \int_{-\infty}^{\infty}R(\tau)\mathrm{e}^{-\mathrm{j}\omega\tau}\mathrm{d}\tau \tag{2.33}$$

可见

$$P_\xi(\omega) \Leftrightarrow R(\tau) \tag{2.34}$$

式（2.34）说明，$\xi(t)$ 的自相关函数 $R(\tau)$ 与其功率谱密度 $P_\xi(\omega)$ 之间互为傅里叶变换关系。

$$\begin{cases} P_\xi(\omega) = \int_{-\infty}^{\infty}R(\tau)\mathrm{e}^{-\mathrm{j}\omega\tau}\mathrm{d}\tau \\ R(\tau) = \frac{1}{2\pi}\int_{-\infty}^{\infty}P_\xi(\omega)\mathrm{e}^{\mathrm{j}\omega\tau}\mathrm{d}\omega \end{cases} \tag{2.35}$$

式（2.35）称为维纳-辛钦定理。它在平稳过程的理论和应用中是一个非常重要的工具，它是联系频域和时域两种分析方法的基本关系式。

根据上述关系式及自相关函数 $R(\tau)$ 的性质，可推导出功率谱密度 $P_\xi(\omega)$ 有以下性质。

① $P_\xi(\omega)$ 是实偶函数，即

$$P_\xi(\omega) = P_\xi(-\omega) \tag{2.36}$$

② $P_\xi(\omega)$ 是非负函数，即

$$P_\xi(\omega) \geqslant 0 \tag{2.37}$$

前面定义的功率谱密度 $P_\xi(\omega)$ 也称为双边功率谱密度。实际上，角频率 ω 不可能是负的。工程上还用单边功率谱密度 $P_{\xi 1}(\omega)$，其定义为

$$P_{\xi 1}(\omega) = \begin{cases} 2P_\xi(\omega), & \omega \geqslant 0 \\ 0, & \omega < 0 \end{cases} \tag{2.38}$$

例 2.4 求例 2.1 中的随相信号 $\xi(t) = A\cos(\omega_0 t + \varphi)$ 的功率谱密度 $P_\xi(\omega)$ 及平均功率 S。

解 由例 2.3 可知，$R(\tau) = \dfrac{A^2}{2}\cos(\omega\tau)$。

根据平稳过程的自相关函数与功率谱密度是一对傅里叶变换，即 $P_\xi(\omega) \Leftrightarrow R(\tau)$，因为

$$\cos(\omega_0\tau) \Leftrightarrow \pi[\delta(\omega-\omega_0) + \delta(\omega+\omega_0)]$$

所以

$$P_\xi(\omega) = \frac{\pi A^2}{2}[\delta(\omega - \omega_0) + \delta(\omega + \omega_0)]$$

平均功率 S 为

$$S = R(0) = \frac{A^2}{2}$$

研究随机信号功率谱密度 $P_\xi(\omega)$ 的目的在于研究信号功率在频域内的分布规律，以便合理选择信号的通频带，对传输电路提出恰当的频带要求，尽量做到在信号不失真的条件下提高信噪比。

2.3 平稳随机过程与线性时不变系统

通信的任务在于传输信号，信号和系统总是联系在一起的。通信系统中的信号或噪声一般都是随机的，因此在以后的讨论中必然会遇到这样的问题：随机过程通过系统后输出过程将变化为怎样的新特性过程？由于随机信号通过线性时不变系统的分析，完全是建立在确定信号通过线性时不变系统的分析原理的基础之上的，因此，首先分析确定信号通过线性时不变系统；然后讨论随机信号通过线性时不变系统的情况。

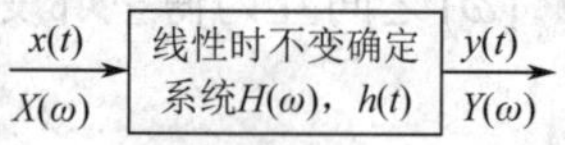

图 2.4 确定信号通过线性时不变系统示意图

图 2.4 所示为线性时不变系统的一般模型，其中 $x(t)$ 为输入信号，$y(t)$ 为输出信号，$h(t)$ 为冲激响应，$X(\omega)$、$Y(\omega)$、$H(\omega)$ 分别为 $x(t)$、$y(t)$、$h(t)$ 的傅里叶变换，记为 $x(t) \Leftrightarrow X(\omega)$、$y(t) \Leftrightarrow Y(\omega)$、$h(t) \Leftrightarrow H(\omega)$。

可以从时域和频域两个角度来分析线性时不变系统。从时域来看，系统的输出信号 $y(t)$ 等于系统输入信号 $x(t)$ 与系统的冲激响应 $h(t)$ 的卷积，或者 $h(t)$ 与 $x(t)$ 的卷积，即

$$y(t) = x(t) * h(t) = \int_{-\infty}^{\infty} x(\tau)h(t-\tau)d\tau = \int_{-\infty}^{\infty} h(\tau)x(t-\tau)d\tau = h(t) * x(t) \quad (2.39)$$

对因果系统而言，当时间 $t < 0$ 时，$h(t) = 0$，因此

$$y(t) = \int_{-\infty}^{t} x(\tau)h(t-\tau)d\tau = \int_{0}^{\infty} h(\tau)x(t-\tau)d\tau \quad (2.40)$$

从频域来看，有

$$Y(\omega) = X(\omega)H(\omega) \quad (2.41)$$

信号通过系统时不希望产生失真，或者失真尽量小到不易被觉察的程度。所谓不失真是指信号经过系统后，输出信号与输入信号相比只有衰减、放大和时延，没有波形的改变，可用数学式 $y(t) = \pm K_0 x(t - t_d)$ 表示，其中 K_0、t_d 均为常数，K_0 是衰减系数，t_d 是时延常数。

如果把 $x(t)$ 看作输入随机过程的一个样本，则 $y(t)$ 可看作输出随机过程的一个样本。既然如此，就完全可以应用确定信号通过线性时不变系统的分析方法求得随机过程通过线性时不变系统的输出，显然，输入过程 $\xi(t)$ 的每个样本与输出过程 $\eta(t)$ 的相应样本之间都满足式（2.40）的关系。这样，就整个过程而言，便有

$$\eta(t) = \int_{-\infty}^{\infty} h(\tau)\xi(t-\tau)d\tau \quad (2.42)$$

假定输入 $\xi(t)$ 是平稳过程，它的数学期望 a_ξ、自相关函数 $R_\xi(\tau)$、功率谱 $P_\xi(\omega)$ 已

知，现在来分析系统的输出过程 $\eta(t)$ 的统计特性，以确定输出过程的数学期望 a_η、自相关函数 $R_\eta(\tau)$ 及功率谱密度 $P_\eta(\omega)$。

1）输出过程的数学期望

$$a_\eta = E[\eta(t)] = E\left[\int_{-\infty}^{\infty} h(\tau)\xi(t-\tau)\mathrm{d}\tau\right] = \int_{-\infty}^{\infty} h(\tau)E[\xi(t-\tau)]\mathrm{d}\tau$$

$$= a_\xi \int_{-\infty}^{\infty} h(\tau)\mathrm{d}\tau = a_\xi H(0) \qquad (2.43)$$

式中，

$$H(0) = H(\omega)\big|_{\omega=0} = \int_{-\infty}^{\infty} h(\tau)\mathrm{e}^{-\mathrm{j}\omega\tau}\mathrm{d}\tau\bigg|_{\omega=0} = \int_{-\infty}^{\infty} h(\tau)\mathrm{d}\tau \qquad (2.44)$$

可见，输出过程的数学期望 a_η 等于输入过程的数学期望 a_ξ 与直流传输函数 $H(0)$ 的乘积，且 a_η 与时间 t 无关。

2）输出过程的自相关函数

$$R_\eta(t,t+\tau) = R_\eta(\tau) \qquad (2.45)$$

证明

$$R_\eta(t,t+\tau) = E[\eta(t)\eta(t+\tau)] = E\left[\int_{-\infty}^{\infty} h(u)\xi(t-u)\mathrm{d}u \cdot \int_{-\infty}^{\infty} h(v)\xi(t+\tau-v)\mathrm{d}v\right]$$

$$= E\left[\int_{-\infty}^{\infty}\int_{-\infty}^{\infty} \xi(t-u)\xi(t+\tau-v)h(u)h(v)\mathrm{d}u\mathrm{d}v\right]$$

$$= \int_{-\infty}^{\infty}\int_{-\infty}^{\infty} E[\xi(t-u)\xi(t+\tau-v)]h(u)h(v)\mathrm{d}u\mathrm{d}v$$

$$= \int_{-\infty}^{\infty}\int_{-\infty}^{\infty} R_\xi(\tau+u-v)]h(u)h(v)\mathrm{d}u\mathrm{d}v、$$

$$\triangleq R_\eta(\tau)$$

可见，输出过程 $\eta(t)$ 的自相关函数 $R_\eta(\tau)$ 只依赖时间间隔 τ 而与时间起点 t 无关。由以上输出过程的数学期望和自相关函数可知，若线性时不变系统的输入过程是平稳的，那么其输出过程也是平稳的。

3）输出过程的功率谱密度

$$P_\eta(\omega) = \int_{-\infty}^{\infty} R_\eta(\tau)\mathrm{e}^{-\mathrm{j}\omega\tau}\mathrm{d}\tau = \int_{-\infty}^{\infty}\left[\int_{-\infty}^{\infty}\int_{-\infty}^{\infty} R_\xi(\tau+u-v)h(u)h(v)\mathrm{d}u\mathrm{d}v\right]\mathrm{e}^{-\mathrm{j}\omega\tau}\mathrm{d}\tau$$

令 $\tau' = \tau+u-v \Rightarrow \mathrm{d}\tau' = \mathrm{d}\tau;\ \tau = \tau'-u+v$。则上式可写为

$$P_\eta(\omega) = \int_{-\infty}^{\infty}\left[\int_{-\infty}^{\infty}\int_{-\infty}^{\infty} R_\xi(\tau')h(u)h(v)\mathrm{d}u\mathrm{d}v\right]\mathrm{e}^{-\mathrm{j}\omega(\tau'-u+v)}\mathrm{d}\tau'$$

$$= \int_{-\infty}^{\infty} h(u)\mathrm{e}^{\mathrm{j}\omega u}\mathrm{d}u \cdot \int_{-\infty}^{\infty} h(v)\mathrm{e}^{-\mathrm{j}\omega v}\mathrm{d}v \cdot \int_{-\infty}^{\infty} R_\xi(\tau')\mathrm{e}^{-\mathrm{j}\omega\tau'}\mathrm{d}\tau'$$

$$= H^*(\omega) \cdot H(\omega) \cdot P_\xi(\omega)$$

$$= |H(\omega)|^2 \cdot P_\xi(\omega)$$

即

$$P_\eta(\omega) = |H(\omega)|^2 \cdot P_\xi(\omega) \qquad (2.46)$$

可见，系统输出过程的功率谱密度 $P_\eta(\omega)$ 是输入过程的功率谱密度 $P_\xi(\omega)$ 与系统功率传输函数 $|H(\omega)|^2$ 的乘积。

当想得到输出过程的自相关函数 $R_\eta(\tau)$ 时，比较简单的方法是首先计算输出过程的功

率谱密度 $P_\eta(\omega)$，然后求其反变换，这比直接计算 $R_\eta(\tau)$ 要简便得多。

例 2.5 试求功率谱密度为 $\dfrac{n_0}{2}$ 的白噪声通过理想低通滤波器后的功率谱密度、自相关

函数和噪声平均功率。已知理想低通滤波器的传输特性为 $H(\omega) = \begin{cases} K_0 \mathrm{e}^{-\mathrm{j}\omega t_\mathrm{d}}, & |\omega| \leqslant \omega_H \\ 0, & |\omega| > \omega_H \end{cases}$ 。

解 由题可知 $|H(\omega)|^2 = K_0^2$，$|\omega| \leqslant \omega_H$。
根据式（2.46）得到输出过程的功率谱密度为

$$P_\eta(\omega) = |H(\omega)|^2 \cdot P_\xi(\omega) = K_0^2 \cdot \frac{n_0}{2}, \quad |\omega| \leqslant \omega_H$$

输出过程的自相关函数为

$$R_\eta(\tau) = \frac{1}{2\pi} \int_{-\infty}^{\infty} P_\eta(\omega) \mathrm{e}^{\mathrm{j}\omega\tau} \mathrm{d}\omega = \frac{K_0^2 \cdot n_0}{4\pi} \int_{-\omega_H}^{\omega_H} \mathrm{e}^{\mathrm{j}\omega\tau} \mathrm{d}\omega = K_0^2 n_0 f_H \frac{\sin \omega_H}{\omega_H}$$

式中，$f_H = \dfrac{\omega_H}{2\pi}$。

于是输出噪声平均功率 N 为 $R_\eta(0)$，即

$$R_\eta(0) = K_0^2 n_0 f_H$$

可见，输出的噪声功率 N 与 K_0^2、n_0、f_H 成正比。

2.4　高斯随机过程

高斯随机过程又称为正态随机过程。通信系统中的某些噪声，其统计特性符合高斯过程的统计特性，通常称为高斯噪声。经大量观察表明，高斯噪声始终存在于信道中，因此对它的研究具有特别重要的实际意义。

2.4.1　高斯过程的定义

高斯过程 $\xi(t)$ 是指它的任意 n 维（$n = 1, 2, \cdots$）概率密度函数服从高斯分布的随机过程。有

$$f_n(x_1, x_2, \cdots, x_n; t_1, t_2, \cdots, t_n)$$

$$= \frac{1}{(2\pi)^{\frac{n}{2}} \sigma_1 \sigma_2 \cdots \sigma_n |\boldsymbol{B}|^{\frac{1}{2}}} \cdot \exp\left[\frac{-1}{2|B|} \sum_{j=1}^{n} \sum_{k=1}^{n} |\boldsymbol{B}|_{jk} \left(\frac{x_j - a_j}{\sigma_j} \right) \left(\frac{x_k - a_k}{\sigma_k} \right) \right] \quad (2.47)$$

式中，$a_k = E[\xi(t_k)]$；$\sigma_k^2 = E[\xi(t_k) - a_k]^2$；$|\boldsymbol{B}| = \begin{vmatrix} 1 & b_{12} & \cdots & b_{1n} \\ b_{21} & 1 & \cdots & b_{2n} \\ \vdots & \vdots & & \vdots \\ b_{n1} & b_{n2} & \cdots & 1 \end{vmatrix}$ 为归一化协方差矩阵的行

列式；$|B|_{jk}$ 为行列式 $|\boldsymbol{B}|$ 中元素 b_{jk} 的代数余子式；b_{jk} 为归一化协方差函数，有

$$b_{jk} = \frac{E\left\{ \left[\xi(t_j) - a_j \right] \left[\xi(t_k) - a_k \right] \right\}}{\sigma_j \sigma_k} \; 。$$

2.4.2 高斯过程的重要性质和高斯随机变量

1. 高斯过程的重要性质

（1）由式（2.47）可以看出，高斯过程的 n 维分布完全由 n 个随机变量的数学期望、方差和两两之间的归一化协方差函数所决定。因此，对于高斯过程，只要研究它的数字特征即可。

（2）如果高斯过程是广义平稳的，则它的均值与时间无关，协方差函数只与时间间隔有关，而与时间起点无关，由性质（1）知，它的 n 维分布与时间起点无关。所以，广义平稳的高斯过程也是狭义平稳的。

（3）如果高斯过程在不同时刻的取值是不相关的，即对所有 $j \neq k$ 有 $b_{jk} = 0$，这时式（2.47）转换为

$$f_n(x_1, x_2, \cdots, x_n; t_1, t_2, \cdots, t_n) = \frac{1}{(2\pi)^{\frac{n}{2}} \sigma_1 \sigma_2 \cdots \sigma_n} \exp\left[-\sum_{j=1}^{n} \frac{(x_j - a_j)^2}{2\sigma_j^2}\right]$$

$$= \prod_{j=1}^{n} \frac{1}{\sqrt{2\pi}\sigma_j} \exp\left[-\frac{(x_j - a_j)^2}{2\sigma_j^2}\right]$$

$$= f(x_1; t_1) \cdot f(x_2; t_2) \cdot \cdots \cdot f(x_n; t_n) \tag{2.48}$$

也就是说，如果高斯过程在不同时刻的取值是互不相关的，那么它们也是统计独立的。

（4）如果一个线性系统的输入随机过程是高斯的，那么线性系统的输出过程仍然是高斯的。

因为从积分原理来看，式（2.42）中 $\eta(t) = \int_{-\infty}^{\infty} h(\tau)\xi(t-\tau)\mathrm{d}\tau$ 可表示为一个和式的极限，即

$$\eta(t) = \lim_{\Delta\tau_k \to 0} \sum_{k=-\infty}^{\infty} \xi(t-\tau_k) h(\tau_k) \Delta\tau_k \tag{2.49}$$

由于 $\xi(t)$ 已假设是高斯的，在任一时刻的每项 $\xi(t-\tau_k) h(\tau_k)\Delta\tau_k$ 都是一个高斯随机变量。因此，输出过程在任一时刻得到的每一随机变量，都是无限多个高斯随机变量之和。由概率论可知，这个"和"的随机变量也是高斯随机变量。这就证明，高斯过程经过线性系统后其输出过程仍为高斯过程。更一般地说，高斯过程经线性变换后的过程仍为高斯过程。但要注意，由于线性系统的介入，与输入高斯过程相比，输出高斯过程的数字特征已经改变了。

2. 高斯随机变量

以后分析问题时，会经常用到高斯过程的一维分布，称为高斯随机变量。高斯过程在任一时刻的样值是一个一维高斯随机变量，其一维概率密度函数可表示为

$$f(x) = \frac{1}{\sqrt{2\pi}\sigma} \exp\left[-\frac{(x-a)^2}{2\sigma^2}\right] \tag{2.50}$$

式中，a 和 σ^2 分别为高斯随机变量的均值和方差。例如，正态分布的一维概率密度函数曲线如图 2.5 所示。

$f(x)$ 具有以下性质：

① $f(x)$ 对称于直线 $x=a$ ，即有 $f(a+x)=f(a-x)$ ；

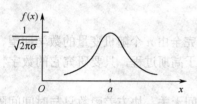

② $f(x)$ 在 $(-\infty,a)$ 内单调上升、在 $(a,+\infty)$ 内单调下降，且在 a 点处达到极大值；

③ $\int_{-\infty}^{\infty} f(x)\mathrm{d}x=1$ ，$\int_{a}^{\infty} f(x)\mathrm{d}x=\int_{-\infty}^{a} f(x)\mathrm{d}x=\frac{1}{2}$ ；

图 2.5　正态分布的一维概率密度函数曲线

④ a 表示分布中心，σ 为标准偏差，表示集中的程度；

⑤ 当 $a=0$ 、$\sigma=1$ 时，相应的正态分布称为标准化正态分布，这时有

$$f(x)=\frac{1}{\sqrt{2\pi}}\exp\left(-\frac{x^2}{2}\right) \tag{2.51}$$

通常通信信道中的噪声均值 $a=0$ ，在噪声均值为零时，噪声的平均功率等于噪声的方差，即

$$
\begin{aligned}
\sigma^2 &= D[n(t)] \\
&= E\left\{[n(t)-E(n(t))]^2\right\} \\
&= E\left\{n^2(t)\right\}-[E(n(t))]^2 \\
&= R(0)-a^2 \\
&= R(0) \\
P_{\mathrm{n}} &= R(0)=D[n(t)]=\sigma^2
\end{aligned}
$$

在通信系统的性能分析中，常常通过求自相关函数或方差的方法来计算噪声的功率。

3. 正态概率分布函数与误差函数

已知概率密度函数的前提下，正态概率分布函数可以表示为

$$F(x)=P(\xi\leqslant x)=\int_{-\infty}^{x} f(z)\mathrm{d}z=\int_{-\infty}^{x}\frac{1}{\sqrt{2\pi}\sigma}\exp\left[-\frac{(z-a)^2}{2\sigma^2}\right]\mathrm{d}z=\phi\left(\frac{x-a}{\sigma}\right) \tag{2.52}$$

式中，$\phi(x)$ 为概率积分函数，简称概率积分，其定义式为

$$\phi(x)=\frac{1}{\sqrt{2\pi}}\int_{-\infty}^{x}\exp\left(-\frac{z^2}{2}\right)\mathrm{d}z \tag{2.53}$$

式（2.52）很难计算，可借助一般的积分表查出积分近似值。

与正态分布函数相关的还有误差函数 $\mathrm{erf}(x)$ 和互补误差函数 $\mathrm{erfc}(x)$ ，它们的定义式分别为

$$\mathrm{erf}(x)=\frac{2}{\sqrt{\pi}}\int_{0}^{x}\mathrm{e}^{-z^2}\mathrm{d}z \tag{2.54}$$

$$\mathrm{erfc}(x)=1-\mathrm{erf}(x)=\frac{2}{\sqrt{\pi}}\int_{x}^{\infty}\mathrm{e}^{-z^2}\mathrm{d}z \tag{2.55}$$

可以证明，利用误差函数和互补误差函数的概念，正态分布函数可表示为

$$F(x) = \begin{cases} \dfrac{1}{2} + \dfrac{1}{2}\,\mathrm{erf}\dfrac{x-a}{\sqrt{2}\sigma}, & x \geqslant a \\[3mm] 1 - \dfrac{1}{2}\,\mathrm{erfc}\dfrac{x-a}{\sqrt{2}\sigma}, & x \leqslant a \end{cases} \tag{2.56}$$

为了方便以后分析，在此给出误差函数和互补误差函数的主要性质。

① 误差函数是递增函数，它具有以下性质，即

$$\mathrm{erf}(-x) = -\mathrm{erf}(x); \quad \mathrm{erf}(\infty) = 1; \quad \mathrm{erf}(0) = 0$$

② 互补误差函数是递减函数，它具有以下性质，即

$$\mathrm{erfc}(-x) = 2 - \mathrm{erfc}(x); \quad \mathrm{erfc}(\infty) = 0; \quad \mathrm{erfc}(0) = 1; \quad \mathrm{erfc}(x) \approx \dfrac{1}{\sqrt{\pi}\,x}\mathrm{e}^{-x^2}, \ x \gg 1$$

式（2.54）和式（2.55）是在讨论通信系统抗噪性能时常用到的基本公式。

2.4.3　白噪声

1. 理想白噪声

在通信系统中，经常用到的噪声之一就是白噪声。白噪声是指功率谱密度函数在整个频率域（$-\infty < \omega < +\infty$）内是常数的噪声，因为它类似于光学中包括全部可见光频率在内的白光。实际上，完全理想的白噪声是不存在的，通常只要噪声功率谱密度函数均匀分布的频率范围超过通信系统工作频率范围很多时，就可近似认为是白噪声。

理想的白噪声功率谱密度通常被定义为

$$P_{\mathrm{n}}(\omega) = \dfrac{n_0}{2}, \quad -\infty < \omega < +\infty \tag{2.57}$$

式中，n_0 的单位是 W/Hz。通常，若采用单边频谱，即频率在 0 到无穷大范围内时，白噪声的功率谱密度函数又常写成

$$P_{\mathrm{n}}(\omega) = n_0, \quad 0 < \omega < +\infty \tag{2.58}$$

在信号分析中，我们知道功率信号的功率谱密度与其自相关函数 $R(\tau)$ 互为傅里叶变换对，因此白噪声的自相关函数为

$$R(\tau) = \dfrac{1}{2\pi}\int_{-\infty}^{+\infty}\dfrac{n_0}{2}\mathrm{e}^{j\omega\tau}\,\mathrm{d}\omega = \dfrac{n_0}{2}\delta(\tau) \tag{2.59}$$

式（2.59）表明白噪声只在 $\tau = 0$ 时才相关，它在任意两个时刻的随机变量都是互不相关的，如图 2.6 所示。

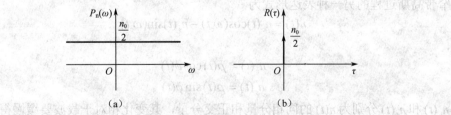

图 2.6　理想白噪声的功率谱密度和自相关函数

2. 高斯白噪声

高斯白噪声是指噪声的概率密度函数满足正态分布统计特性，同时它的功率谱密度函数是常数的一类噪声。值得注意的是，高斯白噪声是对噪声的概率密度函数和功率谱密度函数两个方面而言的，不可混淆。

在通信系统理论分析中，特别在分析、计算系统抗噪性能时，经常假定系统信道中的噪声为高斯白噪声。这是因为，一是高斯白噪声可用具体数学表达式表述，便于推导分析和运算；二是高斯白噪声确实反映了具体信道中的噪声情况，比较真实地代表了信道噪声的特性。

2.5 窄带高斯过程

2.5.1 窄带高斯过程的定义

当高斯过程通过以 ω_c 为中心角频率的窄带系统时，就可以形成窄带高斯过程。所谓窄带系统是指系统的频带宽度 B 比中心频率小很多的通信系统，即 $B \ll f_c = \dfrac{\omega_c}{2\pi}$，且通带的中心频率 $f_c \gg 0$ 的系统。这是符合大多数信道实际情况的，信号通过窄带系统后就形成了窄带信号，它的特点是频谱局限在 $\pm\omega_c$ 附近很窄的频率范围内，如图 2.7（a）所示；波形上表现为其包络和相位都在作缓慢随机变化，如图 2.7（b）所示。

窄带高斯过程可表示为

$$n(t) = \rho(t)\cos[\omega_c t + \phi(t)] \tag{2.60}$$

式中，$\rho(t)$ 为过程的随机包络；$\phi(t)$ 为过程的随机相位，相对于载波的变化而言，它们的变化要缓慢得多。

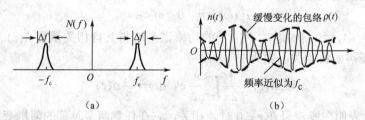

图 2.7 窄带过程的频谱和波形示意图

窄带高斯过程的另一种表达形式为

$$n(t) = n_c(t)\cos(\omega_c t) - n_s(t)\sin(\omega_c t) \tag{2.61}$$

式中，

$$n_c(t) = \rho(t)\cos\phi(t) \tag{2.62}$$

$$n_s(t) = \rho(t)\sin\phi(t) \tag{2.63}$$

$n_c(t)$ 和 $n_s(t)$ 分别为 $n(t)$ 的同相分量和正交分量，其变化相对于载波要缓慢得多。

式（2.60）和式（2.61）给出了窄带随机过程的数学表示式。式（2.60）中 $\rho(t)$ 的一个样本波形和 $\varphi(t)$ 的一个样本波形构成了 $n(t)$ 的一个样本波形，因此，窄带过程就是窄带样本波形的全体。对式（2.61）中的 $n_c(t)$ 及 $n_s(t)$ 也作同样的理解。因此，窄带过程 $n(t)$ 的

统计特性将表现在 $\rho(t)$、$\phi(t)$ 以及 $n_c(t)$、$n_s(t)$ 的统计特性中。若已知 $n(t)$ 的统计特性，就可以确定 $\rho(t)$、$\phi(t)$ 以及 $n_c(t)$、$n_s(t)$ 的统计特性。

2.5.2 窄带高斯过程的数字特性

假定 $n(t)$ 是一个均值为零、方差为 σ_n^2 的窄带高斯过程，且是平稳随机过程。则有以下特性。

（1）$n(t)$ 的同相分量 $n_c(t)$ 和正交分量 $n_s(t)$ 同样是平稳高斯过程，且均值都为零，方差也相同，即

$$E[n(t)] = E[n_c(t)] = E[n_s(t)] = 0 \tag{2.64}$$

$$\sigma_n^2 = \sigma_c^2 = \sigma_s^2 = \sigma^2 \tag{2.65}$$

（2）$n_c(t)$ 和 $n_s(t)$ 在同一时刻的取值是线性不相关的随机变量。又因为它们是高斯的，所以也是统计独立的随机变量。

（3）$n(t)$ 的随机包络服从瑞利分布，即

$$f(\rho) = \frac{\rho}{\sigma^2} \exp\left[-\frac{\rho^2}{2\sigma^2}\right], \ \rho \geqslant 0 \tag{2.66}$$

其随机相位服从均匀分布，即

$$f(\varphi) = \frac{1}{2\pi}, \ 0 \leqslant \varphi \leqslant 2\pi \tag{2.67}$$

就一维分布而言，包络与相位是统计独立的，即

$$f(\rho, \varphi) = f(\rho) \cdot f(\varphi) \tag{2.68}$$

窄带高斯过程的包络与相位分布如图 2.8 所示。

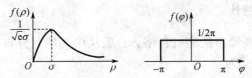

图 2.8 窄带高斯过程的包络与相位分布

2.5.3 窄带高斯白噪声

如果白噪声被限制在 $(-f_0, f_0)$ 内，即在该频率区间上有 $P_n(\omega) = \dfrac{n_0}{2}$，而在该区间外 $P_n(\omega) = 0$，则这样的白噪声称为带限白噪声。带限白噪声的自相关函数为

$$R(\tau) = \int_{-f_0}^{f_0} \frac{n_0}{2} e^{j2\pi f\tau} df = f_0 n_0 \frac{\sin(\omega_0 \tau)}{\omega_0 \tau} \tag{2.69}$$

式中，$\omega_0 = 2\pi f_0$。可见，带限白噪声只有在 $\tau = \dfrac{k}{2f_0}(k = 1, 2, \cdots)$ 上得到的随机变量才不相关。

带限白噪声的自相关函数与功率谱密度如图 2.9 所示。这一结论告诉我们，如果对带限白噪声按抽样定理抽样，则各抽样值是互不相关的随机变量。

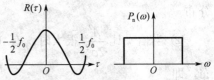

图 2.9 带限白噪声的自相关函数与功率谱密度

2.6　正弦波随机过程加窄带高斯噪声

信号经过信道传输后总会受到噪声的干扰，为了减少噪声的影响，通常在接收机前端设置一个带通滤波器，以滤除信号频带以外的噪声。因此，带通滤波器的输出是信号与窄带噪声的混合波形。

如果假定发送的是一正弦信号，即 $A\cos(\omega_c t+\theta)$，其中 A、ω_c 均为常数，θ 是在 $(0,2\pi)$ 上均匀分布的随机变量；干扰噪声为窄带高斯噪声，其均值为 0、方差为 σ_n^2，有 $n(t)=n_c(t)\cos(\omega_c t)-n_s(t)\sin(\omega_c t)$。则混合信号 $r(t)$ 的表达形式为

$$
\begin{aligned}
r(t) &= A\cos(\omega_c t+\theta)+n(t) \\
&= A\cos\theta\cos(\omega_c t)-A\sin\theta\sin(\omega_c t)+n_c(t)\cos(\omega_c t)-n_s(t)\sin(\omega_c t) \\
&= [A\cos\theta+n_c(t)]\cos(\omega_c t)-[A\sin\theta+n_s(t)]\sin(\omega_c t) \\
&= \rho(t)\cos[\omega_c t+\varphi(t)]
\end{aligned}
\tag{2.70}
$$

式中，信号 $r(t)$ 的包络为

$$
\rho(t)=\sqrt{[A\cos\theta+n_c(t)]^2+[A\sin\theta+n_s(t)]^2}
\tag{2.71}
$$

信号 $r(t)$ 的相位为

$$
\varphi(t)=\arctan\frac{A\sin\theta+n_s(t)}{A\cos\theta+n_c(t)}
\tag{2.72}
$$

正弦信号加窄带高斯噪声混合波形 $r(t)$ 的统计特性表现在其包络 $\rho(t)$ 和相位 $\phi(t)$ 的统计特性中。可以证明以下特性。

1. 随机包络的统计特性

正弦信号和窄带高斯噪声的随机包络 $\rho(t)$ 服从广义瑞利分布［也称莱斯（Rician）分布］。广义瑞利分布表达式为

$$
f(\rho)=\frac{\rho}{\sigma_n^2}I_0\left(\frac{A\rho}{\sigma_n^2}\right)\exp\left[-\frac{\rho^2+A^2}{2\sigma_n^2}\right],\ \rho>0
\tag{2.73}
$$

式中，$I_0(x)$ 为零阶修正贝塞尔函数。$I_0(x)$ 在 $x>0$ 时，是单调上升函数，且 $I_0(0)=1$。

$$
\frac{1}{2\pi}\int_0^{2\pi}\exp[x\cos\theta]d\theta=I_0(x)
\tag{2.74}
$$

式（2.74）存在两种极限情况。

① 当信号很小，$A\to0$，即信噪比 $r=\dfrac{A^2}{2\sigma_n^2}\to0$ 时，x 值很小，有 $I_0(x)=1$，这时合成波 $r(t)$ 中只存在窄带高斯噪声，式（2.73）近似为式（2.66），即由莱斯分布退化为瑞利分布。

② 当信噪比 $\dfrac{A^2}{2\sigma_n^2}$ 很大时，有 $I_0(x)\approx\dfrac{e^x}{\sqrt{2\pi x}}$，这时在 $\rho\approx A$ 附近，$f(\rho)$ 近似为高斯分布，即

$$f(\rho) \approx \frac{1}{\sqrt{2\pi}\sigma_{\rm n}} \cdot \exp\left[-\frac{(\rho-A)^2}{2\sigma_{\rm n}^2}\right] \qquad (2.75)$$

由此可见，信号加噪声的合成波包络分布与信噪比有关。小信噪比时，它接近于瑞利分布；大信噪比时，它接近于高斯分布；在一般情况下它是莱斯分布。图 2.10（a）给出了不同信噪比 r 值时 $f(\rho)$ 的曲线。

2. 随机相位的统计特性

正弦信号加窄带高斯噪声的随机相位分布 $f(\phi)$ 与信道中的信噪比有关，当信噪比很小时，$f(\phi)$ 接近于均匀分布，它反映这时窄带高斯噪声为主的情况；大信噪比时，$f(\phi)$ 主要集中在有用信号相位附近。图 2.10（b）给出了不同的信噪比 r 值时 $f(\phi)$ 的曲线。

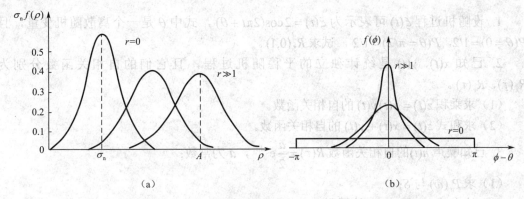

图 2.10 不同的信噪比值 r 时 $f(\rho)$ 与 $f(\phi)$ 的曲线

本 章 小 结

（1）事物变化的过程不可能用一个或几个时间 t 的确定函数来描述的过程称为随机过程。常用分布函数或概率密度函数来描述其统计特性。在实际应用中要确定随机过程的分布函数或概率密度函数并加以分析往往比较困难，而数字特征既能刻画随机过程的重要特征，又便于运算和实际测量。

（2）若随机过程的任何 n 维分布函数或概率密度函数与时间起点无关，这类过程就是平稳随机过程。平稳随机过程的数学期望为常数，且相关函数与时间起点无关，仅与时间间隔有关。若一个平稳随机过程具有各态历经性，则该平稳随机过程的数字特征（统计平均）完全可由随机过程中的任一样本的数字特征（时间平均）来替代。

（3）随机过程的频谱特性是用它的功率谱密度来表述的。平稳随机过程的相关函数与功率谱密度是一对傅里叶变换，常通过相关函数来计算功率谱密度。本章还讨论了信号通过线性时不变系统的情况。

（4）通信系统中的某些噪声，其统计特性符合高斯过程的统计特性，通常称为高斯噪声。一个线性系统的输入随机过程是高斯的，那么线性系统的输出过程仍然是高斯的。噪声的概率密度函数满足正态分布统计特性，同时它的功率谱密度函数是常数的一类噪声就是高斯白噪声。在通信系统理论分析中，特别在分析、计算系统抗噪性能时，经常假定系统信道中的噪声为高斯白噪声。

（5）当高斯过程通过以 ω_c 为中心角频率的窄带系统时，就可以形成窄带高斯过程。若窄带高斯过程是一个平稳随机过程，则它的同相分量、正交分量同样是平稳高斯过程，且均值、方差都相同。

（6）正弦信号加窄带高斯噪声是通信系统中常会遇到的信号波形。其随机包络分布与信噪比有关：小信噪比时，它接近于瑞利分布；大信噪比时，它接近于高斯分布；在一般情况下它是莱斯分布。其随机相位分布与信道中的信噪比有关：当信噪比很小时，它接近于均匀分布；当信噪比大时，它主要集中在有用信号相位附近。

习　题

1. 设随机过程 $\xi(t)$ 可表示为 $\xi(t) = 2\cos(2\pi t + \theta)$，式中 θ 是一个离散随机变量，且 $P(\theta = 0) = 1/2$，$P(\theta = \pi/2) = 1/2$，试求 $R_\xi(0,1)$。

2. 已知 $x(t)$、$y(t)$ 是统计独立的平稳随机过程，且它们的自相关函数分别为 $R_x(\tau)$、$R_y(\tau)$。

（1）求乘积 $z(t) = x(t)y(t)$ 的自相关函数。

（2）求和式 $z(t) = x(t) + y(t)$ 的自相关函数。

3. 已知噪声 $n(t)$ 的自相关函数 $R(\tau) = \dfrac{a}{2}\mathrm{e}^{-a|\tau|}$，$a$ 为常数：

（1）求 $P_n(\omega)$ 与 S；

（2）绘出 $P_n(\omega)$ 与 $R_n(\tau)$ 的图形。

4. 设 RC 低通滤波器如题图 2.1 所示，求当输入均值为零、功率谱密度为 $\dfrac{n_0}{2}$ 的白噪声时，输出过程的功率谱密度和自相关函数。

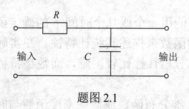

题图 2.1

5. 随机过程 $x(t)$ 的均值为常数 a，自相关函数为 $R_x(\tau)$，随机过程 $y(t) = x(t) - x(t-T)$，T 为常数，试证 $y(t)$ 是否为平稳随机过程？

6. 已知一随机过程 $z(t) = m(t)\cos(\omega_0 t + \theta)$，它是广义平稳过程 $m(t)$ 对一载频进行振幅调制的结果。此载频的相位 θ 在 $(0, 2\pi)$ 上为均匀分布，设 $m(t)$ 与 θ 是统计独立的，且自相关函数 $R_m(\tau)$ 为

$$R_m(\tau) = \begin{cases} 1+\tau, & -1 < \tau < 0 \\ 1-\tau, & 0 \leqslant \tau < 1 \\ 0, & \text{其他} \end{cases}$$

（1）证明 $z(t)$ 是广义平稳的；

（2）画出 $R_z(\tau)$ 的波形；

（3）求功率谱密度 $P_z(\omega)$ 及功率 S。

7. 将均值为 0、自相关函数为 $\dfrac{n_0}{2}\delta(\tau)$ 的高斯白噪声加到一个中心角频率为 ω_c、带宽为 B（Hz）或 $2\pi B$ 的理想带通滤波器上，如题图 2.2 所示。

（1）求滤波器输出噪声的自相关函数；

（2）写出输出噪声的一维概率密度函数。

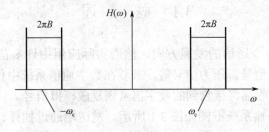

题图 2.2

8. 随机过程 $x(t)=A\cos(\omega t+\theta)$，式中 A、ω、θ 是相互独立的随机变量，其中 A 的均值为 2，方差为 4，θ 在区间 $(-\pi,\pi)$ 上均匀分布，ω 在区间 $(-5,5)$ 上均匀分布。

（1）随机过程 $x(t)$ 是否平稳？是否各态历经？

（2）求出自相关函数。

9. 若 $\xi(t)$ 是平稳过程，自相关函数为 $R_\xi(\tau)$，求它通过题图 2.3 所示系统后的自相关函数及功率谱密度。

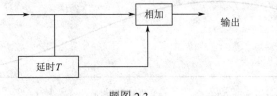

题图 2.3

10. 设平稳过程 $x(t)$ 的功率谱密度函数为 $P_x(\omega)$，其自相关函数为 $R_x(\tau)$。求功率谱密度 $\dfrac{1}{2}[P_x(\omega+\omega_0)+P_x(\omega-\omega_0)]$ 所对应过程的相关函数（其中 ω_0 为正常数）。

11. 设 $x(t)$ 是平稳过程，其自相关函数 $R_x(\tau)$ 是周期为 2 的周期性函数。在区间 $(-1,1)$ 上，该自相关函数为 $(1-|\tau|)$，求 $x(t)$ 的功率谱密度 $P_x(\omega)$，并用图形表示。

12. 设 $x_1(t)$ 与 $x_2(t)$ 为零均值且互不相关的平稳过程，经过线性时不变系统，其输出分别为 $z_1(t)$ 与 $z_2(t)$，证明 $z_1(t)$ 与 $z_2(t)$ 也是互不相关的。

13. 一正弦信号加窄带高斯过程为

$$r(t)=A\cos(\omega_c t+\theta)+n(t)$$

（1）求 $r(t)$ 通过能够理想地提取包络的平方律检波器后的一维分布密度函数；

（2）若 $A=0$，重做（1）。

第3章 模拟信号的数字化传输

3.1 概　　述

数字通信系统是当今通信的发展方向，然而实际应用中许多信源输出的都是模拟信号，如语音信号、温度信号、压力信号等，若要在数字通信系统中传输，需要在发送端将模拟信号数字化，在接收端将接收到的数字信号恢复成模拟信号。

模拟信号的数字传输系统框图如图 3.1 所示。发送端通过抽样、量化和编码实现模拟信号数字化，即模数（A/D）转换。接收端通过译码和低通滤波恢复原模拟信号，即数模（D/A）转换。图 3.2 是模拟信号的抽样、量化和编码过程例图。

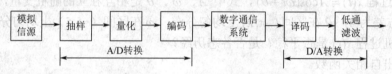

图 3.1　模拟信号的数字传输系统框图

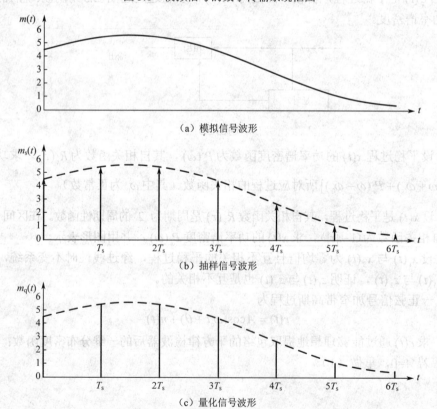

图 3.2　模拟信号的数字化过程

```
100      101      101      100      010      001      000      t
```

（d）编码信号波形

图 3.2（续）

为了充分利用信道资源，数字电话通信系统常用时分复用（time-division multiplexing，TDM）技术，实现在同一信道中同时传输多路信号。

本章重点介绍抽样、量化和脉冲编码调制的基本原理，并简要介绍时分复用技术。

3.2　抽　样　定　理

抽样是把时间连续的模拟信号转换成时间离散但幅度连续的抽样信号的过程。低通模拟信号的抽样定理指出：如果一个时间连续信号的最高频率不超过 f_H，以时间间隔 $T_s \leqslant 1/2f_H$ 对它进行等间隔抽样，即当均匀抽样频率 $f_s \geqslant 2f_H$ 时，抽样信号包含了原信号的全部信息。其中，$2f_H$ 称为奈奎斯特频率。

根据抽样波形的特征，抽样可以分为理想抽样、自然抽样和平顶抽样。根据抽样的脉冲序列是冲激序列还是非冲激序列，抽样可以分为理想抽样和实际抽样。由于冲激序列物理上不能实现，通常用窄脉冲串代替冲激序列进行实际抽样，实际抽样包括自然抽样和平顶抽样两种方式。从图 3.3 可以看出，自然抽样信号在抽样脉冲持续时间内幅度跟随模拟信号的变化而变化，而平顶抽样信号在抽样脉冲持续时间内幅度保持不变；当抽样脉冲持续时间趋于零时的波形就是理想抽样信号波形。

如果是频带限制在 f_L 和 f_H 之间的带通模拟信号，带宽 $B = f_H - f_L$，则所需的最小抽样频率为 $f_s = 2B\left(1 + \dfrac{k}{n}\right)$，其中，$k$ 为 f_H/B 的小数部分，n 为 f_H/B 的整数部分。对带通模拟信号进行抽样时，抽样频率不需要大于模拟信号最高频率的 2 倍，只需略大于信号带宽的 2 倍即可。本书重点分析低通模拟信号的抽样。

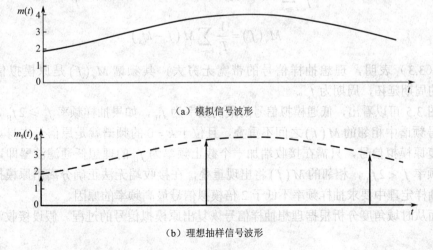

（a）模拟信号波形

（b）理想抽样信号波形

图 3.3　抽样信号的波形

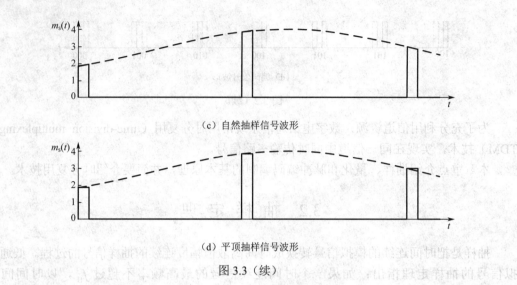

（c）自然抽样信号波形

（d）平顶抽样信号波形

图 3.3（续）

3.2.1 理想抽样

理想抽样的原理如图 3.4 所示。理想抽样信号 $m_s(t)$ 可由模拟信号 $m(t)$ 与冲激脉冲序列 $\delta_T(t)$ 相乘所得。若抽样周期为 T_s，则

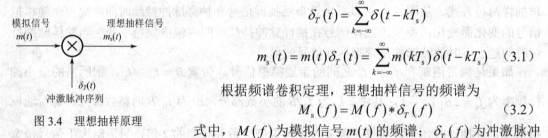

图 3.4 理想抽样原理

$$\delta_T(t) = \sum_{k=-\infty}^{\infty} \delta(t - kT_s)$$

$$m_s(t) = m(t)\delta_T(t) = \sum_{k=-\infty}^{\infty} m(kT_s)\delta(t - kT_s) \quad (3.1)$$

根据频谱卷积定理，理想抽样信号的频谱为

$$M_s(f) = M(f) * \delta_T(f) \quad (3.2)$$

式中，$M(f)$ 为模拟信号 $m(t)$ 的频谱；$\delta_T(f)$ 为冲激脉冲序列 $\delta_T(t)$ 的频谱，$\delta_T(f) = \dfrac{1}{T_s}\sum_{k=-\infty}^{\infty}\delta(f - kf_s)$，$f_s$ 为抽样频率，$f_s = \dfrac{1}{T_s}$。计算式（3.2）得

$$M_s(f) = \frac{1}{T_s}\sum_{k=-\infty}^{\infty} M(f - kf_s) \quad (3.3)$$

式（3.3）表明，理想抽样信号的带宽无穷大，其频谱 $M_s(f)$ 是原模拟信号频谱 $M(f)$ 的周期延拓，周期为 f_s。

从图 3.5 可以看出，低通模拟信号的最高频率为 f_H，如果抽样频率 $f_s \geqslant 2f_H$，则理想抽样信号频谱中相邻的 $M(f)$ 之间不重叠，且位于 $k = 0$ 的频谱就是原信号本身。因此，要想恢复原模拟信号，只需在接收端加一个截止频率为 f_H 的理想低通滤波器即可。但如果抽样频率 $f_s < 2f_H$，相邻的 $M(f)$ 将出现重叠，在接收端无法正确分离出原模拟信号，这就是抽样定理中要求抽样频率不低于 2 倍模拟信号最高频率的原因。

下面从时域角度分析根据理想抽样信号恢复出原模拟信号的过程。假设接收端低通滤波器为

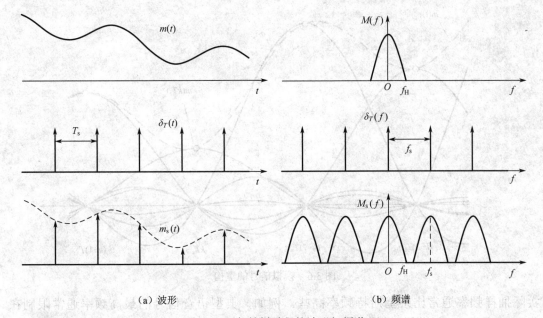

（a）波形　　　　　　　　　　　　　　（b）频谱

图 3.5　理想抽样过程的波形与频谱

$$H(f) = \begin{cases} 1, & |f| \leqslant f_H \\ 0, & \text{其他} \end{cases}$$

其单位冲激响应为

$$h(t) = 2f_H S_a(2\pi f_H t)$$

式中，函数 $S_a(x) = \dfrac{\sin(x)}{x}$。理想抽样信号 $M_s(f)$ 通过该滤波器后可得

$$M_s(f)H(f) = \frac{1}{T_s} \sum_{k=-\infty}^{\infty} M(f - kf_s)H(f) = \frac{1}{T_s} M(f)$$

根据时域卷积定理，有

$$\begin{aligned} m(t) &= T_s[m_s(t) * h(t)] \\ &= 2f_H T_s \sum_{k=-\infty}^{\infty} m(kT_s)\delta(t - kT_s) * S_a(2\pi f_H t) \\ &= 2f_H T_s \sum_{k=-\infty}^{\infty} m(kT_s) S_a[2\pi f_H(t - kT_s)] \end{aligned}$$

当 $T_s = \dfrac{1}{2}f_H$ 时，有

$$\begin{aligned} m(t) &= T_s[m_s(t) * h(t)] \\ &= \sum_{k=-\infty}^{\infty} m(kT_s) S_a[\pi f_s(t - kT_s)] \end{aligned} \tag{3.4}$$

式中，$m(kT_s)$ 为模拟信号 $m(t)$ 在各个抽样时刻的值。如图 3.6 所示，这些冲激响应之和就重构了原模拟信号。

　　由于理想低通滤波器物理上无法实现，实际滤波器的截止边缘不可能如此陡峭，因此

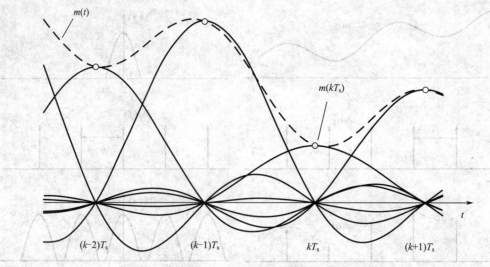

图 3.6　模拟信号的重构

实际抽样频率通常比奈奎斯特频率高些。例如，典型语音信号的最高频率通常限制在 3.4kHz，ITU-T 建议其抽样频率为 8kHz。

3.2.2　实际抽样

理想抽样以脉冲序列作为载波，用模拟信号作为调制信号去控制脉冲序列的幅度，使其按模拟信号的规律变化，这是一种脉冲振幅调制（pulse amplitude modulation，PAM）方式。但是，使用冲激脉冲序列是一种理想的情况，是不可能实现的。在实际中常采用窄脉冲序列代替冲激脉冲序列，这就出现了两种实际的 PAM 方式，即自然抽样和平顶抽样。

1. 自然抽样

自然抽样也称为曲顶抽样，其原理如图 3.7 所示。矩形窄脉冲序列 $s(t)$ 的周期为 T_s（T_s 是模拟信号的抽样周期，f_s 是抽样频率），脉冲宽度为 τ，幅度为 A。自然抽样信号 $m_s(t)$ 是模拟信号 $m(t)$ 与矩形窄脉冲序列 $s(t)$ 的乘积，即

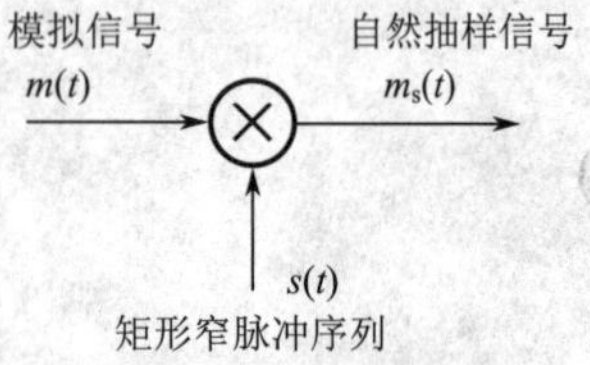

模拟信号　　　自然抽样信号
$m(t)$　　　　　$m_s(t)$

$s(t)$
矩形窄脉冲序列

图 3.7　自然抽样原理

$$m_s(t) = m(t)s(t) \qquad (3.5)$$

式中，$m(t)$ 的频谱为 $M(f)$；$s(t)$ 的频谱为

$$S(f) = \frac{A\tau}{T_s}\sum_{k=-\infty}^{\infty} S_a(\pi k\tau f_s)\delta(f - kf_s)$$

则自然抽样信号 $m_s(t)$ 的频谱为

$$M_s(f) = M(f) * S(f) = \frac{A\tau}{T_s}\sum_{k=-\infty}^{\infty} S_a(\pi k\tau f_s)M(f - kf_s) \qquad (3.6)$$

自然抽样过程的波形与频谱如图 3.8 所示。自然抽样信号波形 $m_s(t)$ 在抽样时间 τ 内的波形与原信号波形 $m(t)$ 一致，由于 $m(t)$ 是随时间变化的，$m_s(t)$ 在抽样时间 τ 内的波形也随时间变化。与理想抽样的频谱相比较可以看出，自然抽样信号的频谱 $|M_s(f)|$ 是 $M(f)$ 以 f_s 为周期作周期延拓，其幅值包络不是一条水平直线，而是按 $S_a(\cdot)$ 函数随着频

率的上升而下降。当 $f_s \geqslant 2f_H$ 时，$k=0$ 的这一项为 $(A\tau/T_s)M(f)$，与原模拟信号 $M(f)$ 只差一个比例常数，因此可以用截止频率为 f_H 的理想低通滤波器分离出原模拟信号。

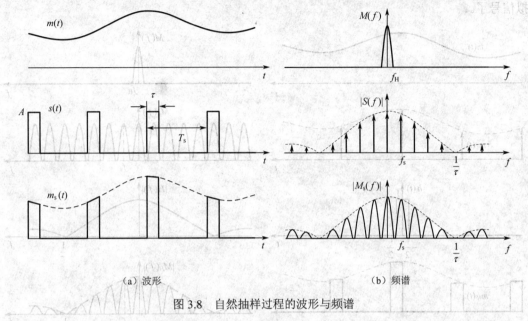

（a）波形　　　　　　　　　　　　　　（b）频谱

图 3.8　自然抽样过程的波形与频谱

自然抽样信号的带宽是有限的，其主瓣带宽为 $1/\tau$，由脉冲宽度 τ 决定，τ 越大，带宽就越小，有利于信号的传输，但 τ 越大时分复用的路数就越少，因此 τ 的大小要兼顾带宽和复用这两个互相矛盾的要求。

2. 平顶抽样

平顶抽样常用抽样保持电路实现，其原理如图 3.9 所示。模拟信号 $m(t)$ 和非常窄的脉冲序列（近似冲激脉冲序列）$\delta_T(t)$ 相乘得到 $m_s(t)$，然后通过保持电路将抽样值保持一定时间。它与自然抽样的不同之处在于平顶抽样信号 $m_H(t)$ 的脉冲顶部保持平坦。

平顶抽样信号近似为理想抽样信号通过保持电路后的输出。假设抽样保持电路的保持时间为 τ，其传输函数为

$$H(f) = \tau S_a(\pi\tau f) \qquad (3.7)$$

平顶抽样信号 $m_H(t)$ 的频谱为

$$M_H(f) = M_s(f) * H(f)$$
$$= \frac{\tau}{T_s}\sum_{k=-\infty}^{\infty} S_a(\pi\tau f)M(f - kf_s) \qquad (3.8)$$

平顶抽样过程的波形与频谱如图 3.10 所示。平顶抽样信号频谱 $M_H(f)$ 由 $H(f)$ 加权后的周期性重复的 $M(f)$ 所组成。当 $k=0$ 时，$M_H(f) = \dfrac{\tau}{T_s}S_a(\pi\tau f)M(f)$，因此接收端

不能直接用低通滤波器恢复原模拟信号。但从原理上看，如图 3.11 所示，如果 $f_s \geqslant 2f_H$，在低通滤波器之前加上一个传输函数为 $1/H(f)$ 的修正滤波器，就可以无失真地恢复原模拟信号了。

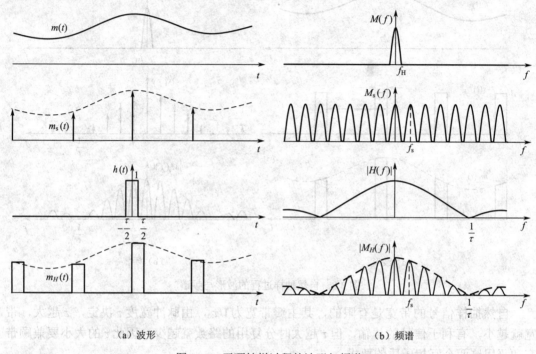

（a）波形　　　　　　　　　　（b）频谱

图 3.10　平顶抽样过程的波形与频谱

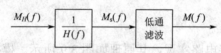

图 3.11　平顶抽样信号的恢复

3.3　模拟信号的量化

模拟信号经过抽样后，抽样信号是时间离散信号，但其幅值仍然是连续的，不能直接进行编码，必须先对幅值进行离散化。量化是把幅度连续的抽样信号转换成幅度离散的数字信号的过程。

量化时根据抽样信号的范围划分成多个区间，每个区间选择一个电平表示该区间里的所有取值，这个电平称为量化电平。区间起点与终点之间的间隔称为量化间隔。图 3.12 中有 M 个区间（$M=6$），m_i 是第 i 个区间的终点，$q_1 \sim q_M$ 是预先定义好的 M 个量化电平，T_s 是抽样周期，若第 k 个抽样值 $m(kT_s)$ 对应的量化值为 $m_q(kT_s)$，有

$$m_q(kT_s) = q_i, \quad m_{i-1} \leqslant m(kT_s) < m_i \tag{3.9}$$

通常量化过程可以认为是在一个量化器中完成的。量化器的输入是抽样值 $m(kT_s)$，输出是量化值 $m_q(kT_s)$。从图 3.12 可见，抽样值与量化值通常是不相等的。抽样值与量化值之间的误差称为量化误差。量化误差是随机的，像噪声一样影响通信质量，又称为量化

噪声。量化误差无法消除，只能尽可能减小。

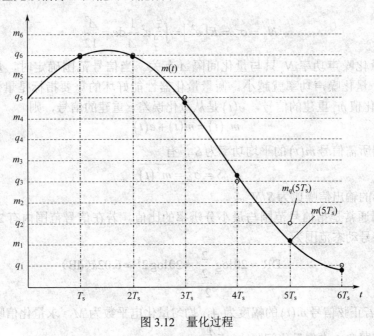

图 3.12　量化过程

量化分为均匀量化和非均匀量化。抽样值区间是等间隔划分的量化，称为均匀量化。抽样值区间是不等间隔划分的量化，称为非均匀量化。下面将分别讨论这两种量化方法。

3.3.1　均匀量化

假设模拟信号 $m(t)$，其抽样信号是均值为 0 的随机变量，取值范围为 $[a,b]$，抽样值和量化值分别用 m 和 m_q 表示，量化区间数（即量化电平数）为 M，则均匀量化的量化间隔 Δ 为

$$\Delta = \frac{b-a}{M} \qquad (3.10)$$

量化区间的终点表示为

$$m_i = a + i\Delta, \quad i = 1, 2, \cdots, M$$

若选取区间中点作为区间的量化值，则量化值为

$$q_i = \frac{m_{i-1} + m_i}{2} = a + i\Delta - \frac{\Delta}{2}, \quad i = 1, 2, \cdots, M$$

量化误差 $e = m_q - m$，$|e| \leqslant \Delta/2$。需要注意的是，量化器正常工作时，输入信号的振幅不能超过量化范围；否则会出现过载量化误差（$|e| > \Delta/2$），严重影响信号的重建。

由于量化器输入均值为 0，量化误差的均值也为 0，量化误差（即量化噪声）的平均功率可用均方值来度量。如果量化间隔足够小，可以合理假设量化误差是均匀分布的随机变量，其概率密度为

$$f(e) = \begin{cases} \dfrac{1}{\Delta}, & |e| \leqslant \dfrac{\Delta}{2} \\ 0, & \text{其他} \end{cases}$$

则量化噪声的平均功率为

$$N_q = \sigma_e^2 = E[e^2] = \int_{-\frac{\Delta}{2}}^{\frac{\Delta}{2}} e^2 \frac{1}{\Delta} de = \frac{\Delta^2}{12} \tag{3.11}$$

可见，量化噪声功率 N_q 只与量化间隔 Δ 有关。当信号范围确定时，量化电平数越多，Δ 越小，量化噪声功率就越小。衡量量化器性能好坏的重要指标是量化信噪比。若 $m_q(t)$ 是从量化值 m_q 重建的信号，$e(t)$ 是从量化误差 e 重建的信号，则

$$m_q(t) = m(t) + e(t)$$

若输出端所需信号 $m(t)$ 的平均功率为 S，有

$$S = \sigma_m^2 = \overline{m^2(t)} \tag{3.12}$$

则均匀量化器的输出信噪比为 S/N_q。

动态范围通常是指信号范围与最小分辨率的比值。若在信号范围内有 2^k 个区间，则均匀量化的信号动态范围为

$$DR = 20\log\frac{2}{\frac{2}{2^k}} = 20\log 2^k = 6.02k(dB) \tag{3.13}$$

例 3.1 若正弦信号 $m(t)$ 的幅度为 A，均匀量化电平数为 M，求量化信噪比。

解 根据题意，均匀量化间隔 $\Delta = \frac{2A}{M}$。

由式（3.11）得量化噪声平均功率为

$$N_q = \frac{\Delta^2}{12}$$

由式（3.12）得正弦信号平均功率为

$$S = \overline{m^2(t)} = \frac{A^2}{2}$$

则量化信噪比为

$$\frac{S}{N_q} = \frac{6A^2}{\Delta^2} = \frac{3M^2}{2}$$

或

$$\left(\frac{S}{N_q}\right)_{dB} = 1.8 + 20\lg M$$

若 $M = 2^k$（k 是正整数），则

$$\left(\frac{S}{N_q}\right)_{dB} = 1.8 + 6k$$

从例 3.1 可以看出，量化信噪比随量化电平数 M 的增大而提高，k 每增加 1 位，量化信噪比就提高 6dB，但 k 越大，码元速率越高，所需信道带宽就越大。

在实际应用中，对于给定的均匀量化器，量化电平数和量化间隔都是确定的，也就是说，量化噪声功率是确定的。但是，输入信号的强度可随时间变化，如语音信号，因而大信号时量化信噪比大，小信号时量化信噪比小。由于语音信号里小信号出现的概率大于大信

号出现的概率，导致平均量化信噪比下降。为了改善这种情况，在实际中常用非均匀量化。

3.3.2　非均匀量化

非均匀量化的量化间隔跟随抽样值的变化而变化。当抽样值较小时，量化间隔也较小；当抽样值较大时，量化间隔也较大。为了实现非均匀量化，对抽样值先进行非线性压缩再进行均匀量化。如图 3.13 所示，在非线性压缩器中，小信号被放大（扩张），大信号被压缩；在纵轴上（压缩器输出）均匀划分的区间，它们对应在横轴上（压缩器输入）的区间是非均匀的；横轴上的电压越小，量化间隔也越小。

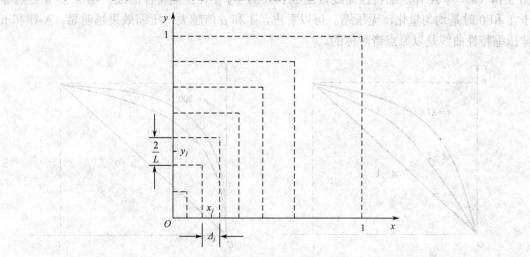

图 3.13　压缩特性

针对数字语音通信，ITU-T（国际电信联盟电信标准分局）提出了两种建议，即 A 压缩律和 μ 压缩律。它们的近似算法分别为 A 律 13 折线法和 μ 律 15 折线法。中国、欧洲以及国际间互连时采用 A 律，北美、韩国和日本等少数国家采用 μ 律。下面介绍这两种压缩律以及相应的近似实现方法。

1. A 压缩律和 μ 压缩律

A 压缩律的表达式为

$$y = \mathrm{sgn}(x) \begin{cases} \dfrac{A|x|}{1+\ln A}, & 0 \leqslant |x| < \dfrac{1}{A} \\ \dfrac{1+\ln A|x|}{1+\ln A}, & \dfrac{1}{A} \leqslant |x| \leqslant 1 \end{cases} \tag{3.14}$$

其反函数表示为

$$F^{-1}(y) = \mathrm{sgn}(y) \begin{cases} \dfrac{|y|(1+\ln A)}{A}, & |y| < \dfrac{1}{1+\ln A} \\ \dfrac{1}{(\mathrm{e}A)^{1-|y|}}, & \dfrac{1}{1+\ln A} \leqslant |y| \leqslant 1 \end{cases} \tag{3.15}$$

μ 压缩律的表达式为

$$y = \operatorname{sgn}(x)\frac{\ln(1+\mu|x|)}{\ln(1+\mu)}, \quad -1 \leqslant x \leqslant 1 \tag{3.16}$$

其反函数表示为

$$F^{-1}(y) = \operatorname{sgn}(x)\frac{(1+\mu)^{|y|}-1}{\mu}, \quad -1 \leqslant y \leqslant 1 \tag{3.17}$$

式中，$\operatorname{sgn}(\cdot)$ 为符号函数；x 为归一化输入；y 为归一化输出；A 和 μ 为压缩系数，$A \geqslant 1$，$\mu > 0$。A 律和 μ 律都属于对数压缩。压缩特性曲线的正向部分如图 3.14 所示，图 3.14（a）为 A 律压缩特性曲线，图 3.14（b）为 μ 律压缩特性曲线。当 A 和 μ 分别等于 1 和 0 时是均匀量化，无压缩。可以看出，A 和 μ 值越大，压缩效果越明显。A 律和 μ 律压缩特性曲线是以原点奇对称的。

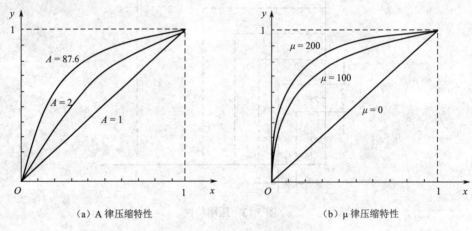

（a）A 律压缩特性　　　　　　　　　　（b）μ 律压缩特性

图 3.14　A 律和 μ 律压缩特性

下面以 μ 律压缩特性为例分析非均匀量化的信噪比。

假设归一化信号范围内有 L 个量化区间，如图 3.13 所示，正信号抽样值 x 落在量化间隔 Δ_j 里，其量化值为区间中点 x_j，y_j 为 y 轴上对应量化间隔的中点。由于 $L \gg 1$，量化间隔 Δ_j 非常小，因此在每个量化间隔里，信号概率密度 $p_x(x)$ 可视为常数，压缩特性可视为线性的（即 $y_j' = \mathrm{d}y_j/\mathrm{d}x_j = 2/(L\Delta_j)$）。非均匀量化噪声 N_q 可表示为

$$
\begin{aligned}
N_q &= 2\sum_j \int_{x_j-\frac{\Delta_j}{2}}^{x_j+\frac{\Delta_j}{2}} (x-x_j)^2 \, p_x(x)\mathrm{d}x \\
&= 2\sum_j \frac{p_x(x_j)\Delta_j^3}{12} \\
&= \frac{2}{3L^2}\sum_j \frac{p_x(x_j)}{(y_j')^2}\Delta_j \\
&= \frac{2}{3L^2}\int_0^1 \frac{p_x(x)}{(y')^2}\mathrm{d}x
\end{aligned}
\tag{3.18}
$$

式中，系数乘以 2 是因为负信号也有相同贡献。

若对式（3.16）求导，可得

$$y' = \frac{dy}{dx} = \frac{\mu}{\ln(1+\mu)} \frac{1}{1+\mu x}, \ 0 \leqslant x \leqslant 1 \tag{3.19}$$

把式（3.19）代入式（3.18），可得

$$
\begin{aligned}
N_q &= \frac{2}{3L^2} \left[\frac{\ln(1+\mu)}{\mu} \right]^2 \int_0^1 (1+\mu x)^2 p_x(x) \, dx \\
&= \frac{2}{3L^2} \left[\frac{\ln(1+\mu)}{\mu} \right]^2 \int_0^1 \left[1 + 2\mu x + (\mu x)^2 \right] p_x(x) \, dx \\
&= \frac{[\ln(1+\mu)]^2}{3L^2} \left(\sigma_x^2 + \frac{2\overline{|x|}}{\mu} + \frac{1}{\mu^2} \right)
\end{aligned}
\tag{3.20}
$$

这里

$$\overline{|x|} = 2\int_0^1 x p_x(x) \, dx$$

$$\sigma_x^2 = 2\int_0^1 x^2 p_x(x) \, dx$$

由于信号功率 $S = \sigma_x^2$，那么非均匀量化信噪比为

$$\frac{S}{N_q} = \frac{3L^2}{[\ln(1+\mu)]^2} \cdot \frac{1}{1 + \dfrac{2\overline{|x|}}{\mu \sigma_x^2} + \dfrac{1}{\mu^2 \sigma_x^2}} \tag{3.21}$$

若量化器的量化范围为 $[-m_p, m_p]$，未归一化输入为 m，则 $x = \dfrac{m}{m_p}$，$\sigma_x^2 = \dfrac{\sigma_m^2}{m_p^2}$，

$\overline{|x|} = \dfrac{\overline{|m|}}{m_p}$。根据式（3.21），未归一化信号的非均匀量化信噪比表示为

$$
\begin{aligned}
\frac{S}{N_q} &= \frac{3L^2}{[\ln(1+\mu)]^2} \cdot \frac{\sigma_x^2}{\sigma_x^2 + \dfrac{2\overline{|x|}}{\mu} + \dfrac{1}{\mu^2}} \\
&= \frac{3L^2}{[\ln(1+\mu)]^2} \cdot \frac{\dfrac{\sigma_m^2}{m_p^2}}{\dfrac{\sigma_m^2}{m_p^2} + \dfrac{2}{\mu} \dfrac{\overline{|m|}}{m_p} + \dfrac{1}{\mu^2}}
\end{aligned}
\tag{3.22}
$$

由于语音信号的概率密度近似于拉普拉斯分布，即

$$p_m(m) = \frac{1}{\sigma_m \sqrt{2}} e^{-\frac{\sqrt{2}|m|}{\sigma_m}}$$

根据定义计算，可得

$$\overline{|m|} = 2\int_0^\infty \frac{m}{\sigma_m \sqrt{2}} e^{-\frac{\sqrt{2}|m|}{\sigma_m}} \, dm = 0.7071 \sigma_m$$

当 $\mu = 255$、$L = 256$ 时，根据式（3.22）可得

$$\frac{S}{N_q} = \frac{6394\left(\dfrac{\sigma_m^2}{m_p^2}\right)}{\left(\dfrac{\sigma_m^2}{m_p^2}\right) + 0.0055\left(\dfrac{\sigma_m}{m_p}\right) + 1.5379\times10^{-5}} \qquad (3.23)$$

若有另一个信号服从高斯分布，则

$$\overline{|m|} = 2\int_0^\infty \frac{m}{\sigma_m\sqrt{2\pi}}\, e^{-\frac{m^2}{2\sigma_m^2}}\, \mathrm{d}m = 0.7979\sigma_m$$

$$\frac{S}{N_q} = \frac{6394\left(\dfrac{\sigma_m^2}{m_p^2}\right)}{\left(\dfrac{\sigma_m^2}{m_p^2}\right) + 0.0063\left(\dfrac{\sigma_m}{m_p}\right) + 1.5379\times10^{-5}} \qquad (3.24)$$

当 $\mu=0$、$L=256$ 时，量化间隔为 Δ 的均匀量化信噪比为

$$\frac{S}{N_q} = \frac{\sigma_x^2}{\dfrac{\Delta^2}{12}} = 3L^2\sigma_x^2 = 196608\left(\frac{\sigma_m^2}{m_p^2}\right) \qquad (3.25)$$

以 $\sigma_x^2 = \dfrac{\sigma_m^2}{m_p^2}$ 为横轴、$\dfrac{S}{N_q}$ 为纵轴，根据式（3.23）～（3.25）画出量化信噪比曲线，效果如图 3.15 所示。可以看出，均匀量化信噪比随信号的减小迅速下降，而非均匀量化信噪比随信号的减小下降比较缓慢。另外，具有不同概率密度的信号，它们的非均匀量化信噪比曲线几乎相同。

在实际使用中，μ 通常大于 100，若 σ_x^2 不是很小，式（3.21）可简化为

$$\frac{S}{N_q} \approx \frac{3L^2}{[\ln(1+\mu)]^2} \qquad (3.26)$$

可以看出，非均匀量化信噪比与 $p_x(x)$ 和 σ_x^2 无关，这与图 3.15 所示的结论相吻合。

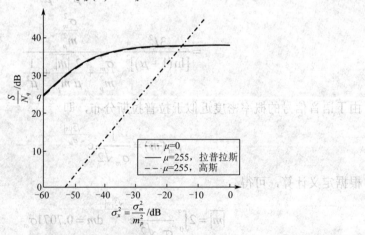

图 3.15　有无压缩的比较曲线

A 律和 μ 律的压缩特性曲线都是连续的，用电子线路较难实现，实际常用数字电路形

成多折线来近似表示。

2. A 律 13 折线和 μ 律 15 折线

A 律和 μ 律压缩曲线实际中常用 A 律 13 折线法和 μ 律 15 折线法来近似实现。下面分别介绍这两种方法。

A 律 13 折线近似于 $A = 87.6$ 的 A 律压缩特性。如图 3.16 所示，横轴 x 和纵轴 y 分别表示归一化的输入和输出，它们分别采用不同的区间划分方法。当输入为正信号时，纵轴 y 的 [0,1] 区间被均匀地分为 8 段，横轴 x 的 [0,1] 区间也被非均匀地分为 8 段。对应于 y 轴分界点 0、1/8、2/8、3/8、4/8、5/8、6/8、7/8、1 的 x 坐标分别为 0、1/128、1/64、1/32、1/16、1/8、1/4、1/2、1。将这 8 段的坐标点 (x, y) 依次连接起来，就得到一条折线。由于第 1、2 段的斜率相同（均为 16），被视为一条直线段，故实际上只有 7 段折线。语音信号是双极性信号，因此在负方向也有与正方向对称的 7 段折线。靠近零点的正、负两段折线斜率相同，故实际上正、负双向共有 13 段折线，称为 A 律 13 折线。

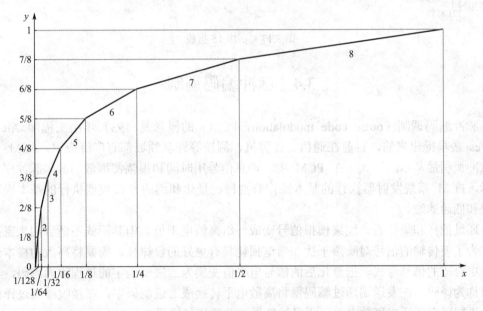

图 3.16　A 律 13 折线

μ 律 15 折线近似于 $\mu = 255$ 的 μ 律压缩特性。如图 3.17 所示，与 A 律 13 折线类似，x 和 y 分别表示归一化的输入和输出。当输入为正信号时，y 轴的 [0,1] 区间也是被均匀地分为 8 段。对应于 y 轴分界点 0、1/8、2/8、3/8、4/8、5/8、6/8、7/8、1 的 x 坐标分别为 0、31/8159、95/8159、223/8159、479/8159、991/8159、2015/8159、4063/8159、1。同样地，将这 8 段的坐标点 (x, y) 依次连接起来得到一条折线。虽然正、负方向各有 8 段折线，但由于靠近零点的正、负两段斜率相同（均为 8159/248），故实际上共有 15 段折线，称为 μ 律 15 折线。

比较 A 律 13 折线和 μ 律 15 折线的第一段斜率可知，μ 律大约是 A 律的 2 倍，因此 μ 律的小信号量化信噪比优于 A 律的小信号量化信噪比。

实际上，量化的实现是与编码同时进行的，因此量化电路将在编码中一起讨论。

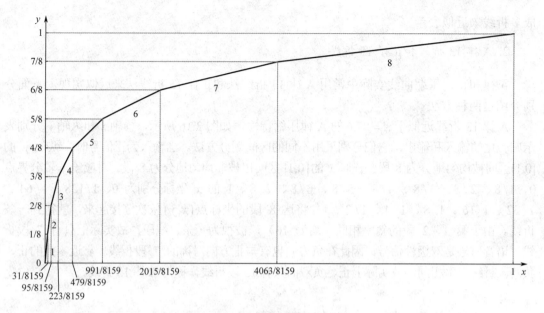

图 3.17   μ 律 15 折线

3.4   脉冲编码调制

脉冲编码调制（pulse code modulation，PCM）的概念是 1937 年由工程师 Alec H. Reeres 最早提出来的，目前在通信、计算机、测控等许多领域都有广泛应用。PCM 是数字脉冲调制最基本的形式。在 PCM 中，消息信号用时间和振幅都离散的编码脉冲序列来表示。PCM 系统发射器执行的基本操作有抽样、量化和编码，接收器执行的基本操作有译码和低通滤波。

通过抽样和量化后，连续模拟信号变成一组离散电平值，但其形式不适合用来直接传输。为了使传输的信号对噪声干扰和信道损耗具有更好的鲁棒性，需要将离散的样本值转换为更合适的信号形式。把量化后的信号电平值变换为二进制码字的过程称为编码，其逆过程称为译码。在发送端通过编码器将离散电平转换成二进制码字，在接收端通过译码器将二进制码字还原成离散电平，再经过低通滤波器恢复原模拟信号。

下面介绍常用的二进制码以及编、译码的工作原理，分析 PCM 系统的噪声性能并计算码元速率。

3.4.1   常用的二进制码

由于二进制码抗干扰能力强并且容易产生，在 PCM 系统中一般采用二进制码，常用的有自然二进制码和折叠二进制码。表 3.1 列出了用 4 位码表示 16 个量化级时的编码规律，最高位是符号位，"1" 表示正信号，"0" 表示负信号。

自然二进制码是对应量化级序号的二进制表示，编码简单易记，但是绝对值相同的正、负两个值编码不相同，不能简化双极性信号的编码过程。折叠二进制码的正半部分与自然二进制码完全相同，负半部分除符号位外，其余是正半部分的倒影或折叠下来所形成

的，故称为折叠二进制码。对于双极性信号，取绝对值后折叠二进制码就可以简化为单极
性编码。

表 3.1 常用二进制码

样值脉冲极性	量化级序号	自然二进制码	折叠二进制码
正	15	1111	1111
	14	1110	1110
	13	1101	1101
	12	1100	1100
	11	1011	1011
	10	1010	1010
	9	1001	1001
	8	1000	1000
负	7	0111	0000
	6	0110	0001
	5	0101	0010
	4	0100	0011
	3	0011	0100
	2	0010	0101
	1	0001	0110
	0	0000	0111

折叠二进制码的误码对小信号影响较小。例如，小信号的 1000 出现误码变成 0000，
自然二进制码的误差为 8 个量化级，而折叠二进制码的误差只有 1 个量化级。但是，折
叠二进制码的误码对大信号影响较大。例如，大信号的 1111 发送误码变成 0111，折叠
二进制码的误差为 15 个量化级，而自然二进制码的误差为 8 个量化级。由于语音信号
小信号出现的概率大，大信号出现的概率小，因而语音信号 PCM 系统中大多采用折叠
二进制码。

3.4.2 A 律与 μ 律的编译码

通常具有均匀量化特性的编码称为线性编码，而具有非均匀量化特性的编码称为非线
性编码。编码位数的多少不仅关系到通信质量的好坏，还涉及设备的复杂程度。当输入信
号的变化范围一定时，编码位数越多，量化误差就越小，通信质量也就越好，但传码率就
越高，所需信道带宽就越宽，系统设备也越复杂。

G.711 是 ITU-T 制定的一套用于电话语音通信的语音压缩标准，内容是将 13 位或 14
位采样的 PCM 二进制线性码压缩成 8 位的二进制非线性码，播放时将 8 位的二进制非线
性码还原成 13 位或 14 位二进制线性码。其中，A 律压缩用于将 13 位线性码压缩成 8 位
非线性码，而 μ 律压缩用于将 14 位线性码压缩成 8 位非线性码。

这 8 位非线性码的结构为

极性码　　　　段落码　　　　段内码

M_1　　　　$M_2M_3M_4$　　　　$M_5M_6M_7M_8$

式中，极性码 M_1 表示信号的极性；段落码 $M_2M_3M_4$ 表示信号绝对值所处的段落；段内码 $M_5M_6M_7M_8$ 表示该段落里信号绝对值所属的量化级。

1. A 律 13 折线编译码

在 A 律 13 折线 8 位非线性码中，极性码 M_1 用"1"表示正信号，"0"表示负信号。各段落被均匀地划分为 16 个区间（量化级），则归一化输入区间 $[-1,1]$ 被划分为 $8 \times 16 \times 2 = 256$ 个非均匀区间。根据图 3.16，最小的量化间隔为 $1/(128 \times 16) = 1/2048$，若以最小的量化间隔作为量化单位 Δ，则正向 8 个段落在 x 轴的终点电平分别为 16、32、64、128、256、512、1024、2048 个量化单位，各段落里的均匀量化间隔大小分别为 1、1、2、4、8、16、32、64 个量化单位。表 3.2 列出了图 3.16 中各段的段落码 $M_2M_3M_4$、段落电平范围以及均匀量化间隔大小。表 3.3 列出了均匀量化 16 个量化级对应的段内码 $M_5M_6M_7M_8$。

表 3.2 A 律 13 折线段落码及其对应电平

段落序号	段落码 $M_2M_3M_4$	电平范围/Δ	量化间隔 Δ_i/Δ
1	000	0~16	1
2	001	16~32	1
3	010	32~64	2
4	011	64~128	4
5	100	128~256	8
6	101	256~512	16
7	110	512~1024	32
8	111	1024~2048	64

表 3.3 段内码

量化级	段内码 $M_5M_6M_7M_8$	量化级	段内码 $M_5M_6M_7M_8$
0	0000	8	1000
1	0001	9	1001
2	0010	10	1010
3	0011	11	1011
4	0100	12	1100
5	0101	13	1101
6	0110	14	1110
7	0111	15	1111

若以非均匀量化最小的量化间隔作为均匀量化的量化间隔，则 x 轴 $[0,1]$ 区间有 2048 个均匀量化级，至少需要 $\log_2 2048 = 11$ 位二进制码进行线性编码，而 A 律 13 折线只需 7 位非线性码。G.711 标准里 A 律压缩用 13 位线性码（含符号）表示输入信号，其 256 个非均匀量化区间的划分方法是一样的，但采用的量化单位是 $1/4096$。

A 律 13 折线编码时常用的量化电平是各区间的起点。编码器的任务是根据输入的信号抽样值，输出相应的 8 位二进制非线性码。这里主要介绍逐次比较型编码器，其原理与天平称重的方法相类似，如图 3.18 所示，由抽样保持、极性判决、整流器、比较器及本地译码器等组成。

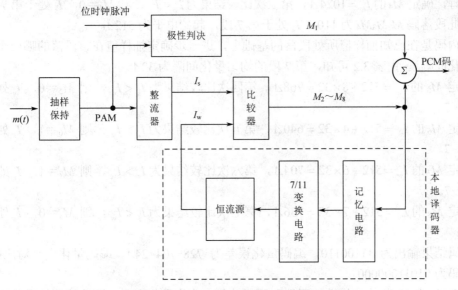

图 3.18 逐次比较型编码器原理框图

抽样保持器的作用是使抽样值的幅度在编码过程中保持不变。

极性判决电路用来确定抽样值的极性。当抽样值为正时 M_1 输出"1"码，为负时输出"0"码。整流器将双极性的抽样值脉冲变成单极性脉冲。

比较器通过比较抽样值电流 I_s 和标准电流 I_w 的大小，实现对输入信号抽样值的非线性量化和编码。从高位到低位依次进行比较，每比较一次输出一位二进制码，当 $I_s > I_w$ 时输出"1"码；反之输出"0"码。由于与抽样值振幅相关的非线性码有 7 位（即 $M_2 \sim M_8$），因此需执行 7 次比较，每次比较时对应位初始化为"1"，由本地译码器生成所需的标准电流 I_w。

本地译码器包括记忆电路、7/11 变换电路和恒流源。记忆电路用来寄存二进制代码，除第一次比较外（第一次标准电流 I_w 对应的 7 位非线性码为 1000000），其余各次比较都要依据前面已有的比较结果来确定标准电流 I_w 的值。7/11 变换电路的功能是将 7 位非线性码转换为 11 位线性码，以便于控制恒流源输出所需的标准电流 I_w。恒流源有 11 个基本的权值电流支路，每次选择哪几个基本权值电流支路相加获取比较器需要的标准电流 I_w，由已有的比较结果经 7/11 变换后的 11 位线性码决定。

逐次比较型编码器本身包含量化和编码两个功能，量化是在编码过程中完成的。

下面通过例子来说明编码过程。

例 3.2 设输入信号抽样值 $I_s = +728\Delta$（Δ 为量化单位，$\Delta=1/2048$），采用 A 律 13 折线逐次比较型编码器，说明其编码过程。

解 首先确定极性码，由于输入信号抽样值为正，$M_1=1$。

由表 3.2 可知，确定 M_2 是"1"还是"0"的分界值是 128Δ，本地译码器输出 $I_w =128\Delta$，第一次比较结果为 $I_s > I_w$，则 $M_2=1$，I_s 处于第 5～8 段。

这时确定 M_3 是"1"还是"0"的分界值是 512Δ，本地译码器输出 $I_w = 512\Delta$，第二次比较结果为 $I_s > I_w$，则 $M_3 = 1$，I_s 处于第 7～8 段。

同理，确定 M_4 的 $I_w = 1024\Delta$，第三次比较结果为 $I_s < I_w$，则 $M_4 = 0$，I_s 处于第 7 段。

因此段落码 $M_2 M_3 M_4$ 为 110，I_s 处于第 7 段，起始电平为 512Δ。

段内码是在已知抽样值所处段落的基础上，进一步确定抽样值在该段落的哪一个量化级（量化间隔）。由表 3.2 可知，第 7 段的均匀量化间隔为 32Δ。

确定 M_5 的 $I_w = 512 + 8 \times 32 = 768\Delta$，第四次比较结果为 $I_s < I_w$，则 $M_5 = 0$，I_s 处于量化级 0～7。

确定 M_6 的 $I_w = 512 + 4 \times 32 = 640\Delta$，第五次比较结果为 $I_s > I_w$，则 $M_6 = 1$，I_s 处于量化级 4～7。

确定 M_7 的 $I_w = 512 + 6 \times 32 = 704\Delta$，第六次比较结果为 $I_s > I_w$，则 $M_7 = 1$，I_s 处于量化级 6～7。

确定 M_8 的 $I_w = 512 + 7 \times 32 = 736\Delta$，第七次比较结果为 $I_s < I_w$，则 $M_8 = 0$，I_s 处于量化级 6。

编码结果输出为 11100110，编码量化误差为 $728 - 704 = 24\Delta$。编码量化电平对应的 11 位线性码为 01011000000。

由于 A 律 13 折线非线性编码选取区间的起点作为量化电平，因此编码的量化误差可能超过量化间隔的一半（即 $\Delta_i/2$），为了减少接收端译码时的量化误差，选取区间的中点作为译码量化电平，使译码最大量化误差不超过 $\Delta_i/2$。译码时非线性码与线性码之间的关系是 7/12 变换关系，具体如表 3.4 所示。例 3.2 中的译码量化电平为 $704 + 32/2 = 720\Delta$，译码后的量化误差为 $728 - 720 = 8\Delta$，译码时的 12 位线性码为 010110100000。

表 3.4　A 律 13 折线译码表

7 位非线性码	12 位线性码
$0\ 0\ 0\ M_5\ M_6\ M_7\ M_8$	$0\ 0\ 0\ 0\ 0\ 0\ 0\ M_5\ M_6\ M_7\ M_8\ 1$
$0\ 0\ 1\ M_5\ M_6\ M_7\ M_8$	$0\ 0\ 0\ 0\ 0\ 0\ 1\ M_5\ M_6\ M_7\ M_8\ 1$
$0\ 1\ 0\ M_5\ M_6\ M_7\ M_8$	$0\ 0\ 0\ 0\ 0\ 1\ M_5\ M_6\ M_7\ M_8\ 1\ 0$
$0\ 1\ 1\ M_5\ M_6\ M_7\ M_8$	$0\ 0\ 0\ 0\ 1\ M_5\ M_6\ M_7\ M_8\ 1\ 0\ 0$
$1\ 0\ 0\ M_5\ M_6\ M_7\ M_8$	$0\ 0\ 0\ 1\ M_5\ M_6\ M_7\ M_8\ 1\ 0\ 0\ 0$
$1\ 0\ 1\ M_5\ M_6\ M_7\ M_8$	$0\ 0\ 1\ M_5\ M_6\ M_7\ M_8\ 1\ 0\ 0\ 0\ 0$
$1\ 1\ 0\ M_5\ M_6\ M_7\ M_8$	$0\ 1\ M_5\ M_6\ M_7\ M_8\ 1\ 0\ 0\ 0\ 0\ 0$
$1\ 1\ 1\ M_5\ M_6\ M_7\ M_8$	$1\ M_5\ M_6\ M_7\ M_8\ 1\ 0\ 0\ 0\ 0\ 0\ 0$

接收端译码的作用是将接收到的 PCM 码还原成相应的 PAM 抽样信号。A 律 13 折线译码器原理框图如图 3.19 所示。

记忆电路将接收到的 PCM 串行码转变为并行码并记忆下来。极性控制使解码后的 PAM 信号极性与发送端相同。

7/12 变换电路将 7 位的非线性码转换为 12 位的线性码，目的是增加一个 $\Delta_i/2$ 的恒流电流，使译码的最大量化误差不超过 $\Delta_i/2$，从而提高量化信噪比。表 3.4 右栏 M_8 后的"1"码对应增加的 $\Delta_i/2$。

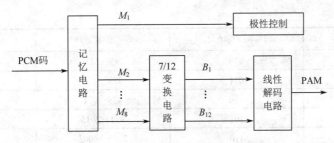

图 3.19　A 律 13 折线译码器原理框图

线性解码电路主要由恒流源和电阻网络组成，12 位线性码通过该电路输出相应的
PAM 信号。

2. μ律 15 折线编译码

如图 3.20 所示，μ 律与 A 律在零点附近的量化特性不同，A 律是中间上升型，而 μ
律是中间水平型。根据图 3.17，若以 1/8159 作为量化单位 Δ，则正向 8 个段落在 x 轴的
终点电平分别为 31、95、223、479、991、2015、4063、8159 个量化单位。μ 律 15 折线
中通过零点的折线段（其 x 轴电平位于 [−31,31] 个量化单位内）被均匀地划分为 31 个区间
（量化级），而其他 14 段折线各被均匀地划分为 16 个区间，则 x 轴的输入范围被划分为
$31+14\times16=255$ 个非均匀区间，其中最小的区间间隔为 2Δ，最大的区间间隔为 256Δ。在
μ 律 15 折线 8 位非线性码中，极性码 M_1 用 "0" 表示正信号、"1" 表示负信号。表 3.5 列
出了图 3.17 中各段的段落码 $M_2M_3M_4$、段落电平范围以及均匀量化间隔大小。均匀量化各
量化级对应的段内码 $M_5M_6M_7M_8$ 如表 3.3 所示。

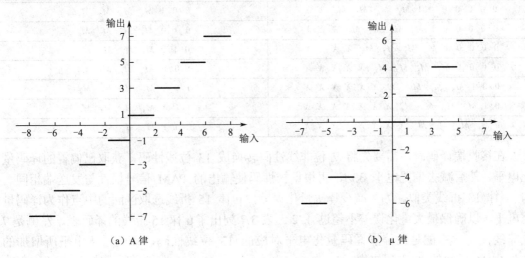

（a）A 律　　　　　　　　　　　　　　（b）μ 律

图 3.20　零附近的量化特性

表 3.5　μ 律 15 折线段落码及其对应电平

段落序号	段落码 $M_2M_3M_4$	电平范围（Δ）	量化间隔 Δ/Δ
1	000	0～31	2*
2	001	31～95	4

续表

段落序号	段落码 $M_2M_3M_4$	电平范围（Δ）	量化间隔 Δ_i/Δ
3	010	95～223	8
4	011	223～479	16
5	100	479～991	32
6	101	991～2015	64
7	110	2015～4063	128
8	111	4063～8159	256

注：第 1 段包含 15.5 个均匀量化区间。

为了简化编码计算，通常先给抽样信号绝对值加上一个 33Δ 的偏置电平，然后再进行编码。图 3.17 中正向 8 个段落终点的已偏置电平分别为 64、128、256、512、1024、2048、4096、8192 个量化单位，现在电平值从大到小按 2 的幂次递减，便于进行数字化。抽样信号绝对值偏置后的最大值是 8192 个量化单位，至少需要 13 位二进制码进行线性编码。μ 律 15 折线的编码原理与 A 律 13 折线类似，编码时也是选取区间的起点作为量化电平，因此编码的量化误差也可能超过量化间隔的一半（即 $\Delta_i/2$）。表 3.6 列出了 μ 律 15 折线的编码表，左侧是抽样信号绝对值加上 33Δ 后的 13 位线性码，任意值 X 表示低位的码都被丢弃（即量化电平选取区间的起点），右侧是 7 位非线性码。

表 3.6　μ 律 15 折线编码表

13 位线性码（已偏置）	7 位非线性码
0 0 0 0 0 0 0 1 M_5 M_6 M_7 M_8 X	0 0 0 M_5 M_6 M_7 M_8
0 0 0 0 0 0 1 M_5 M_6 M_7 M_8 X X	0 0 1 M_5 M_6 M_7 M_8
0 0 0 0 0 1 M_5 M_6 M_7 M_8 X X X	0 1 0 M_5 M_6 M_7 M_8
0 0 0 0 1 M_5 M_6 M_7 M_8 X X X X	0 1 1 M_5 M_6 M_7 M_8
0 0 0 1 M_5 M_6 M_7 M_8 X X X X X	1 0 0 M_5 M_6 M_7 M_8
0 0 1 M_5 M_6 M_7 M_8 X X X X X X	1 0 1 M_5 M_6 M_7 M_8
0 1 M_5 M_6 M_7 M_8 X X X X X X X	1 1 0 M_5 M_6 M_7 M_8
1 M_5 M_6 M_7 M_8 X X X X X X X X	1 1 1 M_5 M_6 M_7 M_8

在接收端译码时，需要先将 7 位非线性码转换成 13 位线性码，获取已偏置的译码量化电平，然后减去偏置电平 33Δ，再根据极性码使输出的 PAM 信号极性与发送端相同。与 A 律 13 折线类似，为了减少译码量化误差，μ 律 15 折线选取区间的中点作为译码量化电平，以确保最大量化误差不超过 $\Delta_i/2$。表 3.7 列出了 μ 律 15 折线的译码表，左侧是 7 位非线性码，右侧是已偏置译码量化电平对应的 13 位线性码，译码量化电平所增加的 $\Delta_i/2$ 由 M_8 后面的"1"码来表示。

表 3.7　μ 律 15 折线译码表

7 位非线性码	13 位线性码（已偏置）
0 0 0 M_5 M_6 M_7 M_8	0 0 0 0 0 0 0 1 M_5 M_6 M_7 M_8 1
0 0 1 M_5 M_6 M_7 M_8	0 0 0 0 0 0 1 M_5 M_6 M_7 M_8 1 0

续表

7 位非线性码	13 位线性码（已偏置）
$0\ 1\ 0\ M_5\ M_6\ M_7\ M_8$	$0\ 0\ 0\ 0\ 0\ 1\ M_5\ M_6\ M_7\ M_8\ 1\ 0\ 0$
$0\ 1\ 1\ M_5\ M_6\ M_7\ M_8$	$0\ 0\ 0\ 0\ 1\ M_5\ M_6\ M_7\ M_8\ 1\ 0\ 0\ 0$
$1\ 0\ 0\ M_5\ M_6\ M_7\ M_8$	$0\ 0\ 0\ 1\ M_5\ M_6\ M_7\ M_8\ 1\ 0\ 0\ 0\ 0$
$1\ 0\ 1\ M_5\ M_6\ M_7\ M_8$	$0\ 0\ 1\ M_5\ M_6\ M_7\ M_8\ 1\ 0\ 0\ 0\ 0\ 0$
$1\ 1\ 0\ M_5\ M_6\ M_7\ M_8$	$0\ 1\ M_5\ M_6\ M_7\ M_8\ 1\ 0\ 0\ 0\ 0\ 0\ 0$
$1\ 1\ 1\ M_5\ M_6\ M_7\ M_8$	$1\ M_5\ M_6\ M_7\ M_8\ 1\ 0\ 0\ 0\ 0\ 0\ 0\ 0$

3.4.3　PCM 系统的噪声性能

如图 3.1 所示，在 PCM 系统中，若发送端低通模拟信号 $m(t)$ 的最高频率为 f_H，振幅范围为 $[-m_p, m_p]$，抽样频率为 $f_s\,(f_s = 2f_H)$，均匀量化区间个数为 $L(L = 2^n)$，量化间隔为 $2m_p/L$，每个量化值用 n 位自然二进制码表示；二进制信号通过信道进行传输；接收端检测二进制信号并且译码，重建量化电平通过低通滤波器恢复原信号 $m(t)$。

假设 $m(t)$ 是一个广义平稳随机过程，第 k 个抽样时刻的抽样值 m_k 是随机变量，其量化电平为区间中点 $\widehat{m_k}$，$\widehat{m_k}$ 被编码成二进制信号进行传输。由于信道噪声的干扰，一些脉冲在接收端可能会被错误检测，重建的量化电平 $\widetilde{m_k}$ 将不同于传输的量化电平 $\widehat{m_k}$。如果用 q_k 和 d_k 分别表示量化误差和检测误差，则

$$q_k = m_k - \widehat{m_k}$$
$$d_k = \widehat{m_k} - \widetilde{m_k}$$

注　意

q_k 和 d_k 的值可以为正也可以为负，它们的均值都等于 0。在接收端总误差为

$$m_k - \widetilde{m_k} = q_k + d_k \tag{3.27}$$

用 $\tilde{m}(t)$ 表示从量化电平 $\widetilde{m_k}$ 重建的信号，根据式（3.4）可得

$$\begin{aligned}
\tilde{m}(t) &= \sum_k \widetilde{m_k} S_a (2\pi f_H t - k\pi) \\
&= \sum_k [m_k - (q_k + d_k)] S_a (2\pi f_H t - k\pi) \\
&= m(t) - e(t)
\end{aligned} \tag{3.28}$$

式中，

$$e(t) = \sum_k (q_k + d_k) S_a (2\pi f_H t - k\pi) \tag{3.29}$$

由此可见，输出信号 $\tilde{m}(t)$ 包含输入信号 $m(t)$ 和噪声信号 $e(t)$。噪声是由量化噪声和信道噪声引起的。

由于噪声信号 $e(t)$ 是广义平稳随机过程，该过程的均值与任意时刻的均方值相同，则

$$\overline{e^2(t)} = \overline{(q_k + d_k)^2}$$

由于量化噪声与信道噪声相互独立，则

$$\overline{e^2(t)} = \overline{q_k^2} + \overline{d_k^2}$$

均匀量化误差的均方值在 3.3 节已分析过，根据式（3.11）可得

$$\overline{q_k^2} = \frac{\left(\dfrac{2m_p}{L}\right)^2}{12} = \frac{m_p^2}{3L^2} = \frac{m_p^2}{3\left(2^{2n}\right)}$$

下面分析由信道噪声引起的检测误差。

由于抽样值用 n 位自然二进制码表示，误差 ε 的值取决于错误码元的位置。例如，传输 4 位二进制码 1011，其值为 11，若第一位码元出错，接收端检测到的代码为 0011，其值为 3，则误差为 8，同样地，若第二位码元出错，则误差为 4，而第三位和第四位码元出错时误差分别为 2 和 1，这里第 i 位码元出错时的误差 $\varepsilon_i = \left(2^{-i}\right)16$。一般来说，第 i 位码元出错时的误差 $\varepsilon_i = \left(2^{-i}\right)F$（$F$ 为满量程），在 PCM 系统里 $F = 2m_p$，因此

$$\varepsilon_i = \left(2^{-i}\right)\left(2m_p\right),\ i = 1, 2, \cdots, n$$

假设每位码元的误码率均为 P_e，n 位二进制码中出现一位误码的概率为 $C_n^1 P_e \left(1 - P_e\right)^{n-1}$，远高于出现多位误码的概率，因而这里只考虑出现一位误码的情况，并且假设每个码组出现的误码相互独立。因此，误差 ε 的均方值为

$$\overline{\varepsilon^2} = P_e \sum_{i=1}^{n} \varepsilon_i^2 = 4m_p^2 P_e \sum_{i=1}^{n} 2^{-2i} = \frac{4m_p^2 P_e \left(2^{2n} - 1\right)}{3\left(2^{2n}\right)}$$

也就是说，检测误差的均方值为

$$\overline{d_k^2} = \frac{4m_p^2 P_e \left(2^{2n} - 1\right)}{3\left(2^{2n}\right)}$$

根据以上分析，噪声信号 $e(t)$ 的均方值为

$$\overline{e^2(t)} = \frac{m_p^2}{3\left(2^{2n}\right)} + \frac{4m_p^2 P_e \left(2^{2n} - 1\right)}{3\left(2^{2n}\right)} = \frac{m_p^2}{3\left(2^{2n}\right)}\left[1 + 4P_e\left(2^{2n} - 1\right)\right] \tag{3.30}$$

可见，当 $P_e \ll 1$ 时，误码造成的检测误差可忽略不计，噪声主要由量化误差决定：

$$\overline{e^2(t)} \approx \frac{m_p^2}{3\left(2^{2n}\right)}$$

当 P_e 较大时，噪声主要由检测误差决定：

$$\overline{e^2(t)} \approx 4m_p^2 \frac{P_e}{3}$$

噪声与信号的平均功率可用均方值来度量。若信号 $m(t)$ 的均方值用 $\overline{m^2}$ 表示，则 PCM 系统的输出信噪比为

$$\frac{S}{N} = \frac{3\left(2^{2n}\right)}{1 + 4P_e\left(2^{2n} - 1\right)} \cdot \frac{\overline{m^2}}{m_p^2} \tag{3.31}$$

当输入大信噪比时，P_e 很小，量化误差的影响占主要地位，有

$$\frac{S}{N} \approx 3\left(2^{2n}\right)\frac{\overline{m^2}}{m_p^2}$$

可使用量化级数较大的量化器提高输出信噪比。但是，当输入小信噪比时，P_e 较大，

检测误差的影响占主要地位，有

$$\frac{S}{N} \approx \frac{3}{4P_e} \cdot \frac{\overline{m^2}}{m_p^2}$$

可适当减少量化级数来降低 P_e，以便提高输出信噪比。

3.4.4　PCM 信号的码元速率与带宽

　　PCM 用 k 位二进制代码表示一个抽样值，若低通模拟信号的最高频率为 f_H，抽样频率 $f_s \geqslant 2f_H$，则码元速率为

$$R_B = kf_s \tag{3.32}$$

通常 $k = \log_2 M$，M 为量化区间数。

　　传输 PCM 信号所需的信道带宽与码元速率有关。在无码间串扰的情况下，所需的理想低通信道带宽为

$$B = \frac{R_B}{2} = \frac{kf_s}{2} \tag{3.33}$$

所需的升余弦（滚降系数为 1）信道带宽为

$$B = R_B = kf_s \tag{3.34}$$

　　语音信号的最高频率通常限制在 3.4kHz，ITU-T 建议其抽样频率为 8kHz，若采用 A 律 13 折线编码，其码元速率为 64KB，所需的最小信道带宽为 32kHz，显然比直接传输语音信号的带宽要大得多。为了降低传输速率同时维持相同的语音质量，人们提出了多种语音压缩编码方法，如自适应差分脉冲编码调制（ADPCM），其码元速率是标准 PCM 的一半，即 32KB。

3.5　时　分　复　用

　　到目前为止，考虑的都是一条信道传输一路信号的情况。在实际中信道的传输能力往往高于一路信号的需求，只传输一路信号显然太浪费了。为了充分利用信道资源，可在同一信道中同时传输多路信号。复用是利用同一信道同时传输多路信号而互不干扰的技术。目前常用的复用方式有频分复用（frequency-division multiplexing，FDM）和时分复用。

　　频分复用是按照频率来划分信道的复用方式。在频分复用中，信道带宽被分为若干个互不重叠的频段，每路信号占据一个频段，在接收端采用不同中心频率的带通滤波器分离各路信号，恢复出所传送的信号。

　　时分复用是按照时间来划分信道的复用方式。在时分复用中，各路信号在信道上占据不同的时间段进行通信，在接收端只要时间上与发送端同步，各路信号就能分别正确恢复。每路信号占据的时间间隔称为时隙。

　　由于国际语音通信常用的 PCM 基群是采用时分复用的方式，因而这里只重点介绍时分复用。

3.5.1　时分复用原理

　　时分复用 PCM 系统原理框图如图 3.21（a）所示。在发送端，首先通过低通滤波器限

制各路模拟信号的带宽，然后利用快速旋转的抽样开关对各路信号依次进行自然抽样，将合成的 PAM 时分复用信号通过量化和编码转换成 PCM 时分复用信号，最后进行传输。在接收端，输入的 PCM 时分复用信号通过译码器转换成 PAM 时分复用信号，然后经抽样开关依次接通每一路，分路后的信号再通过低通滤波器重建各路模拟信号。为了保证正常通信，要求收发双方在时间基准上保持一致，发送端抽样开关与接收端抽样开关的旋转速度必须同频同相。

发送端抽样开关匀速旋转一周的时间 T 等于一个抽样周期，每路信号每隔一周抽样一次 [图 3.21（b）]，旋转一周得到的多路信号抽样值合为一帧 [图 3.21（c）]。若共有 N 路信号，则每路信号在每个周期中占用 T/N 的时间，即时隙为 T/N。若 PCM 编码位数为 k，则 PCM 时分复用信号的码元宽度为

$$T_{\mathrm{b}} = \frac{T}{Nk}$$

与频分复用相比，时分复用便于实现数字通信，对信道非线性失真的要求较低，但对时钟同步要求较高。

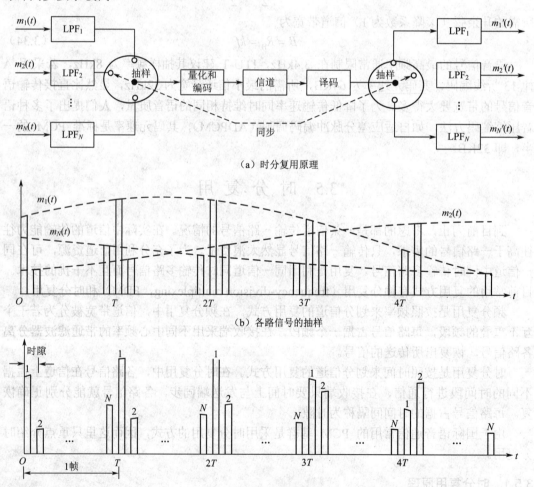

（a）时分复用原理

（b）各路信号的抽样

（c）发送端旋转开关输出的信号

图 3.21　时分复用 PCM 系统原理示意图

3.5.2 PCM 基群帧结构

对于时分多路数字电话通信系统，目前国际上推荐两种标准化制式，即 PCM30/32 路制式（E 体系）和 PCM24 路制式（T 体系）。中国和欧洲采用 E 体系，北美和日本等少数国家采用 T 体系。国际间连接采用 E 体系。

PCM30/32 路制式的基群（或一次群）简称 E1，其结构如图 3.22 所示。E1 共有 32 个时隙，分别记为 TS_0，TS_1，…，TS_{31}，其中 TS_0 为帧同步时隙，TS_{16} 为信令时隙，其余30 路为 A 律 13 折线编码的话路时隙，即 $TS_1 \sim TS_{15}$ 和 $TS_{17} \sim TS_{31}$。语音信号的抽样频率为 8000Hz，抽样周期为 125μs。一帧包含 32 个时隙，每个时隙包含 8 位二进制码，一帧共包含 256bit。由于一帧时长等于一个抽样周期，因此，每个时隙为

$$\tau = \frac{125}{32} \approx 3.91\,(\mu s)$$

每比特的时间宽度为

$$\tau_b = \frac{\tau}{8} \approx 488\,(ns)$$

信息传输速率为

$$R_b = 8000 \times 32 \times 8 = 2.048\,(Mbit/s)$$

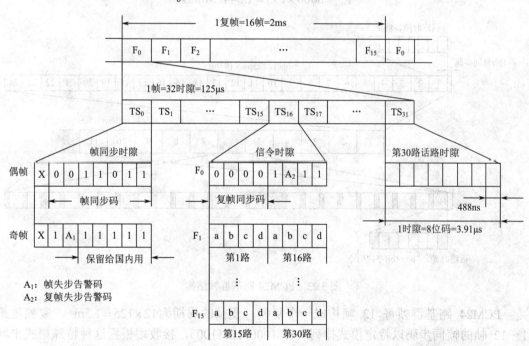

图 3.22　PCM30/32 路基群帧结构

帧同步时隙 TS_0 的第 1 位 X 供国际通信用，不用时为 "1"。第 2 位可用于区分偶数帧和奇数帧，"1" 是奇数帧，"0" 是偶数帧。在偶数帧时，TS_0 的第 2~8 位为帧同步码组 0011011，接收端通过检测帧同步码组来建立正确的路序。在奇数帧时，第 2 位固定为 "1"；第 3 位 A_1 是帧失步告警码，同步时为 "0"，失步时为 "1"；第 4~8 位保留给国内通信，可用于维护、性能监测等，不用时全为 "1"。

信令时隙 TS_{16} 用于传送话路信令。信令是电话网中传递的各种控制信号，如占线、摘机、挂机等。由于每个信令用 4 位码表示，每个 TS_{16} 只能传送两路信令，因此需要将 16 帧组成一个复帧，TS_{16} 依次分配给 30 路话路使用。复帧中各帧的编号依次为 F_0，F_1，…，F_{15}。复帧的周期为 $16 \times 125 = 2$（ms），重复频率为 500Hz。在 F_0 帧中，第 1～4 位是复帧同步码组 0000；A_2 位是复帧失步告警码，同步时为"0"，失步时为"1"；其余位为备用，不用时全为"1"。在 F_1～F_{15} 帧中，前 4 位用于传送第 1～15 路话路的信令，后 4 位用于传送第 16～30 路话路的信令。

PCM24 路制式的基群（或一次群）简称 T1，其结构如图 3.23 所示。一帧包含 24 路话路时隙和 1bit 帧同步码。每个话路时隙包含 8 位 μ 律 15 折线编码，一帧共有 193bit。由于语音信号的抽样频率为 8000Hz，每帧时长需要 125μs，每比特的时间宽度为

$$\tau_b = \frac{125}{193} \approx 648(\mathrm{ns})$$

每个时隙为

$$\tau = \frac{125 \times 8}{193} \approx 5.18(\mu s)$$

信息传输速率为

$$R_b = 8000 \times 193 = 1.544(\mathrm{Mbit/s})$$

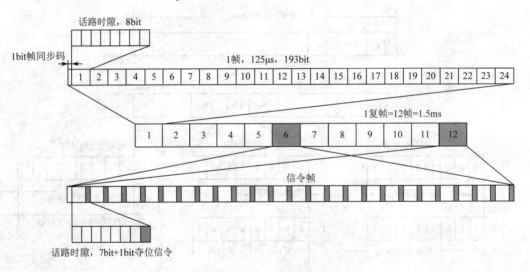

图 3.23　PCM24 路基群帧结构

PCM24 路基群帧每 12 帧构成一个复帧，复帧的周期为 $12 \times 125 = 1.5\mathrm{ms}$。复帧里第 1～12 帧的帧同步码以特定模式排列（即 100011011100），接收端根据这种特殊模式来判断哪 8 位属于哪个话路时隙。由于话路信令是低速信号，复帧里第 6 帧和第 12 帧被指定为信令帧，信令帧里每个话路时隙的第 8 位被改为信令，这可能导致每路语音信号每 6 个样本出现一个对应于最低有效位的错误，因此该信令被称为夺位信令。由于复帧里每个话路有 2bit 的信令，因此可为每个话路提供 4 个不同状态的信令。

以上讨论的是 PCM 基群（或一次群）信号，E 体系和 T 体系中还有话路更多、速率更高的二次群、三次群、四次群和五次群。

本 章 小 结

本章介绍了模拟信号数字化传输的基本原理和方法。主要包括以下内容。

（1）低通抽样定理和 3 种不同抽样方式。低通模拟信号的抽样频率不得低于信号最高频率的 2 倍，这样才可能在接收端无失真地恢复原信号。抽样根据波形特征可以分为理想抽样、自然抽样和平顶抽样。理想抽样和自然抽样在接收端可以直接用一个截止频率等于信号最高频率的低通滤波器恢复出原信号，而平顶抽样必须先通过一个修正网络才可以。

（2）均匀量化和非均匀量化。均匀量化的信噪比随量化级数的增加而提高，但随信号的减小迅速下降，因此不适用于语音信号。为了提高小信号的信噪比，扩大信号动态范围，通常采用非均匀量化。非均匀量化的信噪比随信号的减小下降比较缓慢。

（3）A 律 13 折线和 μ 律 15 折线编译码。在语音信号 PCM 系统中，两者的编译码原理类似，都是选择区间起点作为编码量化电平，选择区间中点作为译码量化电平。A 律主要用于中国和欧洲等地区，μ 律主要用于北美和日本等少数国家。

（4）时分复用和 PCM 基群帧结构。数字电话通信常用时分复用的方式来提高信道利用率。A 律 13 折线 PCM30/32 路制式和 μ 律 15 折线 PCM24 路制式是国际上推荐的两种标准 PCM 基群帧结构。

习　　题

1. 对基带信号 $g(t) = \cos 2\pi t + 2\cos 4\pi t$ 进行理想抽样。

（1）为了在接收端能不失真地从已抽样信号 $g_s(t)$ 中恢复出 $g(t)$，抽样间隔应如何选取？

（2）若抽样间隔取 0.2s，试画出已抽样信号的频谱图。

2. 已知低通信号 $m(t)$ 的频谱 $M(f)$ 为

$$M(f) = \begin{cases} 1 - \dfrac{|f|}{200}, & |f| < 200 \\ 0, & 其他 \end{cases}$$

（1）假设以 $f_s = 300\text{Hz}$ 的速率对 $m(t)$ 进行理想抽样，试画出已抽样信号 $m_s(t)$ 的频谱草图。

（2）若用 $f_s = 400\text{Hz}$ 的速率抽样，重做习题（1）。

3. 已知模拟信号抽样值的概率密度 $f(x)$ 如题图 3.1 所示，若按四电平进行均匀量化，试计算量化信噪比。

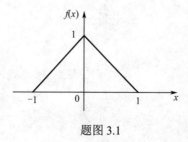

题图 3.1

4. 设信号 $x(t) = 9 + A\cos(\omega t)$，其中 $A \leqslant 10V$。$x(t)$ 被均匀量化为 40 个电平，试确定所需的二进制码组的位数 k 和量化间隔 Δ_v。

5. 设 A 律 13 折线编码器的过载电平为 ±5V，某时刻输入抽样脉冲的振幅为 -0.9375V，若最小量化级为 1 个单位：

（1）试求此时编码器输出码组，并计算量化误差；

（2）写出对应的 11 位线性码。

6. 采用 A 律 13 折线编码电路，设最小量化级为 1Δ，已知抽样脉冲值为 -783Δ：

（1）求此时编码器输出码组，并计算量化误差；

（2）写出对应的 11 位线性码。

7. 采用 A 律 13 折线译码电路，设接收端接收的码组为 0100011，最小量化单位为 1 个单位。

（1）试问译码器输出为多少单位。

（2）写出对应的 12 位线性码。

8. 采用 A 律 13 折线编译码电路，设接收端收到的码组为 10110101，最小量化级为 1Δ。

（1）试问译码器输出为多少单位。

（2）写出对应的 12 位线性码。

9. 设单路语音信号频率范围为 50～3300Hz，抽样频率 $f_s = 8000Hz$，若 PCM 系统抽样脉冲用 128 个量化级传递，求 PCM 系统所需的最小基带带宽。

10. 设 PCM 系统中信号最高频率为 f_H，抽样频率为 f_s，量化电平数目为 Q，码位数为 k，码元速率为 R_B。

（1）试述它们之间的相互关系。

（2）试计算 8 位（$k=8$）PCM 语音信号的码元速率和所需的最小信道带宽。

11. 对于标准 PCM30/32 路制式基群系统，试计算：

（1）每帧时间宽度和时隙宽度；

（2）信息传输速率和每比特时间宽度；

（3）系统最小带宽。

12. 对于标准 PCM24 路制式基群系统，试计算：

（1）每帧时间宽度和时隙宽度；

（2）信息传输速率和每比特时间宽度；

（3）系统最小带宽。

第 4 章　数字信号的基带传输

4.1　基带传输系统基本模型

在数字传输系统中，传输对象通常是二进制或多进制数字信息（符号），有来自各种数字终端设备（计算机、电传机等）的数字信息，也有来自模拟信号系统（语音设备、图像设备等）的数字化编码信息，通常把这些信息来源统称为信源。用信源输出的二进制或多进制数字序列去调制矩形脉冲载波的某参数，可将数字序列映射为相应的信号波形在信道上传输，这些信号波形中含有丰富的低频分量甚至直流分量，称为数字基带信号。由电磁波传播理论可知，低频或直流信号在传输过程中损耗大，不能作长距离传输。因此，数字基带信号适合在具有低通特性的有线信道上传输，称为数字基带传输。由于大多数信道是带通型的，数字基带信号必须经过高频载波调制成为具有带通特性的数字频带信号，才能在带通型的信道上传输。传输到接收端后，在接收端再将频带信号恢复为基带信号，通常把这种传输形式称为数字频带传输。

如果把调制与解调过程看作广义信道的一部分，则数字频带传输系统可以等效为基带传输系统。换言之，频带传输系统中同样存在基带传输系统的问题。由此可知，虽然数字基带传输系统的应用没有数字频带传输系统广泛，但是对数字基带系统的研究仍然很重要。图 4.1 所示为数字基带传输系统基本结构框图。

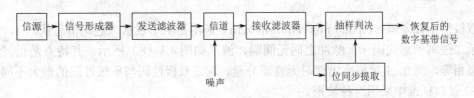

图 4.1　数字基带传输系统的基本结构

在图 4.1 中，信号形成器将数字序列映射成适合信道传输的数字基带信号，其映射主要是通过码型变换得到不同的矩形脉冲来实现的；发送滤波器的目的是将频谱很宽不利于传输的输入矩形脉冲变换成适合信道传输的波形，如升余弦、三角形和高斯等波形，以便与信道特性匹配；接收滤波器用于滤除信道带外噪声；抽样判决器在位同步信号控制下，对接收滤波器的输出信号进行判决，恢复数字基带信号。

本章主要讨论数字基带传输系统的各个部分及系统总的特性、存在的问题（码间串扰及噪声影响）和系统改善方法。数字频带传输系统将在后续几章讨论。

4.2　基带信号及其功率谱

4.2.1　基带信号的基本波形

数字电路中，用正电平表示信息代码 1，用零电平表示信息代码 0，那么传输一个英文字母 W，它的 7 位 ASCII 码 1010111 对应的信号波形如图 4.2 所示，这种波形就是数字基带信号的最简单类型。数字基带信号的类型有许多，可以用不同的电平或脉冲来表示不同的信息代码，除了图 4.1 所示的矩形脉冲外，还有三角波、升余弦脉冲、高斯型脉冲等。

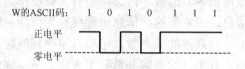

图 4.2　最简单的数字基带信号波形

下面以最常用的矩形脉冲为例，介绍几种常见的数字基带信号波形。

1．单极性不归零码波形

单极性不归零码（unipolar non return-to-zero）波形如图 4.3（a）所示，正电平表示二进制信息代码 1，零电平表示二进制信息代码 0，脉冲之间无间隔，这就是图 4.2 所示的最简单、最常用的数字基带信号。其特点是极性单一、有直流分量。在数字电路中均采用这种波形。

2．双极性不归零码波形

双极性不归零码（bipolar non return-to-zero）是用正电平表示二进制信息代码 1，负电平表示二进制信息代码 0，脉冲之间无间隔，波形如图 4.3（b）所示。其特点是正、负电平振幅相等，当 0、1 等概率出现时无直流分量，这是双极性码与单极性码的最大不同。在 RS-232 接口标准中采用这种波形。

3．单极性归零码波形

单极性归零码（unipolar return-to-zero）波形如图 4.3（c）所示，在非零码元内，脉冲占空比小于 1（不归零码脉冲占空比等于 1），或者说脉冲宽度小于码元宽度，每个脉冲在码元长度内都回到零电平，因此被称为归零码。

4．双极性归零码波形

双极性归零码（bipolar return-to-zero）波形如图 4.3（d）所示，它是双极性波形的归零形式，每个码元内的脉冲（正脉冲或负脉冲）都回到零电平，即相邻脉冲之间一定有零电平作间隔。

归零码常应用于磁记录系统中。

5. 差分码（相对码）波形

上述数字基带信号波形均与二进制信息代码一一对应，所以又称为绝对码。差分码是利用相邻码元电平的变化与否来表示信息代码 1 和 0。例如，与前一码元的电平比较，电平改变表示信息代码为 1，电平不变表示信息代码为 0，所以又称差分码为相对码。差分码也有单极性形式和双极性形式，图 4.3（e）所示为单极性不归零形式。

6. 多元码波形

前面介绍的波形都是用一个码元波形（码元宽度为 T_s）表示 1 位二进制信息代码，为了提高信息传输效率，可以用一个码元波形表示多位二进制信息代码，这种波形称为多元码波形。例如，用一个码元波形表示 2 位二进制信息代码，2 位二进制信息代码有 4 种组合，即 00、01、10、11，分别用 4 种电平+2E、+E、-E、-2E 来表示，相应的波形如图 4.3（f）所示。因为这种多元码波形有 4 个电平，所以也称为四电平码波形（多电平码波形）。以此类推，用一个码元波形表示 M 位二进制信息代码，对应的波形为 $K = 2^M$ 电平码波形。多元码波形能有效提高信息传输效率，但电路实现较复杂、抗干扰能力差。

多元码波形也有归零形式，读者可以自己作波形图。

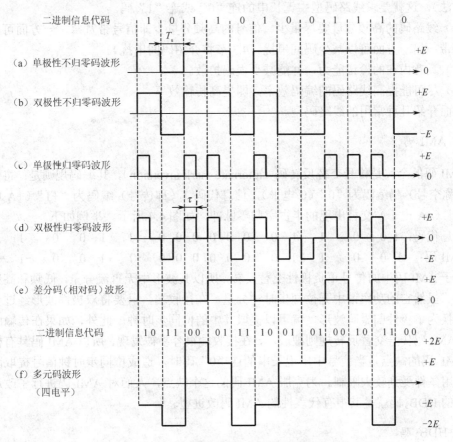

图 4.3　几种常见的数字基带信号波形

4.2.2　基带传输的常用码型

前面介绍了几种常见的数字基带信号波形，还需要知道这些波形分别适合什么类型的数字传输系统，即需要知道信号波形的频宽、是否有直流分量、是否含有接收端需要的位同步时钟分量等。这些问题都可以通过研究波形的频谱特性来解答。

在实际的基带传输系统中，并不是所有类型的基带信号波形都适合在信道上传输；另外，不同的传输介质具有不同的传输特性，需要不同的传输信号码型，这在国际上有统一的规定（协议）。通常把适合在信道上传输的数字基带信号波形称为基带传输码型或线路码型。把数字基带信号变换为线路码型的变换器称为基带调制器；在接收端，将线路码型恢复为原数字基带信号的变换器称为基带解调器，两者合称为基带调制解调器。

对线路码型的结构要求取决于基带信道的传输特性，并考虑在接收端提取位同步时钟的需求，线路码型应具有以下主要特性。

（1）线路码型的功率谱特性与传输信道的频率特性相匹配。例如，多数信道要求线路传输码型无直流分量，低频分量少。

（2）便于在接收端提取位同步时钟信号。例如，单极性码含有位同步时钟分量，可以直接提取；也可以将线路码经简单的非线性变换后，提取位同步时钟（4.6 节将介绍位同步提取方法），这就要求线路码型中无长串的连"0"或连"1"码。

（3）线路码的高频分量要尽量少。信号的高频分量少即信号带宽窄，一方面可以节省传输频带；另一方面可以减少码间串扰（4.3 节将介绍码间串扰）。

（4）具有内在的检错能力，并能减少误码扩散。

（5）尽可能提高线路码的编码效率，即提高传输效率。

下面介绍几种常用的线路码型。

1．AMI 码

AMI 码的全称是传号交替反转码（alternate mark inversion），其编码规则是：将信息代码 0（称空号）仍编码为"0"（0 电平），信息代码 1（称传号）编码为"+1"（+A 电平）和"−1"（−A 电平）交替出现的半占空归零脉冲，如图 4.4 所示。举例如下。

消息代码：1 0　0　1　1 0　0 0 0 0 0 0　1　1 0　0　1 1 …
AMI 码：+1 0　0　−1 +1 0　0 0 0 0 0 0　−1 +1 0　0　−1 +1 …

由于 AMI 码中的传号正负极性交替反转，所以其波形中无直流分量，低频和高频分量也较小。虽然它的功率谱中无位同步时钟分量，在接收端，只要将双极性波形经过全波整流，变换为单极性归零码波形，就可以提取其中的位同步时钟。此外，如果在传输中出现误码，AMI 码传号交替反转规则被破坏，在接收端很容易被发现，所以 AMI 码具有检错能力。AMI 码的缺点是当信号中出现长串的连"0"码时，造成位同步时钟信号提取困难，使其使用条件受到较大限制。为克服 AMI 码的这个缺点，人们对 AMI 码进行了改进，下面介绍的 HDB₃ 码就是其中有代表性的 AMI 码改进型。

2．HDB₃ 码

HDB₃ 码的全称是三阶高密度双极性码（high density bipolar of order 3 code）。它是 AMI

码的一种改进型，改进的目的是保持 AMI 码的优点并克服其缺点，使连"0"个数不超过 3 个。其编码规则如下。

（1）检查消息码中"0"的个数。当连"0"数目不大于 3 时，HDB$_3$ 码与 AMI 码一样，+1 与-1 交替。

（2）连"0"数目超过 3 时，将每 4 个连"0"化作一小节，定义为 $B00V$，称为破坏节，其中 V 称为破坏脉冲，B 称为调节脉冲。

（3）V 与前一个相邻的非"0"脉冲的极性相同（这破坏了极性交替的规则，所以 V 称为破坏脉冲），并且要求相邻的 V 码之间极性必须交替，这样为保证加 V 码后的编码输出仍无直流分量。V 的取值为+1 或-1。

（4）B 的取值可选 0、+1 或-1，以使 V 同时满足（3）中的两个要求。

（5）V 码后面的传号码极性也要交替。

举例如下。

消息码：　　10000　　　　10000　　1 10000　　　　0000　　　1 1
AMI 码：　　-10000　　　+10000　　-1 +10000　　　0000　　　-1 +1
HDB$_3$ 码：-1000-V　　　+1000+V　　-1 +1-B00-V　　+B00+V　　-1 +1

其中的±V 脉冲和±B 脉冲与±1 脉冲波形相同，用 V 或 B 符号表示的目的是示意该非"0"码是由原信息码的"0"变换而来的。

图 4.4 所示为 AMI 码、HDB$_3$ 码编码及信号波形，注意占空比为一半。

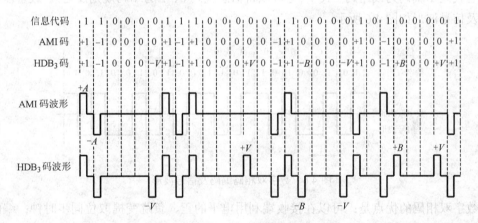

图 4.4　AMI 码、HDB$_3$ 码编码及信号波形

HDB$_3$ 码的编码虽然比较复杂，但译码却比较简单。从上述编码规则看出，每一个破坏脉冲 V 总是与前一非"0"脉冲同极性（包括 B 在内）。这就是说，从收到的符号序列中可以容易地找到破坏点 V，于是也断定 V 符号及其前面的 3 个符号必是连"0"符号，从而恢复 4 个连"0"码，再将所有-1 变成+1 后便得到原消息代码。

HDB$_3$ 码除了保持 AMI 码的优点外，还使编码输出中连"0"的个数不超过 3 个，故有利于位定时信号的提取。HDB$_3$ 码是 CCITT（国际电报电话咨询委员会）推荐作为欧洲系列 PCM 话音系统一次群、二次群、三次群线路接口码型。

3. CMI 码

CMI 码的全称是信号反转码（coded mark inversion），其编码规则是：将信息代码 0 编码为线路码"01"；将信息代码 1 编码为线路码"11"与"00"交替出现。CMI 码编码及信号波形如图 4.5 所示，是幅值为+A 和-A 的不归零脉冲。

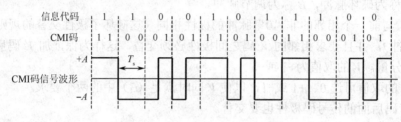

图 4.5　CMI 码编码及信号波形

由于 CMI 码波形有较多的电平跳变，因而便于在接收端提取位同步时钟。该码的另一特点是具有检错能力。CMI 码是 CCITT 推荐作为 PCM 语音系统四次群线路接口码型。

4. 数字双相码

数字双相码又称 Manchester 码，其编码规则是：将信息代码 0 编码为线路码"01"；将信息代码 1 编码为线路码"10"（也可以将信息代码 0、1 的编码规则反之）。数字双相码编码及信号波形如图 4.6 所示。

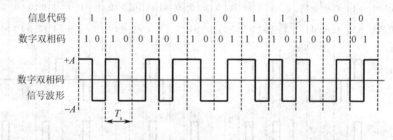

图 4.6　数字双相码编码及信号波形

数字双相码的优点是：可以在接收端利用电平的正、负跳变提取位同步时钟；编码过程简单。该码在本地局域网中，在数据传输速率为 10Mbit/s 的数据接口线路中使用。

5. 延时调制码

延时调制码编码规则是：首先将信息代码进行密勒（Miller）编码，然后作差分编码，再映射为相应的信号波形。

密勒码编码规则：将信息代码 1 编码为线路码"01"；将信息代码 0 编码为线路码"x0"，x 取 0 或 1。当前一位编码为 0 时，x 取 1；当前一位编码为 1 时，x 取 0。

延时调制码编码及信号波形如图 4.7 所示。延时调制码应用于磁记录传输介质中。

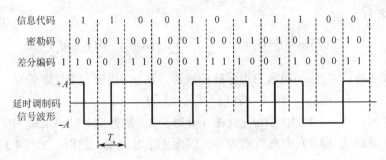

图 4.7　延时调制码编码及信号波形

6. nBmB 码

nBmB 码是一种分组码的统称，是把原信息码流的每 n 位作为一组，编码成 m 位新码组输出，$m > n$，通常选择 $m = n+1$。

前面介绍的 AMI 码和 HDB$_3$ 码，每位信息代码对应编码为 1 位线路码，这种码型也可以称为 1B1B 码。CMI 码、数字双相码和延时调制码，每位信息代码对应编码为 2 位线路码，可以称为 1B2B 码。还有 2B3B 码、3B4B 码和 5B6B 码等，其中最常用的是 5B6B 码。

4.2.3　基带信号的功率谱

前面介绍了几种常见的数字基带信号波形，还需要知道这些波形分别适合什么类型的数字传输系统，即需要知道信号波形的频宽、是否有直流分量、是否含有接收端需要的位同步时钟分量等。这些问题都可以通过研究波形的频谱特性来解答。

在通信系统中，二进制或多进制序列是随机序列，所以对应的数字基带信号是随机过程的样本函数，即随机脉冲序列。从第 2 章随机系统的分析可知，随机信号的频谱特性是用其功率谱来描述的，而随机信号自相关函数的傅里叶变换就是它的功率谱密度。

设 a_n 为第 n 个信息代码所对应的电平值（单极性码为 0、1；双极性码为 1、-1 等），$g(t)$ 为某种标准脉冲波形（三角波、矩形波或升余弦波等），周期为码元宽度 T_s，则数字基带信号可以用数学式表示为

$$m(t) = \sum_{n=-\infty}^{+\infty} a_n g(t - nT_s) \tag{4.1}$$

可以证明 $m(t)$ 是平稳随机过程。因此，可以先推导 $m(t)$ 的自相关函数，再求自相关函数的傅里叶变换，得到数字基带信号 $m(t)$ 的功率谱密度。

在通信系统中，当信息符号 a_n 为单极性码且其中 0 出现概率为 P，1 出现概率为 $1-P$ 时，可以推导出 $m(t)$ 的功率谱密度如下：

$$P_m(f) = f_s P(1-P) |G(f)|^2 + \sum_{n=-\infty}^{+\infty} |f_s(1-P)G(nf_s)|^2 \delta(f - nf_s) \tag{4.2}$$

式中，0 对应信号 0；1 对应信号 $g(t)$；$f_s = 1/T_s$，数值上等于码元速率 R_B；$G(f)$ 为 $g(t)$ 的傅里叶变换。式（4.2）给出的数字基带信号功率谱密度有两项，第一项是连续谱，它的形状取决于 $G(f)$；第二项是离散谱，各相邻离散谱线的频率间隔为 f_s。当概率 $P = 1/2$ 时，

式（4.2）简化为

$$P_m(f) = \frac{1}{4} f_s \mid G(f) \mid^2 + \frac{1}{4} f_s^2 \sum_{n=-\infty}^{+\infty} \mid G(nf_s) \mid^2 \delta(f - nf_s) \quad (4.3)$$

在实际数字通信中，$g(t)$ 通常为矩形脉冲波形。设 $g(t)$ 幅值为 1，脉宽为 T_s 门函数，则

$$G(f) = T_s S_a(\pi f T_s) \quad (4.4)$$

当 $f = nf_s$ 时，式（4.4）中 $G(nf_s)$ 只在 $n=0$ 时为 1，因此此时式（4.3）中有直流分量；$n \neq 0$ 时为 0，此时式（4.3）中离散谱为零，因而无定时分量。这时，式（4.3）变成

$$P_m(f) = \frac{T_s}{4} S_a^2(nfT_s) + \frac{1}{4} \delta(f) \quad (4.5)$$

式中第一项是连续谱，第二项是离散的直流分量，对应的单边功率谱如图 4.8（a）所示。一般取频谱的主瓣宽度（坐标原点到频谱第一个零点的宽度）为信号带宽，所以单极性不归零码的带宽为 $B = 1/T_s = f_s$。

不难求得，占空比为 $1/2(\tau = T_s/2)$ 的单极性归零码功率谱密度为

$$P(f) = \frac{T_s}{16} S_a^2\left(\frac{\pi f T_s}{2}\right) + \frac{1}{16} \sum_{n=-\infty}^{+\infty} S_a^2\left(\frac{n\pi}{2}\right) \delta(f - nf_s) \quad (4.6)$$

式中第一项是连续谱，第二项是离散谱，其中 $n=0$ 时的离散谱为直流分量；$n=1$ 时的离散谱为位同步时钟分量 f_s；n 为奇数时的离散谱为奇次谐波分量，如图4.8（b）所示。

对于双极性码，可得其双边功率谱密度为

$$P_m(f) = 4f_s P(1-P) \mid G(f) \mid^2 + \sum_{n=-\infty}^{+\infty} \mid f_s(2P-1)G(nf_s) \mid^2 \delta(f - nf_s) \quad (4.7)$$

图 4.8（c）所示为等概率时双极性不归零码（$\tau = T_s$）的单边功率谱密度，若 $g(t)$ 为高度为 1 的 NRZ 矩形脉冲，则功率谱密度见式（4.8）；图 4.8（d）所示为等概率且占空比一半（$\tau = T_s/2$）时双极性归零码的单边功率谱密度，功率谱密度见式（4.9）。

$$P_m(f) = T_s S_a^2(nfT_s) \quad (4.8)$$

$$P_m(f) = \frac{T_s}{4} S_a^2\left(\frac{nfT_s}{2}\right) \quad (4.9)$$

由图 4.8 可知，单极性归零码的带宽为 $B = 1/\tau = 2f_s$，双极性码带宽 $B = 1/\tau$。在信息符号等概率出现且符号之间互不相关的条件下，差分码的功率谱与绝对码的功率谱相同；多电平码的功率谱与双极性码的功率谱相似。

综上所述，有以下几点结论。

（1）单极性信号波形功率谱中不但有连续谱，还有离散的直流分量。其中单极性归零码信号波形还有位同步时钟分量，便于接收端从接收到的波形中用窄带滤波法提取出离散的位同步时钟分量，用作抽样判决的同步时钟脉冲。

（2）双极性信号波形中无离散谱，只有连续谱。

（3）脉冲型数字基带信号的近似带宽为 $1/\tau$。则不归零码的信号带宽为 $B = f_s$，数值上与码元速率 R_B 相等；归零码的信号带宽为 $B = 1/\tau$。

图 4.9 是码型变换后的线路码功率谱密度。从图中可知，线路码没有直流分量，同时具有比较少的低频和高频分量，更加适合在基带传输系统中传输。其中，延时调制码的信

号带宽是几种码型中最窄的，其带宽约为 $0.75f_s$，而数字双相码的信号带宽比前几种码型宽近 1 倍。

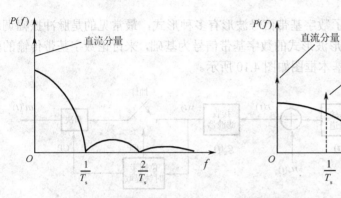

（a）单极性不归零码单边功率谱密度

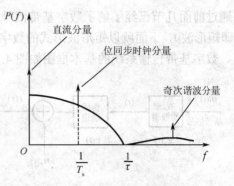

（b）单极性归零码单边功率谱密度

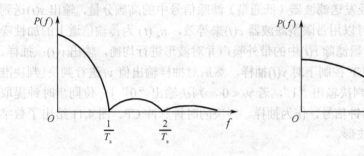

（c）双极性不归零码单边功率谱密度

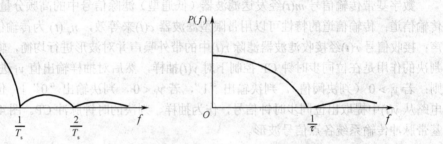

（d）双极性归零码单边功率谱密度

图 4.8　常见的数字基带信号的单边功率谱密度

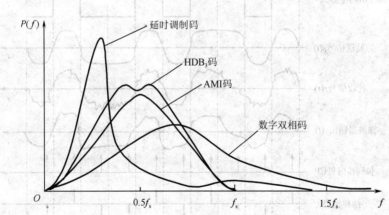

图 4.9　几种常用线路码信号的功率谱密度

　　对数字基带信号功率谱的研究，不但使我们了解信号的带宽、有无直流分量、有无位同步时钟分量，还提供了分析各种信号频谱特性的方法，为今后学习频带传输系统打下了基础。

4.3　码间串扰与波形无失真传输条件

通过前面几节已经了解了数字基带信号波形有多种形式，最常见的是脉冲振幅调制波形（即矩形波），下面就以矩形波形式的数字基带信号为基础，来讨论数字基带传输的基本特点。数字基带传输系统的基本框图如图 4.10 所示。

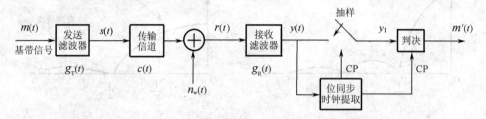

图 4.10　数字基带传输系统的基本框图

数字基带传输信号 $m(t)$ 经发送滤波器（低通型）滤除信号中的高频分量，输出 $s(t)$ 送到传输信道；传输信道的特性可以用带限型滤波器 $c(t)$ 来等效，$n_w(t)$ 为传输信道上的加性噪声；接收信号 $r(t)$ 经接收滤波器滤除 $r(t)$ 中的带外噪声并对波形进行均衡，输出 $y(t)$；抽样、判决的作用是在位同步时钟 CP 控制下对 $y(t)$ 抽样，然后对抽样输出值 y_1 进行判决［判决准则：若 $y_1 > 0$（判决阈值），判决输出"1"，若 $y_1 < 0$，判决输出"0"］；位同步时钟提取电路从 $y(t)$ 中提取出位同步时钟信号，作为抽样、判决的时钟脉冲 CP。图 4.11 给出了数字基带脉冲传输系统各点信号波形。

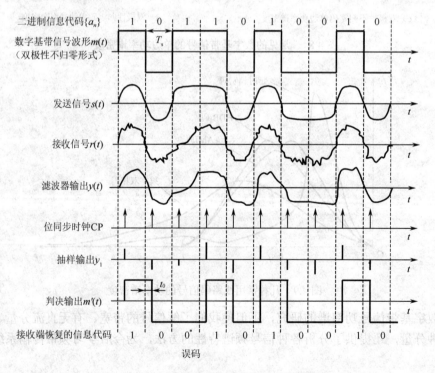

图 4.11　数字基带脉冲传输系统各点信号波形

　　从图 4.11 中的 $r(t)$ 可以看到，信号通过信道传输，一方面要受到信道特性 $c(t)$ 的影响，使信号产生畸变；另一方面信号被信道中的加性噪声 $n_w(t)$ 所叠加，造成信号的随机畸变。接收滤波器使噪声尽量得到抑制，而抽样判决有进一步排除噪声和提取有效信号的作用。只要信号畸变和噪声影响较小，抽样判决的输出 $m'(t)$ 应该等于发送端的基带信号 $m(t)$。但是图 4.11 中接收端恢复的信息代码中，很明显第 3 个码元发生了误码。为了消除或减少误码的发生，就必须分析数字基带传输系统的特性，了解引起误码的因素。

　　在 4.2 节中已经讨论过数字基带信号的数学表达式，见式（4.1）。为分析方便，设 $g(t)$ 为单位冲激波形，则基带信号可以写成

$$m(t) = \sum_{n=-\infty}^{+\infty} a_n \delta(t - nT_s) \tag{4.10}$$

$m(t)$ 经发送滤波器 $g_T(t)$ 输出，有

$$s(t) = m(t) * g_T(t) = \sum_{n=-\infty}^{+\infty} a_n \delta(t - nT_s) * g_T(t)$$

$$= \sum_{n=-\infty}^{+\infty} a_n g_T(t - nT_s)$$

接收端接收信号，即

$$r(t) = s(t) * c(t) + n_w(t)$$

$$= \sum_{\tau=-\infty}^{+\infty} \sum_{n=-\infty}^{+\infty} a_n g_T(\tau - nT_s) \cdot c(t - \tau) + n_w(t)$$

$$= \sum_{n=-\infty}^{+\infty} a_n \sum_{\tau=-\infty}^{+\infty} g_T(\tau - nT_s) \cdot c(t - \tau) + n_w(t)$$

$$= \sum_{n=-\infty}^{+\infty} a_n h'(t - nT_s) + n_w(t)$$

式中，$h'(t) = g_T(t) * c(t)$。则接收滤波器输出为

$$y(t) - r(t) * g_R(t)$$

$$= \left[\sum_{n=-\infty}^{+\infty} a_n h'(t - nT_s) \right] * g_R(t) + n_w(t) * g_R(t)$$

$$= \sum_{\tau=-\infty}^{+\infty} \sum_{n=-\infty}^{+\infty} a_n h'(\tau - nT_s) \cdot g_R(t - \tau) + n_w(t) * g_R(t)$$

$$= \sum_{n=-\infty}^{+\infty} a_n h(t - nT_s) + n_R(t) \tag{4.11}$$

式中，$h(t) = h'(t) * g_R(t)$，由于 $h'(t) = g_T(t) * c(t)$，有

$$h(t) = g_T(t) * c(t) * g_R(t) \tag{4.12}$$

式（4.11）中的第二项 $n_R(t) = n_w(t) * g_R(t)$，是信道加性噪声 $n_w(t)$ 经过接收滤波器后输出的噪声。

　　由式（4.12）可知，基带传输系统的总传输特性 $H(\omega)$ 为

$$H(\omega) = G_T(\omega) * C(\omega) * G_R(\omega) \tag{4.13}$$

式中，$G_T(\omega)$、$C(\omega)$ 和 $G_R(\omega)$ 分别为 $g_T(t)$、$c(t)$ 和 $g_R(t)$ 的频域特性，即 $G_T(\omega)$ 是发送滤波器的传输特性，$C(\omega)$ 是信道的传输特性，$G_R(\omega)$ 是接收滤波器的传输特性。

抽样、判决器对 $y(t)$ 进行抽样判决，抽样输出 y_1。设对信号的第 k 个码元进行抽样判决，抽样时刻为 $t = t_0 + kT_s$，t_0 为信道和滤波器所造成的延时。将 $t = t_0 + kT_s$ 代入式（4.11），得抽样输出的第 k 个码元值为

$$y_1(t_0 + kT_s) = \sum_{n=-\infty}^{+\infty} a_n h(t_0 + kT_s - nT_s) + n_R(t_0 + kT_s)$$

$$= a_k h(t_0) + \sum_{n \neq k} a_n h[(k-n)T_s + t_0] + n_R(t_0 + kT_s) \qquad (4.14)$$

式中，第一项为第 k 个码元波形的抽样值，只要 $h(t_0)$ 理想，就可以由 $a_k h(t_0)$ 正确接收 a_k；第二项是除第 k 个码元外的其他码元波形在第 k 个抽样时刻的总和，它叠加在当前码元 a_k 上干扰了对码元的正确判决，称为码间串扰；第三项是输出噪声在第 k 个抽样时刻的值，它是随机干扰，也影响对第 k 个码元的正确判决。

第 k 个码元抽样值 $y_1(t_0 + kT_s)$ 输入判决器进行判决，设判决阈值为 V_d，判决规则：当 $y_1(t_0 + kT_s) > V_d$ 时，判第 k 个码元输出为 "1"；当 $y_1(t_0 + kT_s) < V_d$ 时，判第 k 个码元输出为 "0"。由式（4.14）可知，只有当第二项码间串扰和第三项随机噪声足够小时，才能保证判决输出正确，即判决输出 $m'(t)$ 波形与发送端的基带信号 $m(t)$ 波形相同。当码间串扰或随机噪声过大时，造成错判，会出现误码，如图 4.11 中的第 3 个码元。

所以，如何最大限度地减小码间串扰和随机噪声的影响，成为研究基带传输系统的基本出发点。

下面将分别讨论无码间串扰的时域和频域条件和随机噪声对误码率的影响。

由式（4.14）分析可知，要实现无码间串扰，式（4.14）的第二项必须为 0，即

$$\sum_{n \neq k} a_n h[(k-n)T_s + t_0] = 0 \qquad (4.15)$$

式中，a_n 为随信息内容变化的码元，从统计观点看，它总是以某种概率随机取值；$h(t)$ 为传输系统的总冲激响应，见式（4.12）。因此，要使式（4.15）成立，必须有

$$h[(k-n)T_s + t_0] = 0, \quad k \neq n \qquad (4.16)$$

为了分析方便，设 $t_0 = 0$（此时 $h(kT_s + t_0)$ 只是沿横坐标平移 t_0，并不影响 $h(kT_s + t_0)$ 的性质），并令 $k' = k - n$，考虑到 k' 也是整数，可以用 k 表示，则式（4.16）可写成

$$h(kT_s) = 0, \quad k \neq 0$$

结合式（4.14）中对 $a_k h(t_0) = a_k$ 的要求，可以得到无码间串扰的基带传输系统冲激响应应满足的时域条件，即

$$h(kT_s) = \begin{cases} 1, & k = 0 \\ 0, & k\text{为其他整数} \end{cases} \qquad (4.17)$$

式（4.17）说明，无码间串扰的基带传输系统冲激响应 $h(t)$ 除 $t = 0$ 时取值不为零外，在其他抽样时刻 $t = kT_s$ 上取值均为零。

下面根据式（4.17）的结论来推导无码间串扰的频域条件，即基带传输系统的传输特性 $H(\omega)$。

根据傅里叶逆变换公式，有

$$h(t) = \frac{1}{2\pi} \int_{-\infty}^{+\infty} H(\omega) e^{j\omega t} d\omega$$

将 $t = kT_s$ 代入上式，有

$$h(kT_s) = \frac{1}{2\pi} \int_{-\infty}^{+\infty} H(\omega) \mathrm{e}^{\mathrm{j}\omega kT_s} \mathrm{d}\omega \tag{4.18}$$

将式（4.18）的积分区间用分段积分代替，每段积分区间长为 $2\pi/T_s$，则式（4.18）可写成

$$h(kT_s) = \frac{1}{2\pi} \sum_i \int_{(2i-1)\pi/T_s}^{(2i+1)\pi/T_s} H(\omega) \mathrm{e}^{\mathrm{j}\omega kT_s} \mathrm{d}\omega$$

作积分变量代换，令 $\omega' = \omega - 2\pi i/T_s$，于是

$$h(kT_s) = \frac{1}{2\pi} \sum_i \int_{-\pi/T_s}^{\pi/T_s} H\left(\omega' + \frac{2\pi i}{T_s}\right) \mathrm{e}^{\mathrm{j}\omega' kT_s} \mathrm{e}^{\mathrm{j}2\pi ki} \mathrm{d}\omega'$$

因为 $h(t)$ 一定是收敛的，上式中的求和与积分可以互换。又由于 $\mathrm{e}^{\mathrm{j}2\pi ki} = 1$，并把变量 ω' 重记为 ω。于是有

$$h(kT_s) = \frac{1}{2\pi} \sum_i \int_{-\pi/T_s}^{\pi/T_s} H\left(\omega + \frac{2\pi i}{T_S}\right) \mathrm{e}^{\mathrm{j}\omega kT_s} \mathrm{d}\omega$$

$$= \frac{1}{2\pi} \int_{-\pi/T_s}^{\pi/T_s} \sum_i H\left(\omega + \frac{2\pi i}{T_s}\right) \mathrm{e}^{\mathrm{j}\omega kT_s} \mathrm{d}\omega \tag{4.19}$$

设

$$Z(\omega) = \sum_i H\left(\omega + \frac{2\pi i}{T_s}\right) \tag{4.20}$$

则 $Z(\omega)$ 是周期为 $2\pi/T_s$ 的周期函数，可以展开为傅里叶级数，即

$$Z(\omega) = \sum_n z_n \mathrm{e}^{-\mathrm{j}n\omega T_s} \tag{4.21}$$

式中，z_n 为傅里叶级数的系数，即

$$z_n = \frac{T_s}{2\pi} \int_{-\pi/T_s}^{\pi/T_s} Z(\omega) \mathrm{e}^{\mathrm{j}n\omega T_s} \mathrm{d}\omega \tag{4.22}$$

将式（4.20）代入式（4.22），得

$$z_n = \frac{T_s}{2\pi} \int_{-\pi/T_s}^{\pi/T_s} \sum_i H\left(\omega + \frac{2\pi i}{T_s}\right) \mathrm{e}^{\mathrm{j}n\omega T_s} \mathrm{d}\omega \tag{4.23}$$

对比式（4.19）和式（4.23），可知

$$h(nT_s) = \frac{1}{T_s} z_n \quad \text{或} \quad z_n = T_s h(nT_s) \tag{4.24}$$

将式（4.24）中的 z_n 代入式（4.21），并结合式（4.20），得

$$Z(\omega) = \sum_i H\left(\omega + \frac{2\pi i}{T_s}\right) = \sum_n z_n \mathrm{e}^{-\mathrm{j}n\omega T_s} = T_s \sum_n h(nT_s) \mathrm{e}^{-\mathrm{j}n\omega T_s}$$

将式（4.17）的条件代入上式，得到无码间串扰时基带传输系统的传输特性为

$$\sum_i H\left(\omega + \frac{2\pi i}{T_s}\right) = T_s, \quad \omega \leqslant \frac{\pi}{T_s} \tag{4.25}$$

只要基带传输系统的传输特性 $H(\omega)$ 满足式（4.25），就可以消除码间串扰。所以式（4.25）是判断基带传输系统有无码间串扰的一个重要准则，该准则也称为奈奎斯特准则。

式（4.25）的物理意义是：将 $H(\omega)$ 在 ω 轴上以 $2\omega/T_s$ 为间隔切开，然后分段沿 ω 轴平

移到 $(-\omega/T_s, \omega/T_s)$ 区间内，将它们进行叠加，其结果应当为一常数（不必一定是 T_s）。这一过程可以归述为：一个实际的 $H(\omega)$ 特性若能等效成一个理想（矩形）低通滤波器，则可实现无码间串扰。

符合式（4.25）的 $H(\omega)$ 有很多，首先会想到 $H(\omega)$ 为理想低通传输特性，如图 4.12（a）所示，图 4.12（b）所示为对应的单位冲激响应 $h(t)$。从图 4.12 可知，系统单边带宽为

$$B = \frac{\dfrac{\pi}{T_H}}{2\pi} = \frac{1}{2T_H} \text{（Hz）}$$

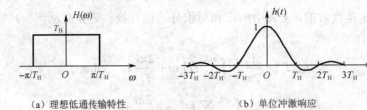

（a）理想低通传输特性   （b）单位冲激响应

图 4.12   理想低通传输特性及其对应的单位冲激响应

单位冲激响应 $h(t)$ 在 $t=0$ 时刻的值最大，而在其他时刻 $t_0 = kT_H$ 上取值均为零。输入信号的码元宽度为 T_s 或输入信号的传输速率为 $1/T_s$，若信号的传输速率等于传输系统带宽的 2 倍，即 $1/T_s = 2 \times 1/(2T_H) = 1/T_H$ 或 $T_H = T_s$，则图 4.12（a）所示的理想低通传输特性 $H(\omega)$ 符合式（4.25）的奈奎斯特准则。

还可以得出，当信号的传输速率大于传输系统带宽的 2 倍时，即 $2\pi/T_s > 2(\pi/T_H)$ 时，$H(\omega)$ 不符合奈奎斯特准则，传输系统存在码间串扰。定义传输系统的频带利用率 η＝信号的传输速率/传输系统带宽，或写成

$$\eta = \frac{R_B}{B}$$

则理想低通传输系统，无码间串扰的最高频带利用率为 2B/Hz；或者说，最高码元传输速率是传输系统带宽的 2 倍。这个最高码元传输速率被称为奈奎斯特速率。

虽然理想低通传输特性使传输系统的频带利用率达到了极限，但是这种理想特性是无法实现的，并且理想特性的 $h(t)$ 存在很长的"尾巴"，在接收端实际抽样时会产生码间串扰。考虑到以上原因，实际传输系统中常采用具有升余弦特性的低通传输系统。升余弦特性的低通传输函数表达式为

$$H(\omega) = \begin{cases} T_s, & |\omega| \leq \dfrac{(1-\alpha)\pi}{T_s} \\[3mm] \dfrac{T_s}{2}\left[1 + \sin\dfrac{T_s}{2\alpha}\left(\dfrac{\pi}{T_s} - \omega\right)\right], & \dfrac{(1-\alpha)\pi}{T_s} < |\omega| < \dfrac{(1+\alpha)\pi}{T_s} \\[3mm] 0, & |\omega| \geq \dfrac{(1+\alpha)\pi}{T_s} \end{cases} \quad (4.26)$$

式中，α 为滚降因子，取值为 $0 \leq \alpha \leq 1$。相应地，$h(t)$ 为

$$h(t) = S_a\left(\frac{\pi t}{T_s}\right) \cdot \frac{\cos\left(\dfrac{\pi \alpha t}{T_s}\right)}{1 - \left(2\alpha\dfrac{t}{T_s}\right)^2} \tag{4.27}$$

α 为 0、0.5、1 时的升余弦传输特性 $H(\omega)$ 及其对应的冲激响应 $h(t)$ 如图 4.13 所示。

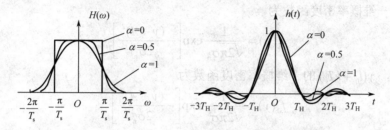

（a）升余弦传输特性 　　　　　　（b）冲激响应

图 4.13 升余弦传输特性及其对应的冲激响应

从图 4.13 中可见，$\alpha = 0$ 就是理想低通特性；$\alpha = 1$ 时，满足无码间串扰的信号传输速率为 $1/T_s$，系统的频带利用率为 1；α 在 0～1 之间取值时，系统带宽为 $(1+\alpha)/2T_s$，传输速率为 $1/T_s$，则系统的频带利用率为 $2/(1+\alpha)$。

虽然升余弦特性的频带利用率在 $0 < \alpha \leqslant 1$ 时小于理想低通特性的频带利用率，但它的频率特性的平滑性，使得可以用物理可实现的滤波器来近似。另外，从图 4.13 中可以看到，在 $0 < \alpha \leqslant 1$ 时，$h(t)$ 的"尾巴"衰减速度比理想低通特性快，所以在实际的基带数字传输系统中广泛采用这种具有升余弦特性的低通滤波器。

下面讨论在无码间串扰条件下，信道的加性噪声对基带传输的影响。

加性噪声不同于码间串扰，它是随机存在不能消除的，所以要通过计算加性噪声引起的误码率来讨论如何尽可能地减少加性噪声造成的影响。

图 4.10 所示的基带传输系统中，设系统的传输特性 $H(\omega)$ 是理想低通特性，则接收端为

$$y(t) = m(t) + n_R(t)$$

首先来讨论基带信号 $m(t)$ 为双极性的情况，即 $+A$ 电平表示信码"1"；$-A$ 电平表示信码"0"。在 $t = t_0 + kT_s$ 时刻对 $y(t)$ 抽样，得

$$y(t_0 + kT_s) = \begin{cases} +A + n_R(t_0 + kT_s), & \text{发送"1"时} \\ -A + n_R(t_0 + kT_s), & \text{发送"0"时} \end{cases}$$

设判决电路的判决阈值为 V_d，判决规则为

$$\begin{cases} y(t_0 + kT_s) > V_d, & \text{判决输出} y_1 \text{为"1"} \\ y(t_0 + kT_s) < V_d, & \text{判决输出} y_1 \text{为"0"} \end{cases}$$

很容易看出，双极性信号判决阈值 $V_d = 0$。若在某个 $t = t_0 + kT_s$ 时刻抽样，噪声 $n_R(t_0 + kT_s)$ 幅值大于 A，并且使 $+A + n_R(t_0 + kT_s) < V_d$，或 $-A + n_R(t_0 + kT_s) > V_d$，则判决输出 y_1 将出现误码。下面讨论噪声引起的误码率大小。

信道加性噪声 $n_R(t)$ 是均值为 0、方差为 $\sigma_n^2 = n_0 B$ 的高斯随机变量，其中 B 为接收滤波器带宽。因为 $y(t_0 + kT_s) = \pm A + n_R(t_0 + kT_s)$，所以 $y(t_0 + kT_s)$ 的均值为

$$E_y = E[y(t)] = E[\pm A + n_R(t_0 + kT_s)] = \pm A + E[n_R(t_0 + kT_s)] = \pm A$$

即发送"1"时 $E_y = A$；发送"0"时 $E_y = -A$。

$y(t_0 + kT_s)$ 的方差为

$$D_y = E\{[y(t_0 + kT_s) - E_y]^2\} = E\{[n_R(t_0 + kT_s)]^2\} = \sigma_n^2 = n_0 B$$

所以 $y(t_0 + kT_s)$ 也是均值为 0、方差为 $\sigma_n^2 = n_0 B$ 的高斯随机变量。因此，发送"1"时，$y(t_0 + kT_s)$ 的一维概率密度函数为

$$f_1(y) = \frac{1}{\sqrt{2\pi}\sigma_n} \exp\left[-\frac{(y-A)^2}{2\sigma_n^2}\right] \tag{4.28}$$

发送"0"时，$y(t_0 + kT_s)$ 的一维概率密度函数为

$$f_0(y) = \frac{1}{\sqrt{2\pi}\sigma_n} \exp\left[-\frac{(y+A)^2}{2\sigma_n^2}\right] \tag{4.29}$$

图 4.14 给出了 $f_1(y)$ 和 $f_0(y)$ 的一维概率密度函数曲线。从图中可以看出，发送"1"时，y 的概率密度 $f_1(y)$ 下有一块面积（纵轴左边阴影）是 $y < V_d$，将被判决为"0"。所以，这块面积是发"1"判"0"的错判概率，记为 $P(0|1)$，则

$$P(0|1) = \int_{-\infty}^{V_d} f_1(y)\mathrm{d}y = \int_{-\infty}^{V_d} \frac{1}{\sqrt{2\pi}\sigma_n} \exp\left[-\frac{(y-A)^2}{2\sigma_n^2}\right]\mathrm{d}y \tag{4.30}$$

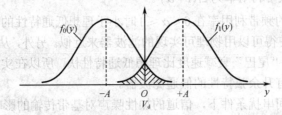

图 4.14　$y(t)$ 的一维概率密度曲线

同理，发送"0"判"1"的错判概率（纵轴右边阴影）记为 $P(1|0)$，则

$$P(1|0) = \int_{V_d}^{+\infty} f_0(y)\mathrm{d}y = \int_{V_d}^{+\infty} \frac{1}{\sqrt{2\pi}\sigma_n} \exp\left[-\frac{(y+A)^2}{2\sigma_n^2}\right]\mathrm{d}y \tag{4.31}$$

设发送"1"的概率为 $P(1)$，发送"0"的概率为 $P(0)$，则二进制基带传输系统的平均错判率即为系统平均误码率，即

$$P_e = P(1)P(0|1) + P(0)P(1|0) \tag{4.32}$$

从式（4.30）、式（4.31）和式（4.32）可知，在信号功率（与 A^2 成正比）和噪声功率（与 σ_n^2 成正比）已确定的情况下，系统误码率与判决阈值 V_d 有关。若要使系统误码率最小，则应有

$$\frac{\partial P_e}{\partial V_d} = 0$$

将式（4.30）和式（4.31）代入式（4.32），并根据上式求导，当

$$V_d = \frac{\sigma_n^2}{2A} \ln \frac{P(0)}{P(1)} \tag{4.33}$$

时系统误码率为最小值。式（4.33）表示的 V_d 称为最佳判决阈值。在二进制传输系统中一般

有 $P(0) = P(1) = 1/2$，代入式（4.33）得最佳判决阈值 $V_d = 0$（这和前文直观判断双极性信号判决阈值 $V_d = 0$ 是一致的）。将 $V_d = 0$ 代入式（4.30）和式（4.31），并根据图 4.14 可得

$$P(0|1) = P(1|0) = \int_0^{+\infty} f_0(y) \, \mathrm{d}y = \int_0^{+\infty} \frac{1}{\sqrt{2\pi}\sigma_n} \exp\left[-\frac{(y+A)^2}{2\sigma_n^2} \right] \mathrm{d}y$$

$$= \frac{1}{\sqrt{\pi}} \int_{\frac{A}{\sqrt{2}\sigma_n}}^{+\infty} \exp\left[-Z^2 \right] \mathrm{d}Z = \frac{1}{2}\mathrm{erfc}\left[\frac{A}{\sqrt{2}\sigma_n} \right] \tag{4.34}$$

式中，$\mathrm{erfc}(x)$ 为互补误差函数，定义为 $\mathrm{erfc}(x) = \frac{2}{\sqrt{\pi}} \int_x^{+\infty} \mathrm{e}^{-x^2} \, \mathrm{d}x$，为单调减函数，可以通过查表获得函数值。将式（4.34）的结果代入式（4.32），得系统平均误码率为

$$P_e = \frac{1}{2}P(0|1) + \frac{1}{2}P(1|0) = P(1|0)$$

$$= \frac{1}{2}\mathrm{erfc}\left[\frac{A}{\sqrt{2}\sigma_n} \right] = \frac{1}{2}\mathrm{erfc}\left[\frac{A^2}{\sqrt{2n_0 B}} \right] \tag{4.35}$$

从式（4.35）可以看出，当接收滤波器带宽 B 一定时，增大信号的功率或减小噪声的功率谱 n_0 值，均可减小传输系统的误码率。

以上分析的是基带信号为双极性波形的情况，如果采用单极性基带波形，用上述同样的方法可以求得最佳判决阈值为

$$V_d = \frac{A}{2} + \frac{\sigma_n^2}{A}\ln\frac{P(0)}{P(1)}$$

对应的单极性基带传输平均误码率为

$$P_e = \frac{1}{2}\mathrm{erfc}\left[\frac{A^2}{2\sqrt{2n_0 B}} \right] \tag{4.36}$$

比较式（4.35）和式（4.36）可知，在双极性及单极性基带信号的峰值 A、噪声功率谱 n_0、接收滤波器带宽 B 均相等的情况下，双极性基带系统的误码率低于单极性基带系统的误码率，即双极性基带系统的抗干扰能力比单极性基带系统的抗干扰能力强。

4.4 眼 图

从前几节的理论分析可知，只要基带传输系统的总特性 $H(\omega)$ 满足式（4.25）奈奎斯特准则，就可以实现无码间串扰的基带信号传输。但在实际传输系统中，要完全消除码间串扰是非常困难的。这是因为 $H(\omega)$ 与发送滤波器特性、信道特性和接收滤波器特性及其他因素有关，如果各滤波器部件调试不理想或信道特性发生变化，都会引起 $H(\omega)$ 改变，不再满足奈奎斯特准则。要计算由这些因素造成的误码率非常困难，因此在实际工程中，常采用简单、有效的试验测量法来定性测量传输系统的特性，同时也可以对系统进行实时调试，使传输系统性能达到最佳。其中一个有效的方法是用示波器观察眼图。

将接收滤波器输出波形接入示波器的一个探头，示波器的另一个探头接位同步时钟，以位同步时钟作为示波器的水平扫描同步信号，调节示波器扫描周期与信号码元周期相同，使示波器可以显示一个完整的码元周期，此时可以从示波器上观察到类似人眼睛的图形，

称为眼图。如果是二进制波形传输系统，示波器上只有一个"眼睛"，对于 M 进制波形，示波器上有 $M-1$ 个"眼睛"。下面来解释眼图与系统特性之间的关系。

为了便于理解，先不考虑信道噪声的影响，即设接收信号只有码间串扰的影响。如果基带传输系统特性 $H(\omega)$ 是理想的，则接收端输出信号的波形及眼图如图 4.15（a）所示，无码间串扰；如果 $H(\omega)$ 不理想，则接收端输出信号的波形及眼图如图 4.15（b）所示，有码间串扰。

眼图的形成原理：因为示波器的水平扫描周期与信号码元周期相同，信号波形的每个码元波形将重叠在一个码元周期中。在图 4.15（a）中，尽管信号波形不是周期的，但由于码元间无串扰，重叠的各码元波形完全重合；而图 4.15（b）中，由于存在码间串扰，示波器的扫描轨迹不完全重合，而荧光屏的余辉作用，使我们能看到一个未完全睁开的"眼睛"。"眼睛"张开得越大，表示传输系统的码间串扰越小；反之表示码间串扰越大。

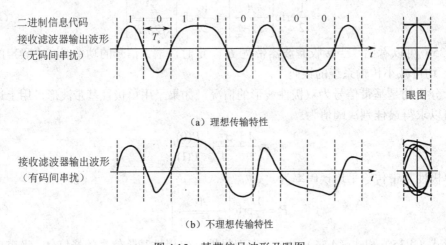

（a）理想传输特性

（b）不理想传输特性

图 4.15　基带信号波形及眼图

眼图提供了关于数字传输系统的大量信息。为了说明眼图和传输系统特性之间的关系，可以把眼图简化为一个模型，如图 4.16 所示。

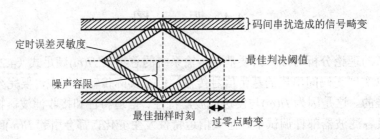

图 4.16　眼图模型

该模型提供的信息简述如下：

（1）最佳抽样判决时刻应该选在"眼睛"张开最大的时刻；

（2）图中央的横轴位置表示最佳判决阈值；

（3）阴影区的垂直厚度表示因码间串扰造成的信号畸变范围；

（4）在最佳抽样判决时刻，从最佳判决阈值到上、下两阴影距离的较小值为系统的噪声容限；

（5）眼图斜边的斜率决定了传输系统对定时误差的灵敏度，斜边越陡，对定时误差越灵敏，即要求定时越准。

当存在信道噪声时，噪声叠加在信号上，使眼图的线迹模糊，"眼睛"张开得更小。当系统特性 $H(\omega)$ 很不理想和信道噪声严重时，"眼睛"会完全闭合，此时系统误码严重。

4.5　改善基带传输性能的措施

4.5.1　均衡技术

在实际的基带传输系统中，由式（4.25）表示的系统特性 $H(\omega)$ 很难设计成完全满足奈奎斯特准则，导致在接收端抽样时刻存在码间串扰，使传输系统的误码率上升。为此在接收滤波器与抽样判决器之间插入信道均衡器，用于补偿信道特性 $H(\omega)$ 的不理想。信道均衡技术分为频域均衡和时域均衡，由于在目前的数字通信系统中主要采用时域均衡技术，因此本节仅介绍时域均衡原理。

时域均衡是通过横向滤波器来实现的，所谓横向滤波器是指有固定延时时间间隔、增益可调整的多抽头滤波器，其冲激响应的数学表达式为

$$g(t) = \sum_{n=-\infty}^{+\infty} C_n \delta(t - nT_s) \tag{4.37}$$

对式（4.37）作傅里叶变换，得到对应的频率特性为

$$G(\omega) = \sum_{n=-\infty}^{+\infty} C_n e^{-j\omega nT_s}$$

这是一种直接型的有限脉冲响应（finite impulse response，FIR）滤波器，C_n 为滤波器的系数或滤波器的抽头，是根据系统的具体要求和参数来调节或设计的。下面讨论信道均衡器的设计方法，即推导求解 C_n 的公式。

设加入均衡器 $g(t)$ 后，信道总冲激响应为 $h_1(t)$，则

$$h_1(t) = h(t) * g(t) \tag{4.38}$$

对应有

$$H_1(\omega) = H(\omega) \cdot G(\omega)$$

将式（4.37）代入式（4.38），得

$$h_1(t) = g(t) * h(t) = \sum_{n=-\infty}^{\infty} C_n h(t - nT_s)$$

在 $t = t_0 + kT_s$ 时刻抽样，为分析方便设 $t_0 = 0$，代入上式，得

$$h_1(kT_s) = \sum_{n=-\infty}^{\infty} C_n h[(k-n)T_s] \tag{4.39}$$

由本章前文分析可知，要实现无码间串扰，$h_1(kT_s)$ 必须满足式（4.17），即

$$h_1(kT_s) = \sum_{n=-\infty}^{\infty} C_n h[(k-n)T_s] = \begin{cases} 1, & k = 0 \\ 0, & k \neq \pm 1, \pm 2, \pm 3, \cdots, \pm\infty \end{cases} \tag{4.40}$$

式（4.40）中滤波器的系数 C_n 有无穷多个，这在实际的滤波器设计中是无法实现的，

所以常用截短的横向来近似滤波器。设滤波器抽头数为 $2N+1$，并记 $h[(k-n)T_s] = h_{k-n}$，则

$$\sum_{n=-N}^{N} C_n h_{k-n} = \begin{cases} 1, & k=0 \\ 0, & k \neq \pm 1, \pm 2, \pm 3, \cdots, \pm N \end{cases} \tag{4.41}$$

式中，h_{k-n} 为未加均衡器的传输信道总冲激响应 $h(t)$ 在各抽样时刻的值，因此可以由式（4.41）计算 C_n，得到所需的滤波器（均衡器）。

由式（4.40）可知，只有当滤波器的抽头数为无穷大时，才能真正做到无码间串扰，因此根据式（4.41）设计的实际滤波器不能完全消除抽样时刻的码间串扰，而只能通过调整抽头参数 C_n，把码间串扰减到最小。为衡量加入均衡器后对码间串扰的抑制效果，定义系统的峰值畸变为

$$D = \frac{1}{h_0} \sum_{\substack{k=-\infty \\ k \neq 0}}^{\infty} |h_k| \tag{4.42}$$

下面通过举例来了解均衡器的设计过程以及插入均衡器后对码间串扰的抑制效果。

例 4.1 某数字基带传输系统在抽样时刻的抽样值存在码间串扰，该系统的冲激响应 $h(t)$ 的离散值为 $h_{-2}=0$，$h_{-1}=0.1$，$h_0=1$，$h_1=-0.2$，$h_2=0.1$。为减小码间串扰，需要设计一横向滤波器，滤波器抽头数为 3。试求此滤波器的系数 C_{-1}、C_0 和 C_1 的值，并计算均衡前后系统的峰值畸变值。

解 从上述分析可知 $2N+1=3$，即 $N=1$，式（4.38）中求和变量 n 取-1、0、1。根据式（4.38）可列出方程组，即

$$\begin{cases} C_{-1}h_0 + C_0 h_{-1} + C_1 h_{-2} = 0, & k=-1 \\ C_{-1}h_1 + C_0 h_0 + C_1 h_{-1} = 1, & k=0 \\ C_{-1}h_2 + C_0 h_1 + C_1 h_0 = 0, & k=1 \end{cases}$$

将 h_n 值代入上式方程组，得

$$\begin{cases} C_{-1} + 0.1 C_0 = 0 \\ -0.2 C_{-1} + C_0 + 0.1 C_1 = 1 \\ 0.1 C_{-1} - 0.2 C_0 + C_1 = 0 \end{cases}$$

解方程组，求得滤波器的系数为

$$C_{-1} = -0.09606, \quad C_0 = 0.9606, \quad C_1 = 0.2017$$

将此结果代入式（4.40），可计算出

$$h'_{-1} = 0, \quad h'_0 = 0, \quad h'_1 = 0,$$

$$h'_{-3} = 0, \quad h'_{-2} = 0.0096, \quad h'_2 = 0.0557, \quad h'_3 = 0.0216$$

可见，h'_{-3}、h'_{-1}、h'_0、h'_1 符合无码间串扰条件，而 h'_{-2}、h'_2、h'_3 为残留的码间串扰。

根据峰值畸变定义，如式（4.42），未加均衡器时系统的峰值畸变值为

$$D = \frac{1}{h_0} \sum_{\substack{k=-\infty \\ k \neq 0}}^{\infty} |h_k| = 0 + 0.1 + 0.2 + 0.1 = 0.4$$

加均衡器后系统的峰值畸变值为

$$D' = \frac{1}{h'_0} \sum_{\substack{k=-\infty \\ k \neq 0}}^{\infty} |h'_k| = 0.0096 + 0.0557 + 0.0216 = 0.0869$$

从例 4.1 可看出，均衡后的峰值畸变值比均衡前小了很多，即码间串扰减小了，但仍有残留的码间串扰。增加滤波器的抽头数，可进一步减小峰值畸变值，但是抽头数的增加，使滤波器的物理实现更加困难，因此在实际工程中，滤波器的抽头数一般不会超过 10 个。

时域均衡按滤波器系数的调整方式可分为手动均衡和自适应均衡。图 4.17（a）所示为手动均衡的系统框图，它是根据均衡器输出 $y'(t)$ 与系统输入 $m(t)$ 之间的误差 $e(t)$，手工调整整均衡器的抽头系数 C_n；图 4.17（b）所示为自适应均衡的系统框图，自适应均衡是在信号传输过程中实时跟踪均衡效果即误差 $e(t)$，并且能自动跟踪信道响应的变化，不断更新 C_n，直到系统获得最佳传输特性，即码间串扰最小。自适应均衡在数字传输系统中很受欢迎，它的原理和设计方法在"数字信号处理"类的书籍中有详细介绍，在此不做详解。

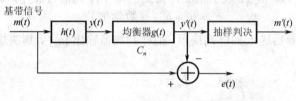

（a）手动均衡系统框图

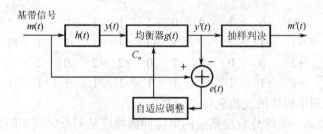

（b）自适应均衡系统框图

图 4.17　时域均衡框图

4.5.2　部分响应系统

由上几节分析可知，具有理想系统特性的基带传输系统，不仅可以实现无码间串扰，还能使系统的频带利用率达到理论极限值 2B/Hz，但理想系统特性难以实现，并且它的冲激响应有长拖尾；可以物理实现的升余弦滤波器特性的传输系统，也能消除码间串扰，但它所需的频带宽，频带利用率低。为了解决长拖尾和提高频带利用率，引入部分响应波形，利用部分响应波形传输的系统称为部分响应系统。

部分响应波形的传输原理是在系统传输信号中人为地引入码间串扰，或者说利用相关编码法，在前后符号之间注入相关性，用来改变信号波形的频谱特性，使信号波形的频带变窄，以达到提高系统频带利用率的目的；同时，时域的拖尾也因为前后相关码元波形"尾巴"的相互抵消而很快衰减。由于引入的码间串扰是已知的、可控的，所以在接收端可以消除。

下面介绍部分响应系统的实现方法和原理。图 4.18 所示为第一类部分响应基带传输系统框图。该系统由基带信号形成电路、相关编码器、理想低通滤波器和抽样判决器组成。

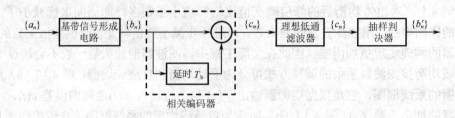

图 4.18　第一类部分响应基带传输系统框图

设输入系统的二进制信息序列 $\{a_n\}$，其信息速率为 R_b，则信息宽度 $T_b = 1/R_b$；$\{a_n\}$ 经过基带信号形成电路输出双极性的线路码 $\{b_n\}$；将 $\{b_n\}$ 输入到相关编码器，此相关编码器将 $\{b_n\}$ 与延时 T_b 的 $\{b_n\}$ 即 $\{b_{n-1}\}$ 数学相加，得到三电平序列信号 $\{c_n\}$，即

$$c_n = b_n + b_{n-1} \quad (\text{数学加}) \tag{4.43}$$

$\{c_n\}$ 经理想低通滤波器后送入抽样判决器，抽样判决器输出 $\{b_n'\}$，判决规则可以从式（4.43）反运算得到

$$b_n = c_n - b_{n-1} \tag{4.44}$$

举例说明如下。

例 4.2

$\{a_n\}$：	1	1	1	0	1	0	0	1	1	1	0	0	1
$\{b_n\}$：	+1	+1	+1	−1	+1	−1	−1	+1	+1	+1	−1	−1	+1
$\{c_n\}$：		+2	+2	0	0	0	−2	0	+2	+2	0	−2	0
$\{b_n'\}$：	1	+1	+1	−1	1	−1	−1	1	1	1	−1	−1	1

对 b_n' 作双极性到单极性的变换就可以恢复 a_n。

图 4.18 所示的第一类部分响应系统的单位冲激响应是两个时间间隔为 T_b 的 S_a 取样函数之和，如图 4.19（a）所示，其表达式为

$$h_1(t) = S_a\left[\frac{\pi}{T_b}(t + T_b/2)\right] + S_a\left[\frac{\pi}{T_b}(t - T_b/2)\right] \tag{4.45}$$

对应的幅频特性如图 4.19（b）所示（只画单边频率部分），其表达式为

$$|H_1(\omega)| = \begin{cases} 2T_b \cos\dfrac{\omega T_b}{2}, & |\omega| \leqslant \dfrac{\pi}{T_b} \\ 0, & |\omega| > \dfrac{\pi}{T_b} \end{cases} \tag{4.46}$$

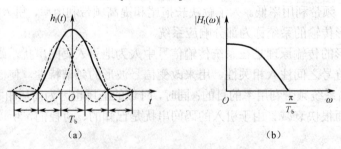

图 4.19　第一类部分响应系统特性

从图 4.19 可见，部分响应系统的幅频特性是平滑地降到零，频带宽为 $1/(2T_b)$，即频带

利用率达到理想特性的极限值 2B/Hz；而部分响应系统的冲激响应波形因为前后相关码元波形"尾巴"的相互抵消而很快衰减，其"尾巴"的振幅与 t^2 成反比。

由上述分析可知，图 4.18 所示的第一类部分响应系统确实解决了"长拖尾"问题，也提高了频带利用率。但是分析式（4.41）可以发现，接收端恢复基带信号 b_n' 是从接收到的 c_n 中减去前一判决输出值 b_{n-1}'。如果有一个码元出现误码，就会造成以后所有的码元可能都会是误码，这种现象称为误码传播。为解决误码传播问题，可在原相关编码器前先预编码，如图 4.20 所示。

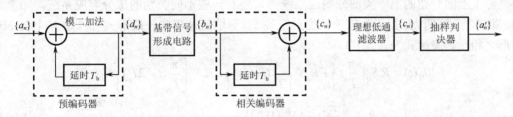

图 4.20　加预编码后的第一类部分响应传输系统框图

预编码器的输出为

$$d_n = a_n \oplus d_{n-1} \tag{4.47}$$

式（4.47）中的 $\oplus$ 是模二加法。图 4.20 中除了多一个预编码器外，其他电路与图 4.18 相同，d_n 到 b_n 是单极性到双极性的变换，可表示为

$$b_n = 2d_n - 1$$

相关编码器输出

$$c_n = b_n + b_{n-1} = (2d_n - 1) + (2d_{n-1} - 1) = 2(d_n + d_{n-1} - 1)$$

由上式得

$$d_n + d_{n-1} = \frac{c_n}{2} + 1 \tag{4.48}$$

又由式（4.47）得

$$a_n = d_n \oplus d_{n-1}$$

将式（4.48）代入上式，得判决输出规则为

$$a_n = \frac{c_n}{2} \oplus 1$$

上式提供了判决规则的依据，即

$$a_n' = \frac{c_n}{2} \oplus 1 \tag{4.49}$$

判决规则为

$$若 c_n = \pm 2，则判决输出为 a_n' = 0$$
$$若 c_n = 0，则判决输出为 a_n' = 1$$

从式（4.49）可以看出，加了预编码后，判决输出 a_n' 只与接收信号的当前码元 c_n 有关，与其他码元没有关系，因此不会产生误码传播。举例如下。

例 4.3

信息序列 $\{a_n\}$：　　　1　1　1　0　1　0　0　1　1　1　0　0　1

预编码输出 $\{d_n\}$:	0	1	0	1	1	0	0	0	1	0	1	0	1	1	1	0
双极性编码 $\{b_n\}$:	−1	+1	−1	+1	+1	−1	−1	−1	+1	−1	+1	+1	+1	−1
接收序列　$\{c_n\}$:	0	0	0	+2	0	−2	−2	0	0	0	0	+2	+2	0
判决输出　$\{a_n'\}$:	1	1	1	0	1	0	0	1	1	1	1	0	0	1

若考虑信道噪声，其判决规则可以改为

$$a_n' = \begin{cases} 1, & |c_n| < 1 \\ 0, & |c_n| \geqslant 1 \end{cases}$$

除了上面介绍的第一类部分响应系统外，还有一些不同类别的部分响应系统，如第二类、第三类、第四类、第五类部分响应系统等。部分响应波形的一般形式可以是 N 个 $\mathrm{sinc}(x)$ 波形之和，其表达式为

$$h_1(t) = R_1 S_a\left(\frac{\pi}{T_s}t\right) + R_2 S_a\left[\frac{\pi}{T_s}(t - T_s)\right] + R_3 S_a\left[\frac{\pi}{T_s}(t - 2T_s)\right] + \cdots$$
$$+ R_N S_a\left\{\frac{\pi}{T_s}[t - (N-1)T_s]\right\} \tag{4.50}$$

式中，R_1，R_2，$\cdots$，R_N 为加权系数，其取值为正、负整数及零。例如，当 $R_1 = R_2 = 1$，其他 R_i 均为 0 时，为第一类部分响应系统；当 $R_1 = 1$、$R_2 = 2$、$R_3 = 1$，其他 R_i 均为 0 时，为第二类部分响应系统；当 $R_1 = 1$、$R_3 = -1$，其他 R_i 均为 0 时，为第四类部分响应系统；当 $R_1 = 1$，其他 R_i 均为 0 时，是理想传输系统。

式（4.50）对应的部分响应波形的频谱为

$$H_1(\omega) = \begin{cases} T_s \displaystyle\sum_{m=1}^{N} R_m \mathrm{e}^{-\mathrm{j}\omega(m-1)T_s}, & |\omega| \leqslant \dfrac{\pi}{T_s} \\ 0, & |\omega| > \dfrac{\pi}{T_s} \end{cases}$$

显然，$H_1(\omega)$ 的带宽为 $1/(2T_s)$，即频带利用率达到理想特性的极限值 2B/Hz。

不同的 R_i 对应不同类别的部分响应系统，相应有不同的相关编码方式，相关编码输出可表示为

$$c_n = R_1 b_n + R_2 b_{n-1} + R_3 b_{n-2} + \cdots + R_N b_{n-(N-1)}$$

由上式得到的 c_n 为多电平信号，当输入的序列为 L 进制时，对应的 c_n 有 $2L-1$ 个电平。与前述相似，为了避免误码传播，在发送端先进行预编码，即

$$b_n = R_1 d_n + R_2 d_{n-1} + R_3 d_{n-2} + \cdots + R_N d_{n-(N-1)} \qquad （模 L 加）$$

再将预编码后的 d_n 进行相关编码，则

$$c_n = R_1 d_n + R_2 d_{n-1} + R_3 d_{n-2} + \cdots + R_N d_{n-(N-1)}$$

由以上两式可得判决规则为

$$c_n = [b_n] \qquad （模 L 判决）$$

此式不存在误码传播问题，且译码简单，只需对接收信号 c_n 作模 L 判决即可恢复基带信号。

综上所述，部分响应系统的传输波形"尾巴"衰减快，频带利用率可以提高到极限值 2B/Hz，并且系统的低通滤波器成为可实现的。但是，当输入数据为 L 进制时，部分响应波形的相关编码电平数会超过 L，因此在同样输入信噪比的条件下，部分响应系统的抗噪

声性能要比理想系统差。

4.6 位同步技术

数字通信系统中，无论是基带传输还是频带传输，都会受到一定程度的干扰和畸变，接收端为了从接收信号中恢复数字信号，都必须对接收信号进行抽样、判决（抽样判决器在本章图 4.1、图 4.10 等系统框图中均有出现）。抽样、判决的周期必须与发送信号的码元周期相同；抽样、判决时刻应该是眼图中所述的最佳抽样判决时刻。这就需要从接收信号中获得码元定时脉冲序列，把提取这种定时脉冲序列的过程称为位同步技术，把码元定时脉冲序列称为位同步信号。

位同步时钟的提取方法有许多种，一般可以分为插入导频法和直接提取法。

1. 插入导频法

插入导频法也称为外同步法。所谓插入导频法就是在基带信号频谱的零点处（零点处的频率应该为码元速率或为码元速率的 1/2）插入所需的导频信号，在接收端用窄带滤波器提取并作一定处理后作为位同步信号。例如，在 4.2 节中介绍的归零码波形，其功率谱在 f_B（码元速率）处为零，可以插入位定时导频，如图 4.21（a）所示。接收端用中心频率为 f_B 的窄带滤波器，可以提取出位同步信号。图 4.21（b）是基带信号经相关编码后的功率谱密度，此时可以在 $f_B/2$ 处插入位定时导频，接收端提取此导频后经倍频处理，就是位同步信号。

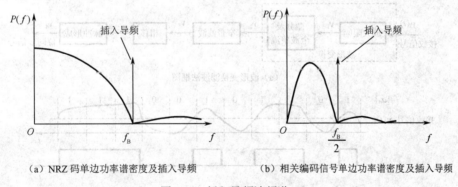

（a）NRZ 码单边功率谱密度及插入导频　　　　（b）相关编码信号单边功率谱密度及插入导频

图 4.21　插入导频法频谱

图 4.22 是对应图 4.21（b）的插入导频法系统框图，分别画出了发送端插入位定时导频和接收端提取位定时导频的过程。接收信号经窄带滤波器并相移后输出，其中一路经过相加器（相减）把数字信号中的导频成分抵消，再作为抽样判决输入信号；另一路经过放大限幅、微分全波整流和整形电路，产生位同步信号。微分全波整流电路起到倍频器的作用，相移电路的作用是用来消除窄带滤波器引起的延时。值得注意的是，插入导频的相位与数字信号在时间上有一定的要求：当信号为最大幅值时（即抽样判决时刻）导频正好过零点，这样可以避免在抽样判决时刻输入到抽样判决器信号中的残留导频对信号的影响。

还有一种插入导频法是利用一个独立的信道传送位同步信号，这种方法适用于信道富余或多路并发系统中。当然，这种方法多占用了一个信道是不经济的。此外，还可以采用时域插入导频法，位同步信号在每帧的指定时间间隔内发送。

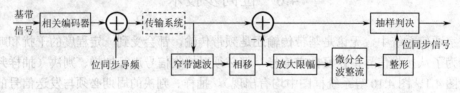

图 4.22　插入导频法系统框图

2. 直接提取法

直接提取法又称外同步法。这种方法不用在发送端插入导频，而是直接从接收的数字信号中提取位同步信号。直接提取法是数字通信中广泛使用的位同步信号提取法，又可分为滤波法和锁相法。

1）滤波法

（1）波形变换滤波法。图 4.23（a）所示为波形变换滤波法的框图，图 4.23（b）所示为对应于框图各点的波形图。设数字基带信号 $\{a_n\}$ 为不归零码波形，经传输系统后，接收信号波形为图中的 $y(t)$。波形变换由放大限幅、微分及全波整流电路组成，v_1 为放大限幅后的矩形基带信号波形，v_2 为微分及全波整流输出信号波形，v_2 属于归零形式含有码元同步信号分量，经窄带滤波器后输出频率为 f_B 的单频信号 v_3，再经过相移电路和脉冲形成电路就可以得到有确定起始位置的位同步脉冲信号 v_4。

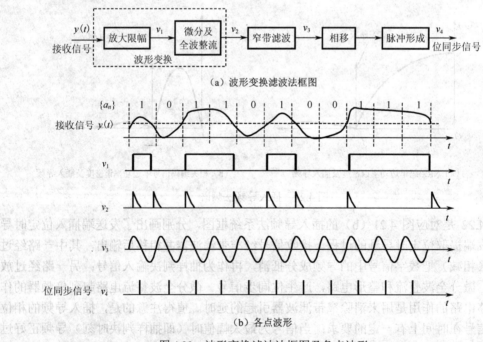

（a）波形变换滤波法框图

（b）各点波形

图 4.23　波形变换滤波法框图及各点波形

（2）延时相乘滤波法。对于频带不受限的矩形波基带信号或频带受限的基带信号，可以采用延时、相乘及窄带滤波来提取位同步信号。图 4.24（a）所示为延时、相乘滤波法的原理框图，图 4.24（b）所示为延时、相乘部分的各点波形。接收信号经矩形波形成电路输出 $x(t)$，$x(t)$ 与延时 τ 后的 $x(t-\tau)$ 相乘（同"或"），产生有位同步分量的窄脉冲序列 $x'(t)$，再用窄带滤波器就可以滤出频率为 f_B 的单频信号。经过类似波形变换滤波法中的相移及脉冲形成电路就得到位同步信号。

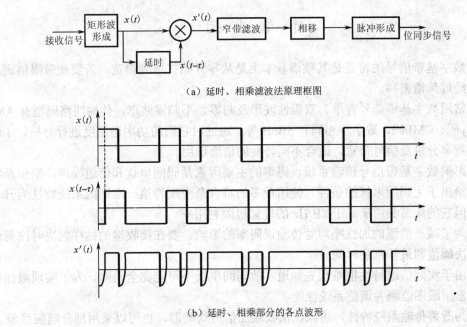

（a）延时、相乘滤波法原理框图

（b）延时、相乘部分的各点波形

图 4.24 延时、相乘滤波法框图及各点波形

2）锁相法

前面介绍的窄带滤波器若用锁相环路替代，则称为锁相法。在位同步信号提取中，经常使用的是数字锁相环法。图 4.25 所示为数字锁相环法的原理框图。

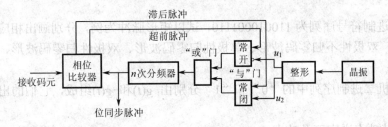

图 4.25 数字锁相环法原理框图

从图 4.25 中可知，由晶体振荡器及整形电路产生两个周期为 T_0、相位差为 $T_0/2$ 的脉冲序列 u_1 和 u_2，分别经过常开"与"门和常闭"与"门后相"或"，来产生分频器的输入计数脉冲。分频器的输出信号与接收到的码元信号进行相位比较，如果两者完全同步，此时分频器的输出可以作为位同步信号。如果分频器输出信号的相位超前于码元信号，则相位比较器输出一个超前脉冲去关闭常开门，扣除 u_1 中的一个脉冲，使分频器输入少一个脉冲，则输出的位同步信号滞后 $1/n$；如果分频器输出信号的相位滞后于码元信号相位，则相位比

较器输出一个滞后脉冲去打开常闭门，在 u_1 的两个脉冲之间加入一个脉冲（由 u_2 提供），使分频器输出的位同步信号超前 $1/n$，这就实现了相位的离散式调整。经过若干次调整后，分频器的输出与接收码元同步，则分频器的输出就是需要提取的位同步信号。

位同步信号的提取法还有许多，如常用于数字频带传输的包络检波法和延时相干滤波法等，这部分内容将在频带传输系统中介绍。

本 章 小 结

（1）数字基带信号的特点是其频谱基本上是从零开始扩展到很宽，若要在带限信道上传输必须经过频谱搬移。

（2）常用数字基带信号有单、双极性波形及归零、不归零波形，传输线路码型有 AMI 码、HDB₃ 码、CMI 码、数字双相码和 5B6B 等。通过对它们的功率谱密度进行分析，了解各种信号频率分量及信号带宽，适合不同特性的信道选用。

（3）影响数字基带信号传输系统误码率的主要因素是码间串扰和信道噪声，奈奎斯特第一准则给出了无码间串扰的条件。使用最多的符合奈奎斯特第一准则的系统特性为升余弦特性，但它的频带利用率低于 2B/Hz 的理想极限利用率。

（4）为了减小信道的加性噪声对传输误码率的影响，要在接收端的抽样判决时注意选择最佳判决阈值和最佳判决时间。

（5）由于实际信道特性很难预先知道，故码间串扰不可能完全消除。为了实现最佳传输效果，常用眼图监测并调整系统性能。

（6）为改善传输系统特性，可以在接收端加信道均衡器，也可以采用部分响应系统。

（7）位同步提取技术为接收信号进行准确的抽样、判决提供了保证。位同步信号的提取方法有很多，如插入导频法、滤波法、锁相法等。

习 题

1. 设二进制符号序列为 110010001110，试以矩形脉冲为例，分别画出相应的单极性不归零码波形、双极性不归零码波形、单极性归零码波形、双极性归零码波形、二进制差分码波形。

2. 设随机二进制序列中的"0"和"1"分别由 $g(t)$ 和 $-g(t)$ 组成，它们的出现概率分别为 P 及 $1-P$。

（1）求其功率谱密度及功率。

（2）若 $g(t)$ 分别为如题图 4.1（a）和题图 4.1（b）所示图形，T_s 为码元宽度，问哪个序列存在离散分量 $f_s = 1/T_s$？

3. 已知某单极性不归零随机脉冲序列，其码元速率为 $R_B = 2400B$，"1"码是振幅为 A 的矩形脉冲。"0"码为 0，且"1"码出现的概率为 $P = 0.6$：

（1）确定该随机序列的带宽及直流功率；

（2）确定该序列有无位同步信号。

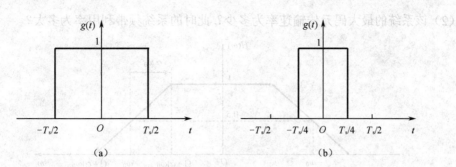

题图 4.1

4. 已知信息代码为 10100000111000011，画出相应的 AMI 码、HDB$_3$ 码、数字双相码的波形图。

5. 已知 HDB$_3$ 码+10-1000-1+1000+1-1+1-100-1+10-1，试画出它的波形图，译出原信息代码。

6. 某基带传输系统接收端滤波器输出信号的基本脉冲为如题图 4.2 所示的三角形脉冲。

（1）求该基带传输系统的输出函数 $H(\omega)$。

（2）设信道的传输函数 $C(\omega)=1$，发送滤波器和接收滤波器的频谱特性相同，即 $G_T(\omega)=G_R(\omega)$，试求这时 $G_T(\omega)$ 或 $G_R(\omega)$ 的表达式。

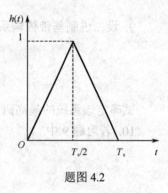

题图 4.2

7. 设基带传输系统的总传输特性为 $H(\omega)$，若要求以 $2/T_s$ 波特的速率进行数据传输，试验证题图 4.3 所示的各种 $H(\omega)$ 能否满足抽样点上无码间串扰的条件？

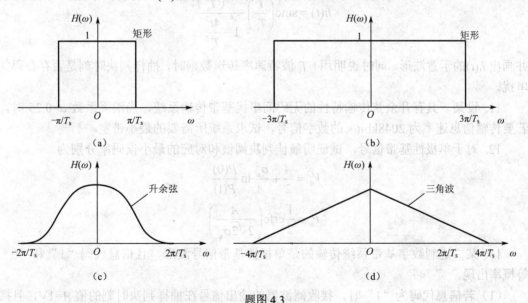

题图 4.3

8. 设某数字基带传输系统的传输特性 $H(\omega)$ 如题图 4.4 所示，其中 α 为某个常数（0≤α≤1）：

（1）该系统能否实现无码间串扰传输？

（2）该系统的最大码元传输速率为多少？此时的系统频带利用率为多大？

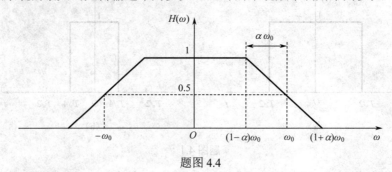

题图 4.4

9. 设二进制基带传输系统的总传输特性为

$$H(\omega)=\begin{cases}\tau[1+\cos(\omega\tau)], & |\omega|\leqslant\dfrac{\pi}{T_s}\\[2mm] 0, & |\omega|>0\end{cases}$$

试确定该系统的最高码元传输速率 R_B 及相应的码元宽度 T_s。

10. 若习题 9 中

$$H(\omega)=\begin{cases}\dfrac{T_s}{2}\left(1+\cos\dfrac{\omega T_s}{2}\right), & |\omega|\leqslant\dfrac{2\pi}{T_s}\\[2mm] 0, & |\omega|>0\end{cases}$$

试证明该传输系统的单位冲激响应为

$$h(t)=\mathrm{sinc}\left(\dfrac{t}{T_s}\right)\dfrac{\cos\left(\dfrac{\pi t}{T_s}\right)}{1-\dfrac{4t^2}{T_s^2}}$$

并画出 $h(t)$ 的示意波形，同时说明用 $1/T_s$ 波特速率传送数据时，抽样判决时刻是否存在码间串扰。

11. 设某一具有升余弦传输特性的无码间串扰基带传输系统，当滚降系数 $\alpha=0.25$ 时，若要传输信息速率为 2048kbit/s 的数字信号，试求系统所需要的最小带宽。

12. 对于单极性基带信号，试证明最佳判决阈值和对应的最小误码率分别为

$$V_d=\dfrac{A}{2}+\dfrac{\sigma_n^2}{A}\ln\dfrac{P(0)}{P(1)}$$

$$P_e=\dfrac{1}{2}\mathrm{erfc}\left(\dfrac{A}{2\sqrt{2}\sigma_n}\right)$$

13. 某二进制数字基带系统传输的是单极性基带信号波形，且信息代码"1"和"0"等概率出现。

（1）若信息代码为"1"时，接收滤波器的输出信号在抽样判决时刻的值 $A=1$V，且接收滤波器的输出噪声是均值为 0、均方差为 0.2V 的高斯噪声，试求此时的系统误码率 P_e。

（2）若要求误码率 $P_e\leqslant10^{-5}$，试确定 A 至少应为多大。

14. 将习题 13 中的单极性基带信号改为双极性基带信号，其他条件不变，重做习题 13。

15. 为某基带传输系统设计一个三抽头的时域均衡器，已知没有插入均衡器时传输系统的单位冲激响应 $h(t)$ 在各抽样点的值依次为 $h_{-2} = -0.1$、$h_{-1} = 0.2$、$h_0 = 1$、$h_1 = -0.3$、$h_2 = 0.1$，其余均为 0，要求插入均衡器后能最大限度地减小系统的码间串扰。

（1）求 3 个抽头的系数。

（2）比较均衡前后的峰值畸变。

16. 一相关编码系统如题图 4.5 所示，理想低通滤波器的截止频率为 $1/(2T_s)$，通带增益为 T_s。

（1）试求该系统的单位冲激响应 $h(t)$ 和频率特性 $H(\omega)$ 的表达式。

（2）若输入为二进制基带信号 1011010011101，试写出相关编码器输出信号。

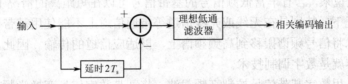

题图 4.5

17. 设部分响应系统的输入信号为四进制（0，1，2，3），相关编码器采用第四类部分响应，当输入序列 $\{a_n\}$ 为 103202310012032 时，试求对应的预编码序列 $\{d_n\}$、相关编码序列 $\{c_n\}$ 和接收端恢复序列 $\{a_n'\}$。

18. 试验证第二类部分响应系统的频谱为

$$H_2(\omega) = 4T_s \cos^2\left(\frac{\omega T_s}{2}\right)$$

第 5 章　数字信号的频带传输

5.1　数字信号频带传输概述

数字信号的传输可以分为基带传输和频带传输两种，第 4 章已对数字信号基带传输进行了介绍。一般说来，含有丰富低频信号的基带信号可以在短距离的情况下直接传送，但在远距离的情况下，特别是在无线或光纤信道等带通信道上不能使用基带传输。解决的方法是用调制技术将信号频谱搬移到高频频谱上，以适应信道的传输。因此，数字信号的频带传输基本内容就是数字调制技术。

数字调制是用数字基带信号控制高频载波，将基带数字信号变换为频带数字信号的过程。数字解调是频带数字信号还原成基带数字信号的过程，是数字调制的逆过程。人们把数字调制和数字解调统称为数字调制，把包括调制和解调过程的传输系统称为数字信号的频带传输系统或数字信号的载波传输系统。图 5.1 是数字信号频带传输系统的框图。框图中载波信号一般选用正弦波形信号，这是因为正弦波形信号形式简单，便于产生和接收。已调载波信号的振幅、频率和相位可携带数字信息，实现带通传输。

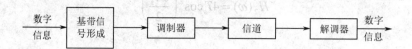

图 5.1　数字信号频带传输系统框图

数字调制的实现方法有直接法和键控法。直接法是把数字基带信号看作模拟信号的特例，利用模拟调制的方法实现数字调制；键控法是利用数字信号的离散值特点去键控载波，从而实现数字调制。键控法通常由数字电路完成，它具有变换速度快、调整测试方便、体积小、设备可靠等优点。利用键控法可用数字基带信号对载波的振幅、频率及相位进行控制，从而得到幅移键控（amplitude-shift keying，ASK）、频移键控（frequency-shift keying，FSK）和相移键控［包括 PSK（phase shift keying）和 DPSK（differential phase shift keying，差分相移键控）］3 种基本调制方式。

本章重点论述二进制数字调制系统的原理及抗噪声性能；讨论数字信号最佳接收基本原理及性能比较；介绍多进制调制解调工作原理及其性能；简要介绍正交频分复用调制工作原理；最后简单介绍载波提取技术。

5.2　二进制数字调制

二进制数字调制的基带信号为二进制数字信号，它的特点是振幅取值为两种状态。因此，已调信号载波的振幅、频率或相位只有两种变化状态。

5.2.1　二进制幅移键控

1. 2ASK 信号表示

用二进制数字基带信号控制正弦形载波的振幅，使之随数字基带信号作相应变化，实现频谱变换的调制方式，称为二进制幅移键控，简记为 2ASK。由于 2ASK 方式是载波在二进制调制信号 1 或 0 的控制下通或断，因此又称为通-断键控（on-off keyed，OOK）。2ASK 信号的时域表示式为

$$e_{2ASK}(t) = s(t)\cos(\omega_c t) \tag{5.1}$$

式中，$\cos(\omega_c t)$ 为载波信号；$s(t)$ 为二进制数字基带信号，可表示为

$$s(t) = \sum_n a_n g(t - nT_s) \tag{5.2}$$

式中，T_s 为码元宽度；$g(t)$ 为调制信号波形，可以考虑是矩形脉冲；a_n 为单极性二进制序列中第 n 个码元的取值，它服从下述关系，即

$$a_n = \begin{cases} 0, & \text{概率为} P \\ 1, & \text{概率为} 1-P \end{cases}$$

根据式（5.1）可画出 $s(t)$ 为某一样本时的 2ASK 信号波形，如图 5.2 所示。需要说明的是，在公式中载波信号是以余弦波表示的，但在画波形时通常以正弦波画出（2FSK、2PSK 及 2DPSK 也是如此），这不会影响对信号的分析。

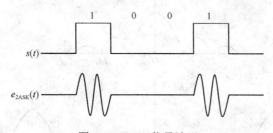

图 5.2　2ASK 信号波形

下面讨论 2ASK 信号的频谱及传输带宽。2ASK 信号是随机功率型的信号，因此，分析 2ASK 信号的频谱就应该分析它的功率谱密度。在式（5.1）中，设数字基带信号 $s(t)$ 的功率谱密度为 $P_s(f)$，2ASK 信号的功率谱密度为 $P_{2ASK}(f)$，则由式（5.1）可得 $P_{2ASK}(f)$ 与 $P_s(f)$ 关系为

$$P_{2ASK}(f) = \frac{1}{4}\left[P_s(f + f_c) + P_s(f - f_c)\right] \tag{5.3}$$

式中，$P_s(f)$ 可按式（4.2）的方法求得

$$P_s(f) = f_s P(1-P)|G(f)|^2 + f_s^2(1-P)^2 \sum_{m=-\infty}^{\infty} |G(mf_s)|^2 \delta(f - mf_s) \tag{5.4}$$

式中，$G(f)$ 为振幅为 1、宽度为 $T_s = \dfrac{1}{f_s}$ 的门函数 $g(t)$ 的傅里叶变换，表达式为

$$G(f) = T_s S_a(\pi f T_s) \tag{5.5}$$

显然，当 $f = mf_s$（$m \neq 0$）时，$G(f) = 0$，故式（5.4）变为

$$P_s(f) = f_s P(1-P) |G(f)|^2 + f_s^2 (1-P)^2 |G(0)|^2 \delta(f) \tag{5.6}$$

把式（5.6）代入式（5.3）得

$$P_{2\text{ASK}}(f) = \frac{1}{4} f_s P(1-P) \left[|G(f+f_c)|^2 + |G(f-f_c)|^2 \right]$$

$$+ \frac{1}{4} f_s^2 (1-P)^2 |G(0)|^2 \left[\delta(f+f_c) + \delta(f-f_c) \right] \tag{5.7}$$

当 $P = \dfrac{1}{2}$ 时，式（5.7）可写成

$$P_{2\text{ASK}}(f) = \frac{1}{16} f_s \left[|G(f+f_c)|^2 + |G(f-f_c)|^2 \right]$$

$$+ \frac{1}{16} f_s^2 |G(0)|^2 \left[\delta(f+f_c) + \delta(f-f_c) \right] \tag{5.8}$$

再将式（5.5）代入式（5.8），考虑到 $G(0) = T_s$，即得 2ASK 信号的功率谱密度为

$$P_{2\text{ASK}}(f) = \frac{T_s}{16} \left\{ S_a^2 \left[\pi(f+f_c) T_s \right] + S_a^2 \left[\pi(f-f_c) T_s \right] \right\}$$

$$+ \frac{1}{16} \left[\delta(f+f_c) + \delta(f-f_c) \right] \tag{5.9}$$

图 5.3 给出了基带信号 $s(t)$ 的功率谱密度 $P_s(f)$ 和 2ASK 信号功率谱密度 $P_{2\text{ASK}}(f)$ 图形。由式（5.9）和图 5.3 可总结出以下几点。

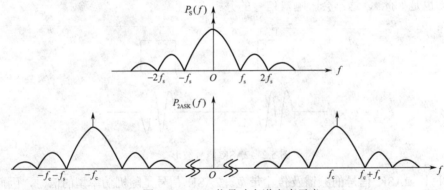

图 5.3 2ASK 信号功率谱密度示意

（1）2ASK 信号功率谱由连续谱及离散谱两部分组成，其连续谱取决于 $s(t)$ 搬移到 f_c 的双边带谱，离散谱取决于载波分量。

（2）若以功率谱的主瓣为信号带宽，可得 2ASK 信号带宽 $B_{2\text{ASK}}$ 是基带信号 $s(t)$ 带宽 f_s 的 2 倍，即

$$B_{2\text{ASK}} = 2f_s \tag{5.10}$$

（3）2ASK 信号频谱与 $s(t)$ 频谱比较，结构没有改变，因此与模拟通信系统中的 AM 和 DSB（double-sideband modulation，双边带调制）一样是线性调制。

2. 2ASK 系统

1）2ASK 信号产生

2ASK 系统包括发送端的 2ASK 调制和接收端的 2ASK 解调。产生 2ASK 信号的调制

器可由图 5.4 所示的模拟振幅调制和键控方法来实现。模拟振幅调制是通过三端乘法器来实现调制的，如式（5.1）所示；键控法中 $s(t)$ 作开关的控制信号，$s(t)$ 为"1"时开关接通，为"0"时开关断开，其输出即为 2ASK 信号。

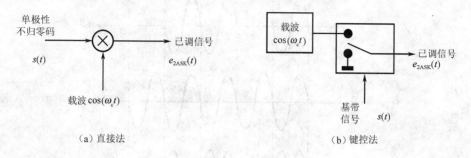

（a）直接法　　　　　　　　　　　　（b）键控法

图 5.4　2ASK 信号的调制器

2）2ASK 信号的解调

2ASK 信号的解调是指将频带信号还原成基带信号，方法有相干解调（或称同步检测）和非相干解调（或称包络检测）两种，如图 5.5 所示。解调器收到的信号是 2ASK 信号与信道噪声的混合信号，两种解调方式均先将收到的信号通过一个带通滤波器，目的是让收到的 2ASK 信号通过，限制 2ASK 信号频带以外的噪声。图中给出了理想带通滤波器的传递函数。图 5.5（a）所示为非相干解调通过半波或全波整流和低通滤波器得到基带信号 $v(t)$，再对 $v(t)$ 抽样判决。位定时脉冲（即第 4 章位同步脉冲）对 $v(t)$ 抽样，取得抽样值 V，在 V 大于判决阈值时判为 1 码；反之判为 0 码。图 5.5（b）所示的相干解调是通过乘法器和低通滤波器得到基带信号 $x(t)$，其他均与非相干解调相同，相干解调需要在接收端产生一个本地载波，使接收端比非相干解调复杂。2ASK 信号相干解调过程的时间波形如图 5.6 所示。

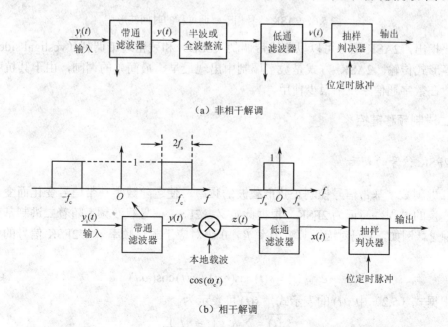

（a）非相干解调

（b）相干解调

图 5.5　2ASK 信号的解调

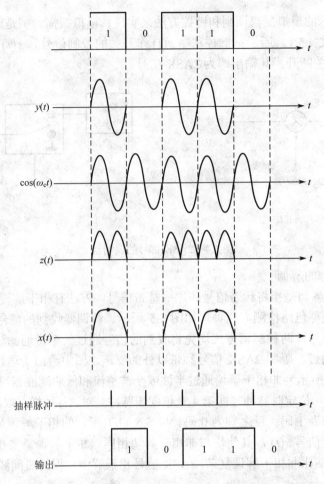

图 5.6　2ASK 信号相干解调过程的时间波形

应该指出，2ASK 信号可以以单边带调制（SSB）和残留边带调制（vestigal sideband，VSB）等形式传输。2ASK 方式是数字调制中出现最早、最简单的调制，由于其抗噪声能力差，故在数字通信系统中很少使用。

5.2.2　二进制频移键控

1. 2FSK 信号的表示

用二进制数字基带信号控制正弦形载波的频率，使之随数字基带信号变化而变化，实现频谱变换的过程，简记为 2FSK。根据此定义，2FSK 信号载波频率随着二进制基带信号 1 或 0 而变。例如，1 码对应于载波频率 f_1，0 码对应于载波频率 f_2。2FSK 信号的时域表示为

$$e_{2FSK}(t) = s(t)\cos(\omega_1 t) + \overline{s(t)}\cos(\omega_2 t) \tag{5.11}$$

式中，根据式（5.2）中 $s(t)$ 的表示式，$\overline{s(t)}$ 可表示为

$$\overline{s(t)} = \sum_n \overline{a}_n g(t - nT_s) \tag{5.12}$$

式中，$\bar{a}_n$ 为 a_n 的反码，它服从下述关系，即

$$\bar{a}_n = \begin{cases} 0, & \text{概率为}1-P \\ 1, & \text{概率为}P \end{cases}$$

式（5.12）中最简单、最常用的 $g(t)$ 是振幅为 1、宽度为 T_s 的门函数。图 5.7 是给出 $s(t)$ 为某一样本时 2FSK 信号的波形。从图中可以看出，2FSK 信号在 $s(t)$ 处于 0、1 交替变化时可能相位连续（如 2FSK$_1$ 波形），也可能相位不连续（如 2FSK$_2$ 波形）。人们把 0、1 交替变化时相位连续的 2FSK 信号记为 CP2FSK，采用模拟调频方法可以产生这种信号；把相位不连续的 2FSK 信号记为 DP2FSK，采用键控法可以产生这种信号。

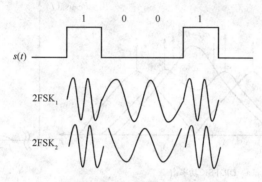

图 5.7　2FSK 信号波形

2FSK 信号功率谱的推导较复杂，这里根据 DP2FSK 信号功率谱分析常用方法得到 DP2FSK 信号功率谱，并直接画出 $|f_1-f_2|$ 为 $0.5f_s$ 和 $0.715f_s$ 的 CP2FSK 信号功率谱，作为比较。

从式（5.11）可以看出，DP2FSK 可看成两个 2ASK 信号的叠加，设 $s_1(t) = \sum_n a_n g(t-nT_s)$，$s_2(t) = \sum_n \bar{a}_n g(t-nT_s)$，参照 2ASK 信号功率谱分析方法，可得到 DP2FSK 信号功率谱为

$$P_{\text{DP2FSK}}(f) = \frac{1}{4}\left[P_{s_1}(f-f_1) + P_{s_1}(f+f_1)\right] + \frac{1}{4}\left[P_{s_2}(f-f_2) + P_{s_2}(f+f_2)\right] \quad (5.13)$$

式中，$P_{s_1}(f)$ 和 $P_{s_2}(f)$ 分别为 $s_1(t)$ 和 $s_2(t)$ 的功率谱密度。用 f_1 与 f_2 代替式（5.7）中的 f_c，并考虑 $s_2(t)$ 中 $\bar{a}_n$ 出现的概率，即得到 $P_{s_1}(f)$ 和 $P_{s_2}(f)$。再将此 $P_{s_1}(f)$ 和 $P_{s_2}(f)$ 代入式（5.13）可得

$$\begin{aligned} P_{\text{DP2FSK}}(f) = &\frac{1}{4}f_s P(1-P)\left[\left|G(f+f_1)\right|^2 + \left|G(f-f_1)\right|^2\right] \\ &+ \frac{1}{4}f_s P(1-P)\left[\left|G(f+f_2)\right|^2 + \left|G(f-f_2)\right|^2\right] \\ &+ \frac{1}{4}f_s^2(1-P)^2 |G(0)|^2 \left[\delta(f+f_1) + \delta(f-f_1)\right] \\ &+ \frac{1}{4}f_s^2 P^2 |G(0)|^2 \left[\delta(f+f_2) + \delta(f-f_2)\right] \end{aligned} \quad (5.14)$$

取概率 $P = \dfrac{1}{2}$，将式（5.5）代入式（5.14），得

$$P_{\text{DP2FSK}}(f) = \frac{T_s}{16}\left\{\text{Sa}^2\left[\pi(f+f_1)T_s\right] + \text{Sa}^2\left[\pi(f-f_1)T_s\right] + \text{Sa}^2\left[\pi(f+f_2)T_s\right]\right.$$

$$\left. + \text{Sa}^2\left[\pi(f-f_2)T_s\right]\right\} + \frac{1}{16}\left[\delta(f+f_1)\right.$$

$$\left. + \delta(f-f_1) + \delta(f+f_2) + \delta(f-f_2)\right] \tag{5.15}$$

图 5.8（a）是式（5.15）的示意。由式（5.15）和图 5.8（a）可总结出以下几点。

（1）DP2FSK 信号的功率谱由连续谱和离散谱组成，连续谱是由载频 f_1 和 f_2 的上、下边带叠加而成，离散谱出现在 f_1 和 f_2 位置上。

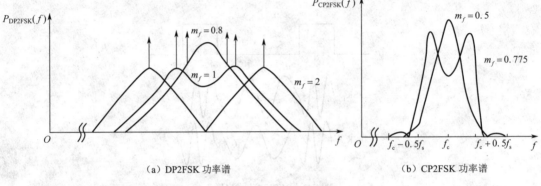

（a）DP2FSK 功率谱   （b）CP2FSK 功率谱

图 5.8   2FSK 信号功率谱

（2）连续谱的形状随 $|f_1-f_2|$ 大小而异，$|f_1-f_2| > 0.9f_s$，出现双峰；$|f_1-f_2| < 0.9f_s$，出现单峰。

（3）在只考虑频谱的主瓣作为 DP2FSK 信号频带宽度，则 DP2FSK 信号的带宽为

$$B_{\text{DP2FSK}} = |f_1-f_2| + 2f_s \tag{5.16}$$

一般取 $|f_1-f_2| = (3\sim5)f_s$，因此有

$$B_{\text{DP2FSK}} = (5\sim7)f_s \tag{5.17}$$

设 $m_f = \dfrac{|f_1-f_2|}{f_s}$（$m_f$ 为频偏率或调频指数），则式（5.16）可改写为

$$B_{\text{DP2FSK}} = f_s(m_f+2) \tag{5.18}$$

显然，DP2FSK 信号带宽比 2ASK 信号带宽要宽，但这并不能说明 2FSK 信号带宽一定比 2ASK 信号带宽更宽，因为 CP2FSK 信号在调频指数 $m_f < 0.7$ 时，带宽比 2ASK 信号带宽窄，如图 5.8（b）所示。这特别适用于窄带传输系统。

为了便于比较，表 5.1 列出了 DP2FSK、CP2FSK 的近似带宽。从表中可以看出，当 $m_f < 1.5$ 时，CP2FSK 信号的带宽小于 DP2FSK 信号的带宽，$m_f > 2$ 以后，可认为两者近似相等。

表 5.1   2FSK 信号带宽

$m_f = \dfrac{|f_1-f_2|}{f_s}$	0.5	0.6~0.7	0.8~1.0	1.5	>2
B_{CP2FSK}	f_s	$1.5f_s$	$2.5f_s$	$3.0f_s$	$(2+m_f)f_s$
B_{DP2FSK}	$2.5f_s$	$(2.6\sim2.7)f_s$	$(2.8\sim3.0)f_s$	$3.5f_s$	$(2+m_f)f_s$

2. 2FSK 系统

1）2FSK 信号的产生

产生 2FSK 信号的方法有模拟调频法和键控法，如图 5.9 所示。模拟调频法是早期产生 2FSK 信号采用的方法，它用数字基带矩形脉冲控制一个振荡器的某些参数，直接改变振荡频率，输出不同的频率信号。这种方法容易实现，但频率稳定度较差（一般只能达到10^{-3}）。键控法又称为频率转换法，是用数字矩形脉冲控制电子开关在两个振荡器之间进行转换，从而输出不同频率的信号。在图 5.9（b）中，数字信号为 1 时，正脉冲使门 1 接通，门 2 断开，输出频率为 ω_1 的载波 $\cos(\omega_1 t)$；数字信号为 0 时，门 1 断开，门 2 接通，输出频率为 ω_2 的载波 $\cos(\omega_2 t)$。如果两个振荡器是相互独立的，则输出 2FSK 信号是相位不连续的信号，即 DP2FSK 信号。实际使用时可以由频率合成器提供振荡器频率 ω_1 和 ω_2。键控法的特点是转换速度快、波形好、频率稳定度高（如可达到10^{-8}），但设备较复杂。

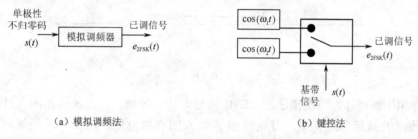

（a）模拟调频法　　　　　　　　　（b）键控法

图 5.9　2FSK 信号的调制器

2）2FSK 信号的解调

FSK 信号的解调方法有鉴频法、过零点检测法、非相干解调和相干解调等。鉴频法的原理与模拟调频信号解调一样，先用微分器将调频波变为调幅调频波，再通过包络检波器提取频率变化的信息，还原出原始的数字基带信号。这里主要介绍其他几种解调方法。

（1）过零点检测法。过零点检测法的原理框图及各点波形如图 5.10 所示。这种方法的思路是根据频率不同，单位时间内信号经过零点的次数不同来解调 2FSK 信号。图中给出一个相位连续的 2FSK 信号[图 5.10（a）]，经限幅得一矩形方波[图 5.10（b）]，再经微分和全波整流得到一串疏密不同的尖脉冲[图 5.10（d）]，密集处表示[图 5.10（a）]波形频率高，反之则频率低，尖脉冲的数目即过零点的数目。尖脉冲触发一脉冲发生器，产生一串振幅为 E、宽度为 τ 的矩形归零脉冲[图 5.10（e）]。脉冲[图 5.10（e）]的直流分量通过低通滤波器提取，脉冲越密，直流分量越大，反映输出信号的频率越高，由此就可区别还原出数字信号 1 或 0。

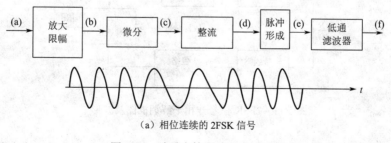

（a）相位连续的 2FSK 信号

图 5.10　过零点检测法及各点波形

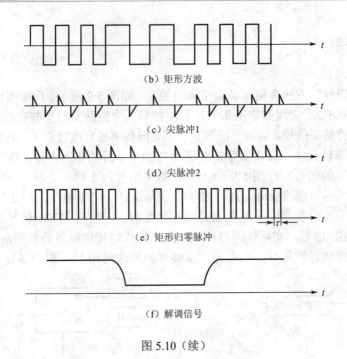

（b）矩形方波

（c）尖脉冲1

（d）尖脉冲2

（e）矩形归零脉冲

（f）解调信号

图 5.10（续）

（2）非相干解调（包络检测法）。2FSK 信号非相干解调框图及波形如图 5.11 所示。图中两个带通滤波器起分路作用，分别滤出 f_1 和 f_2 的高频分量。理想的带通滤波器带宽为 $2f_s$。带通输出信号再经包络检测后得到它们的包络 $v_1(t)$ 和 $v_2(t)$，抽样判决器对 $v_1(t)$ 和 $v_2(t)$ 抽样得 V_1 和 V_2，根据判决准则进行判决输出数字基带信号。

若发送端采用图 5.7 所示的 2FSK 波形，即频率 f_1 代表码元 1、f_2 代表码元 0，则抽样判决器的判决准则为

$$\begin{cases} V_1 > V_2, & \text{判为 "1" 码} \\ V_1 < V_2, & \text{判为 "0" 码} \end{cases} \tag{5.19}$$

式（5.19）也可以写成

$$\begin{cases} V_1 - V_2 > 0, & \text{判为 "1" 码} \\ V_1 - V_2 < 0, & \text{判为 "0" 码} \end{cases} \tag{5.20}$$

式（5.20）说明，可认为包络检波器的判决阈值为零。

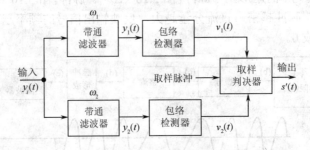

图 5.11　2FSK 信号非相干解调框图及波形

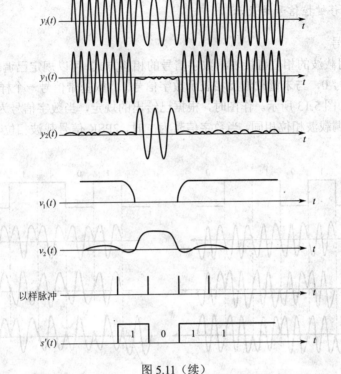

图 5.11（续）

（3）相干解调（同步检测）法。2FSK 信号相干解调框图如图 5.12 所示。图中带通滤波器的作用与非相干解调时相同，上、下两支路的基带信号 $x_1(t)$ 与 $x_2(t)$ 通过相干解调得到，抽样判决器的作用也与非相干解调相同，判决准则也类似，其各点波形也可依图 5.12 给出。

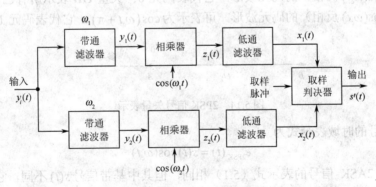

图 5.12　2FSK 信号相干解调框图

5.2.3　二进制相移键控

二进制相移键控是指利用二进制数字基带信号控制连续载波的相位进行频谱变换的过程。发送端发出的二进制相移键控信号是相位随数字基带信号变化的振荡信号，这种信号又可分为二进制绝对相移键控（2PSK）和二进制相对相移键控（2DPSK）。

1. 二进制相移键控信号的表示

1）2PSK 信号

2PSK 是利用载波的相位直接表示数字信号的相移方式。可以规定已调载波与未调载波同相表示数字信号 0，与未调载波反相表示数字信号 1。取基带信号一个样本为 10110，则 2PSK 信号波形如图 5.13 所示。作图时，根据已给出的规定，当数字信号为 0 时，2PSK 信号载波相位与未调载波相位相同，当数字信号为 1 时，2PSK 信号载波相位与未调载波相位相反。

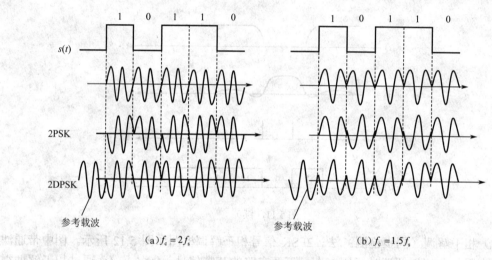

图 5.13   2PSK 信号波形

2PSK 信号也可以用矢量表示，如图 5.14 所示。矢量 **OA** 表示所有已调波信号中具有 0 相（与载波 $\cos(\omega_c t)$ 同相）的码元波形，它代表码元 0；矢量 **OB** 表示所有已调信号具有 π 相（与载波 $\cos(\omega_c t)$ 反相）的码元波形，可表示为 $\cos(\omega_c t + \pi)$，它代表码元 1。

图 5.14   2PSK 信号矢量表示

2PSK 信号的时域表示式为

$$e_{2PSK}(t) = s(t)\cos(\omega_c t) \tag{5.21}$$

式（5.21）与 2ASK 信号的表示式（5.1）相同，但其中基带信号 $s(t)$ 不同，它是双极性信号，可表示为

$$s(t) = \sum_n a_n g(t - nT_s)$$

$$a_n = \begin{cases} +1, & 概率为 P 时发送 0 \\ -1, & 概率为 1-P 时发送 1 \end{cases}$$

在某个码元持续时间 T_s 内观察 $e_0(t)$，可得到

$$e_{2DPSK}(t) = \begin{cases} \cos(\omega_c t), & \text{概率为} P \text{时发送} 0 \\ -\cos(\omega_c t), & \text{概率为} 1-P \text{时发送} 1 \end{cases}$$

2）2DPSK 信号

2DPSK 是利用载波的相对相位表示二进制数字信号的相移方式。若用 $\Delta\varphi$ 表示相对相位，则 $\Delta\varphi$ 定义为本码元初相 $\varphi_{本初}$ 与前一码元终相 $\varphi_{前终}$ 的相位差，即

$$\Delta\varphi = \varphi_{本初} - \varphi_{前终} \tag{5.22}$$

用 $\Delta\varphi$ 表示二进制数字基带信号可以规定：$\Delta\varphi = 0$ 表示数字信号"0"；$\Delta\varphi = \pi$ 表示数字信号"1"。即

$$\begin{cases} \Delta\varphi = 0, & \text{数字信号"0"} \\ \Delta\varphi = \pi, & \text{数字信号"1"} \end{cases} \tag{5.23}$$

按以上规定画出的基带信号为 10110 的 2DPSK 信号（图 5.13）。作图时，应先给出参考相位，参考相位不同，2DPSK 信号波形就不同。

图 5.13 中给出了 $f_c = 2f_s$ 及 $f_c = 1.5f_s$ 两个 2DPSK 信号波形，当载波频率是码元速率的整数倍时，码元的初相等于终相。因此，$\Delta\varphi$ 也是本码元初相与前一码元初相的相位差。从图 5.13 还可以看出，若对基带信号按"1"变"0"不变规则进行差分编码，再按图 5.14 所示的矢量图进行 2PSK 调制，就能得到图 5.13 所示的 2DPSK 信号，这实际就是产生 2DPSK 信号的方法。

2DPSK 信号也可以用矢量图表示。图 5.15 给出了 CCITT 建议的矢量图。图中参考相位不是初相为 0 的固定载波，而是前一个已调载波码元的终相。图 5.15（a）所示矢量图称为 A 方式，在这种方式下，每个码元的载波相位相对于参考相位可取 0 或 π。因此，若后一码元相位相对于参考相位为 0，则前后两码元载波的相位就连续；否则载波相位会突跳。图 5.15（b）所示矢量图称为 B 方式，在这种方式下，每个码元的载波相对于参考相位可取 $+\dfrac{\pi}{2}$ 或 $-\dfrac{\pi}{2}$，因此，相邻码元之间必然发生载波相位突跳，这种相位的突跳可以提取用于"抽样判决"的位定时信息。

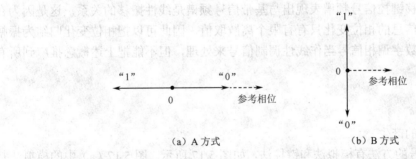

（a）A 方式　　　　　　　（b）B 方式

图 5.15　2DPSK 信号矢量表示

3）二进制相移键控信号的频谱

从图 5.13 可以看出，无论是 2PSK 还是 2DPSK 信号，就波形本身来说，它们都可以等效为双极性基带信号作用下的调幅信号，为此 2DPSK 信号也可用式（5.21）表示。仿照 2ASK 信号谱密度的分析方法，式（5.21）的功率谱密度 $P_{2PSK}(f)$ 可表示为式（5.3）形式，即为

$$P_{2PSK}(f) = \frac{1}{4}[P_s(f+f_c) + P_s(f-f_c)] \tag{5.24}$$

式中，$P_s(f)$ 为全占空双极性矩形随机脉冲序列功率谱密度，按 4.2 节的方法可求得

$$P_s(f) = 4f_s P(1-P)|G(f)|^2 + f_s^2(2P-1)^2|G(0)|^2 \delta(f) \tag{5.25}$$

将式（5.25）代入式（5.24），得

$$P_{2PSK}(f) = f_s P(1-P)\left[|G(f+f_c)|^2 + |G(f-f_c)|^2\right]$$

$$+ \frac{1}{4}f_s^2(2P-1)^2|G(0)|^2\left[\delta(f+f_c) + \delta(f-f_c)\right] \tag{5.26}$$

若 $P=0.5$，考虑到 $G(0)=T_s$、$G(f)=T_s \mathrm{Sa}(\pi f T_s)$，式（5.26）可变为

$$P_{2PSK}(f) = \frac{T_s}{4}\left\{\mathrm{Sa}^2\left[\pi(f+f_c)T_s\right] + \mathrm{Sa}^2\left[\pi(f-f_c)T_s\right]\right\} \tag{5.27}$$

式（5.27）用图形表示如图 5.16 所示。由式（5.27）和图 5.16 可总结出以下几点。

（1）二进制相移键控信号的频谱成分与 2ASK 信号相同，当基带脉冲振幅相同时，其连续谱的振幅是 2ASK 连续谱振幅的 4 倍。

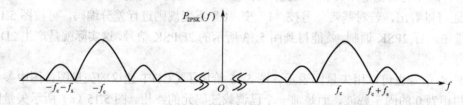

图 5.16   2PSK（或 2DPSK）信号功率谱密度

（2）当先验等概率时，无离散谱分量，此时二进制相移相键控信号实际上相当于抑制载波的双边带信号。

（3）二进制相移键控信号的带宽与 2ASK 相同，信号带宽为

$$B_{2PSK/2DPSK} = 2f_s \tag{5.28}$$

式（5.28）表明，二进制相移键控信号是数字基带信号带宽的 2 倍。

（4）二进制相移键控信号频谱表现出与基带信号频谱是线性搬移的关系，这是因为在数字调相中，表征信息的相位变化只有有限个离散取值，因此可以把相位变化归结为振幅变化。为此可以把数字调相信号当作线性调制信号来处理，但不能把上述概念推广到所有的调相信号中去。

2. 2PSK 系统

1）2PSK 信号的产生

产生 2PSK 信号的方法有模拟法和键控法，如图 5.17 所示。图 5.17（a）中的模拟法是用双极性不归零码的数字基带信号与载波相乘得到 2PSK 信号的，根据图 5.14 给出的 2PSK 矢量图，这里的数字基带信号正电平代表 0，负电平代表 1。如果数字基带信号 $s(t)$ 是单极性码，要先对 $s(t)$ 进行单/双相性变换，再与载波相乘。这种方法与产生 2ASK 信号的方法比较，只是对 $s(t)$ 要求不同，因此 2PSK 信号可以看作双极性基带信号作用下的调幅信号。图 5.17（b）又称为相位选择法，它是用数字基带信号 $s(t)$ 控制开关电路，选择不同相位的

载波输出产生 2PSK 信号的。图中 $s(t)$ 通常是单极性的，$s(t)=0$ 时开关打向上，输出 $e_{2PSK}(t)=\cos(\omega_c t)$；$s(t)=1$ 时开关打向下，输出 $e_{2PSK}(t)=-\cos(\omega_c t)$。

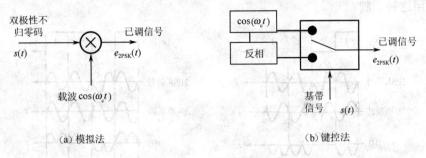

（a）模拟法　　　　　　　　　　　　　　　（b）键控法

图 5.17　2PSK 信号的调制器图

2）2PSK 信号的解调

2PSK 信号的解调只能采用相干解调的方法，如图 5.18 所示。带通滤波器允许 PSK 信号通过且限制带宽外的噪声，本地载波提取电路产生相干解调所需的同频同相本地载波 $\cos(\omega_c t)$，低通滤波器取出乘法器的输出，经抽样判决器判决得到数字基带信号。在不考虑噪声的条件下，设带通滤波器输出 2PSK 信号为 $y(t)=\cos(\omega_c t+\varphi_n)$（$\varphi_n$ 是载波初相位），图 5.18 推导过程为

$$z(t)=y(t)\cos(\omega_c t)=\cos(\omega_c t+\varphi_n)\cos(\omega_c t)$$
$$=\frac{1}{2}\cos\varphi_n+\frac{1}{2}\cos(2\omega_c t+\varphi_n)$$

$$\xrightarrow{y_i(t)}_{\text{输入}}\boxed{\begin{array}{c}\text{带通}\\\text{滤波器}\end{array}}\xrightarrow{y(t)}\otimes\xrightarrow{z(t)}\boxed{\begin{array}{c}\text{低通}\\\text{滤波器}\end{array}}\xrightarrow{x(t)}\boxed{\begin{array}{c}\text{抽样}\\\text{判决器}\end{array}}\xrightarrow{\text{输出}}$$

本地载波 $\cos(\omega_c t)$　　　　　抽样脉冲

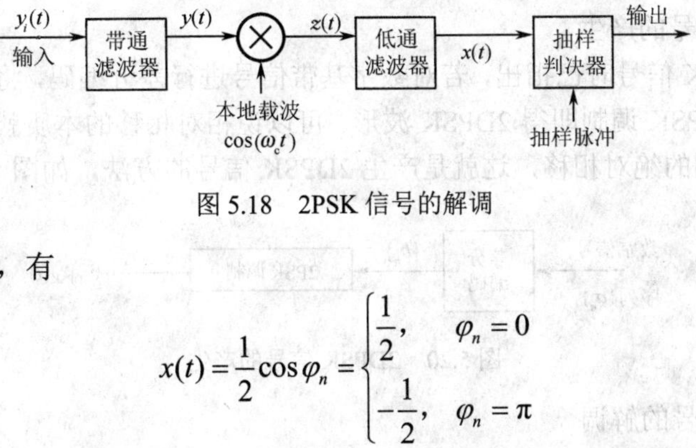

图 5.18　2PSK 信号的解调

通过低通滤波器后，有

$$x(t)=\frac{1}{2}\cos\varphi_n=\begin{cases}\dfrac{1}{2}, & \varphi_n=0 \\[2mm] -\dfrac{1}{2}, & \varphi_n=\pi\end{cases}$$

根据发送端发送 2PSK 信号时对 φ_n 的规定（图 5.14），以及接收端 $x(t)$ 与 φ_n 的关系特性，抽样判决器对抽样值 x 的判决准则必须为

$$\begin{cases}x>0, & \text{判为 "0" 码} \\ x<0, & \text{判为 "1" 码}\end{cases}\tag{5.29}$$

以上对 2PSK 信号按图 5.18 所示解调的推导过程也可用图 5.19（a）来表示，在无噪声和无码间串扰的条件下，可无失真地得到原数字基带信号。但是载波同步如果不完善，存在相位偏差（在 5.6 节讲解），就容易造成错误判决，称为相位模糊。如果载波同步恢复出的载波倒相，即为 $\cos(\omega_c t+\pi)$，则低通滤波器输出为 $x(t)=-\dfrac{1}{2}\cos\varphi_n$，判决器输出的数字

信号 1 将判为 0，而 0 会判为 1，这种情况称为反向工作，也称为"倒 π"现象。反向工作时波形如图 5.19（b）所示。2PSK 信号相干解调会出现反向工作的缺点，因此实际工程应用较少使用这种调制。

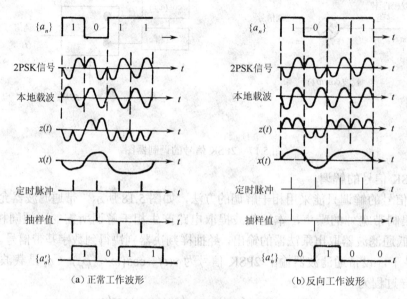

（a）正常工作波形　　　　　　　　　（b）反向工作波形

图 5.19　2PSK 信号解调波形

3. 2DPSK 系统

1）2DPSK 信号的产生

在讲到 2DPSK 信号时已指出，若对数字基带信号进行差分编码，将数字信息序列变为相对码，再进行 2PSK 调制即得 2DPSK 波形。可以说相对相移的本质就是经过相对码变换后的数字信号序列的绝对相移，这就是产生 2DPSK 信号的方法，如图 5.20 所示。

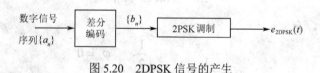

图 5.20　2DPSK 信号的产生

2）2DPSK 信号的解调

DPSK 的解调方法有极性比较-码变换法和相位比较法-差分检测法，原理如图 5.21 所示。

（1）极性比较-码变换法。此法是根据 2DPSK 解调是 2DPSK 调制逆过程得到的。2DPSK 调制是对数字序列先进行差分编码再进行 2PSK 调制，因此，作为逆过程，2DPSK 解调可先对收到的 2DPSK 信号进行 2PSK 解调，再进行差分译码，如图 5.21（a）所示。这种 2DPSK 解调器不会出现"反向工作"的问题，这是由于当 2PSK 解调器的相干载波倒相时，使输出的 b_n 变为 $\overline{b_n}$（b_n 的反码）。然而差分译码器的功能是按照 b_n 码相邻码元变化与否得到 a_n，b_n 反向后，相邻码元变化并无改变。因此，即使相干载波倒相，2DPSK 解调器仍然是正常工作的。

（2）相位比较法-差分检测法。此法是根据相对相移定义得到的解调方案。前文已说明了相对相移是利用载波的相对相位表示数字信号的相移方式，相对相移即相邻码元的相位差。因此，解调只需找到相对相移，再根据发送端矢量图做出原数字信号序列的判断。相位比较法原理如图 5.21（b）所示，图中 1bit 延时电路的输出起着参考载波的作用，乘法器和低通滤波器起鉴相作用。这种方法不需要码变换器，也不需要专门的载波产生部分，因此设备比较简单、实用。

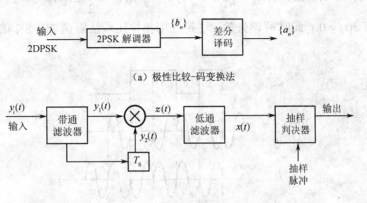

（a）极性比较-码变换法

（b）相位比较法-差分检测法

图 5.21　2DPSK 信号的解调

在图 5.21（b）中，若不考虑噪声，则带通滤波器及延时器输出分别为

$$y_1(t) = \cos(\omega_c t + \varphi_n)$$

$$y_2(t) = \cos[\omega_c(t - T_s) + \varphi_{n-1}]$$

式中，φ_n 为本码元载波的初相；φ_{n-1} 为前一码元载波的初相，可令 $\Delta\varphi_n = \varphi_n - \varphi_{n-1}$。相乘器输出为

$$z(t) = \cos(\omega_c t + \varphi_n)\cos(\omega_c t - \omega_c T_s + \varphi_{n-1})$$

$$= \frac{1}{2}\cos(\Delta\varphi_n + \omega_c T_s) + \frac{1}{2}\cos(2\omega_c t - \omega_c T_s + \varphi_n + \varphi_{n-1})$$

低通滤波器输出为

$$x(t) = \frac{1}{2}\cos(\Delta\varphi_n + \omega T_s)$$

$$= \frac{1}{2}\cos\Delta\varphi_n\cos(\omega_c T_s) - \frac{1}{2}\sin\Delta\varphi_n\sin(\omega_c T_s) \tag{5.30}$$

通常取 $f_c = kf_s\left(k\text{为正整数}, f_s = \dfrac{1}{T_s}\right)$，此时码元载波的初相等于终相，故 $\Delta\varphi_n$ 即是本码元载波初相与前一码元载波终相的相位差。把 $f_c = kf_s$ 代入式（5.30），$x(t)$ 的表示式为

$$x(t) = \frac{1}{2}\cos\Delta\varphi_n = \begin{cases} \dfrac{1}{2}, & \Delta\varphi_n = 0 \\[2mm] -\dfrac{1}{2}, & \Delta\varphi_n = \pi \end{cases} \tag{5.31}$$

设抽样判决器的抽样值为 x，则与发送端产生 2DPSK 信号的矢量表示［图 5.14（a）］一致的接收端抽样判决准则应该为

$$\begin{cases} x > 0，\text{判为 "0" 码} \\ x < 0，\text{判为 "1" 码} \end{cases} \tag{5.32}$$

设解调器输入的 2DPSK 信号代表数字序列 $\{a_n\} = [1\ \ 0\ \ 1\ \ 1\ \ 0]$，各处波形如图 5.22 所示。不考虑加性噪声和码间串扰时，恢复出的 $\{a_n'\} = \{a_n\}$。

由式（5.30）可以看出，若 $f_c = \dfrac{1}{2}\left(k + \dfrac{1}{2}\right)f_s$，则 $x(t) = \pm\dfrac{1}{2}\sin(\Delta\varphi_n)$，无论 $\Delta\varphi_n = 0$ 还是 $\Delta\varphi_n = \pi$，均有 $x(t) = 0$，此时解调失效，这是应用相位比较法解调 2DPSK 信号应该注意的一点。

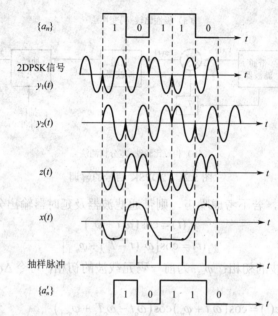

图 5.22　2DPSK 信号相位比较法各点波形

5.2.4　二进制数字调制系统的性能比较

二进制数字调制系统的噪声主要是从信道进入的，因此，到达接收机的信号应该是二进制数字调制信号与噪声的混合信号。二进制数字调制系统的抗噪性能主要取决于接收机，而描述系统抗噪性能的主要指标就是误码率。

1. 二进制数字调制系统的误码率

分析二进制数字调制系统误码率的思路是根据接收框图、信道噪声及接收到的调制信号，研究在抽样判决器处抽样值的概率密度分布函数，再根据判决规则求出发 "1" 判 "0" 的概率 $P(0/1)$ 和发 "0" 判 "1" 的概率 $P(1/0)$，最后求出系统误码率。这里，以 2ASK 调制系统为例，给出 2ASK 调制系统的误码率推导。

2ASK 接收系统的两种方式是相干解调和非相干解调，如图 5.5 所示。设发射机发送 2ASK 信号，有射频脉冲代表数字信号 "1"，无射频脉冲代表数字信号 "0"，并且经过信道传输后有衰减无失真，即不考虑码间串扰的影响，同时加入加性高斯白噪声。此时图 5.5 所示的带通滤波器的输入端波形可表示为

$$y_i(t) = \begin{cases} u_i(t) + n_i(t), & \text{发 "1" 时} \\ n_i(t), & \text{发 "0" 时} \end{cases}$$

式中，$u_i(t) = a\cos(\omega_c t)$，$a$ 为 2ASK 信号有射频时的振幅；$n_i(t)$ 为加性高斯白噪声。带通滤波器的输出波形可表示为

$$y(t) = \begin{cases} u_i(t) + n(t), & \text{发 "1" 时} \\ n(t), & \text{发 "0" 时} \end{cases} \tag{5.33}$$

由随机过程的知识可知，$n(t)$ 是一个窄带高斯过程，即 $n(t) = n_c(t)\cos(\omega_c t) - n_s(t)\sin(\omega_c t)$，代入式（5.33）可得

$$y(t) = \begin{cases} [a + n_c(t)]\cos(\omega_c t) - n_s(t)\sin(\omega_c t), & \text{发 "1" 时} \\ n_c(t)\cos(\omega_c t) - n_s(t)\sin(\omega_c t), & \text{发 "0" 时} \end{cases} \tag{5.34}$$

又设加性高斯白噪声 $n_i(t)$ 的均值为 0，方差为 σ_n^2，双边功率谱密度为 $\dfrac{n_0}{2}$，则可根据图 5.5 中相干解调方式和非相干解调方式分别求出误码率的公式。

1）非相干解调时 2ASK 系统的误码率

在图 5.5（a）中，$y(t)$ 的包络 $v(t)$ 为

$$v(t) = \begin{cases} \sqrt{[a + n_c(t)]^2 + n_s^2(t)}, & \text{发 "1" 时} \\ \sqrt{n_c^2(t) + n_s^2(t)}, & \text{发 "0" 时} \end{cases} \tag{5.35}$$

显然，发 "1" 时带通滤波器输出包络是正弦波加窄带高斯噪声的包络，它服从莱斯分布，其抽样值 V 的一维概率密度函数为

$$f_1(V) = \frac{V}{\sigma_n^2} I_0\left(\frac{aV}{\sigma_n^2}\right) e^{-\frac{V^2 + a^2}{2\sigma_n^2}} \tag{5.36}$$

发 "0" 时带通滤波器输出信号包络是窄带高斯噪声的包络，它服从瑞利分布，其抽样值 V 的一维概率密度函数为

$$f_0(V) = \frac{V}{\sigma_n^2} e^{-\frac{V^2}{2\sigma_n^2}} \tag{5.37}$$

在式（5.36）和式（5.37）中，σ_n^2 也是带通滤波器输出端的噪声功率 N，若带通滤波器的带宽为 B，则有 $N = n_0 B$，$I_0(\cdot)$ 为零阶修正贝塞尔函数。$f_1(V)$ 和 $f_0(V)$ 曲线如图 5.23 所示。

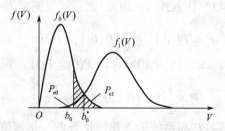

图 5.23　包络检波时误码率的几何表示

规定抽样判决器的判决准则为

$$\begin{cases} V > b, & \text{判为 "1" 码} \\ V \leqslant b, & \text{判为 "0" 码} \end{cases} \tag{5.38}$$

式中，b 为判决阈值电平，$0 < b < a$。误码的可能有两种，一种是发 "0" 码而接收端判为 "1" 码，此时误码率用 $P_{e0} = P(0/1)$ 表示，也称为虚报概率；另一种是发 "1" 码而接收端判为 "0" 码，此时误码率用 $P_{e1} = P(0/1)$ 表示，也称为漏报概率。系统总的误码率 P_e 可表示为

$$P_e = P(1)P_{e1} + P(0)P_{e0} \tag{5.39}$$

式中，$P(1)$、$P(0)$ 分别为发送 "1" 码和发送 "0" 码的概率。下面分别求出 P_{e1} 和 P_{e0}。

漏报概率 P_{e1} 就是发 "1" 码时，包络 V 不大于判决阈值 b 的概率，即

$$\begin{aligned} P_{e1} &= P_1(V \leqslant b) \\ &= \int_0^b f_1(V)\mathrm{d}V \\ &= 1 - \int_b^\infty f_1(V)\mathrm{d}V \\ &= 1 - \int_b^\infty \frac{V}{\sigma_n^2} \mathrm{I}_0\left(\frac{aV}{\sigma_n^2}\right) \mathrm{e}^{\frac{V^2 + a^2}{2\sigma_n^2}} \mathrm{d}V \end{aligned} \tag{5.40}$$

对式（5.40）的积分项引入 Q 函数（Marcum Q 函数）计算，Q 函数定义为

$$Q(\alpha, \beta) = \int_\beta^\infty t \mathrm{I}_0(\alpha t) \mathrm{e}^{\frac{t^2 + \alpha^2}{2}} \mathrm{d}t$$

令 Q 函数中，$\alpha = \dfrac{a}{\sigma_n}$，$\beta = \dfrac{b}{\sigma_n}$，$t = \dfrac{V}{\sigma_n}$，则式（5.40）可改写为

$$P_{e1} = 1 - Q\left(\frac{a}{\sigma_n}, \frac{b}{\sigma_n}\right) \tag{5.41}$$

将带通滤波器的输出信噪比 $r = \dfrac{a^2}{2\sigma_n^2}$ 代入式（5.41），并称 $\dfrac{b}{\sigma_n} = b_0$ 为归一化阈值，则式（5.41）又可表示为

$$P_{e1} = 1 - Q\left(\sqrt{2r}, b_0\right) \tag{5.42}$$

同理，虚报概率 P_{e0} 是发送 "0" 码时，包络 V 大于判决阈值 b 的概率，即

$$P_{e0} = P_0(V > b) = \int_b^\infty f_0(V)\mathrm{d}V = \int_b^\infty \frac{V}{\sigma_n^2} \mathrm{e}^{\frac{V^2}{2\sigma_n^2}} \mathrm{d}V = \mathrm{e}^{\frac{b^2}{2\sigma_n^2}} = \mathrm{e}^{-\frac{b_0^2}{2}} \tag{5.43}$$

将式（5.42）和式（5.43）代入式（5.39），则系统误码率为

$$P_e = P(1)\left[1 - Q\left(\sqrt{2r}, b_0\right)\right] + P(0)\mathrm{e}^{-\frac{b_0^2}{2}} \tag{5.44}$$

假如发 "0" 码和发 "1" 码的概率相同，即 $P(0) = P(1)$，则有

$$P_e = \frac{1}{2}\left[1 - Q\left(\sqrt{2r}, b_0\right)\right] + \frac{1}{2}\mathrm{e}^{-\frac{b_0^2}{2}} \tag{5.45}$$

显然，此时系统的误码率 P_e 与系统输入信噪比及归一化阈值有关。能使系统误码率 P_e 最小的判决阈值 b^* 称为最佳判决阈值，最佳归一化判决阈值可用 b_0^* 表示。b_0^* 可通过对式（5.44）求导得到，即由 $\dfrac{\partial P_e}{\partial b} = 0$ 求得 b_0^*。当 $P(0) = P(1)$ 时，对式（5.45）求导，得到

$$f_1\left(b_0^*\right) = f_0\left(b_0^*\right) \tag{5.46}$$

由图 5.23 也可得到式（5.46）的结果。设归一化判决阈值为 b_0 时，则对 $f_1(V)$、$f_0(V)$ 积分的面积 P_{e1} 和 P_{e0} 分别为漏报概率和虚报概率。当 $P(0) = P(1)$ 时，图 5.23 中 P_{e1} 与 P_{e0} 之和的一半即是系统误码率 P_e，显然 $b_0 = b_0^*$ 时，面积之和最小，从而 P_e 最小。

对式（5.46）计算得

$$\frac{a^2}{2\sigma_n^2} = \ln I_0\left(\frac{ab^*}{\sigma_n^2}\right) \tag{5.47}$$

在 $r \gg 1$ 的大信噪比条件下，式（5.47）变为

$$\frac{a^2}{2\sigma_n^2} = \frac{ab^*}{\sigma_n^2}$$

从而可得最佳判决阈值 b^* 为

$$b^* = \frac{a}{2} \tag{5.48}$$

或有最佳归一化判决阈值为

$$b_0^* = \frac{b^*}{\sigma_n} = \sqrt{\frac{r}{2}} \tag{5.49}$$

在 $r \ll 1$ 的小信噪比条件下，式（5.47）变为

$$\frac{a}{2\sigma_n^2} = \frac{1}{4}\left(\frac{ab}{\sigma_n^2}\right)^2$$

从而得到

$$b^* = \sqrt{2\sigma_n^2} \quad 或 \quad b_0^* = \sqrt{2}$$

实际上，采用包络检波法的接收系统通常工作在大信噪比的情况下，因此可将式（5.48）代入式（5.45），得到 $P(0) = P(1)$ 条件下系统的误码率 P_e。对于大信噪比和最佳判决阈值，有 $\alpha \gg 1$、$\beta \gg 1$，故

$$Q(\alpha, \beta) = 1 - \frac{1}{2}\mathrm{erfc}\left(\frac{\alpha - \beta}{\sqrt{2}}\right) = \frac{1}{2}\mathrm{erfc}\left(\frac{\beta - \alpha}{\sqrt{2}}\right)$$

式中，$\mathrm{erfc}(\cdot)$ 为互补误差函数。

当 $P(0) = P(1)$ 时，2ASK 包络检波接收时的系统误码率为

$$P_e = \frac{1}{4}\mathrm{erfc}\left(\frac{\sqrt{r}}{2}\right) + \frac{1}{2}e^{-\frac{x}{4}} \tag{5.50}$$

又因为当 $x \to \infty$ 时，$\mathrm{erfc}(\cdot) \to 0$，故 P_e 的下界为

$$P_e = \frac{1}{2}e^{-\frac{r}{4}} \tag{5.51}$$

2）相干解调时 2ASK 系统的误码率

相干解调的 2ASK 框图如图 5.5（b）所示。图中乘法器的输入是式（5.34），乘法器的输出 $z(t)$ 为

$$z(t) = \begin{cases} [a + n_c(t)]\cos^2(\omega_c t) - n_s(t)\sin(\omega_c t)\cos(\omega_c t), & 发 "1" 时 \\ n_c(t)\cos^2(\omega_c t) - n_s(t)\sin(\omega_c t)\cos(\omega_c t), & 发 "0" 时 \end{cases}$$

$z(t)$ 经低通滤波器之后，在抽样判决器输入端得到的波形 $x(t)$ 为

$$x(t) = \begin{cases} a + n_c(t), & \text{发 "1" 时} \\ n_c(t), & \text{发 "0" 时} \end{cases} \quad (5.52)$$

式（5.52）中未计入系数 $\frac{1}{2}$，因为此系数可通过电路中的增益加以补偿。由于 $n_c(t)$ 是高斯过程，因此对 $x(t)$ 抽样得到的抽样值 x 必然服从高斯分布，其一维概率密度函数为

$$\begin{cases} f_1(x) = \dfrac{1}{\sigma_n\sqrt{2\pi}}\exp\left[-\dfrac{(x-a)^2}{2\sigma_n^2}\right], & \text{发 "1" 时} \\[3mm] f_0(x) = \dfrac{1}{\sigma_n\sqrt{2\pi}}\exp\left[-\dfrac{a^2}{2\sigma_n^2}\right], & \text{发 "0" 时} \end{cases} \quad (5.53)$$

式（5.53）的曲线如图 5.24 所示。

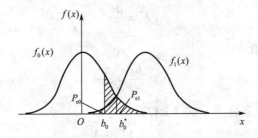

图 5.24   同步检测时误码率的几何表示

若仍令判决阈值为 b，则漏报概率 P_{e1} 及虚报概率 P_{e0} 为

$$\begin{cases} P_{e1} = P_1(x \leqslant b) = \displaystyle\int_{-\infty}^{b} f_1(x)\mathrm{d}(x) = \dfrac{1}{2}\mathrm{erfc}\left(\dfrac{a-b}{\sqrt{2}\sigma_n}\right) \\[3mm] P_{e0} = P_0(x > b) = \displaystyle\int_{b}^{\infty} f_0(x)\mathrm{d}x = \dfrac{1}{2}\mathrm{erfc}\left(\dfrac{b}{\sqrt{2}\sigma_n}\right) \end{cases} \quad (5.54)$$

显然，P_{e1} 和 P_{e0} 在图 5.24 中是画有斜线区域的面积，它们与判决阈值有关。当 $P(0) = P(1)$ 时，系统误码率 P_e 为

$$\begin{aligned} P_e &= \frac{1}{2}P_{e1} + \frac{1}{2}P_{e0} \\[2mm] &= \frac{1}{4}\mathrm{erfc}\left(\frac{a-b}{\sqrt{2}\sigma_n}\right) + \frac{1}{4}\mathrm{erfc}\left(\frac{b}{\sqrt{2}\sigma_n}\right) \end{aligned} \quad (5.55)$$

由 $\dfrac{\partial P_e}{\partial b} = 0$ 或观察图 5.24 可得式（5.55）的最佳判决阈值 b^*，使式（5.56）成立，即

$$f_1(b^*) = f_0(b^*) \quad (5.56)$$

将 $f_1(x)$ 和 $f_0(x)$ 代入式（5.56）可求得最佳判决阈值为 $b^* = \dfrac{a}{2}$，其归一化阈值的形式为 $b_0^* = \dfrac{b^*}{\sigma_n} = \sqrt{\dfrac{r}{2}}$，将最佳判决阈值代入式（5.55）得到 $P(0) = P(1)$ 时，2ASK 相干解调系统的误码率为

$$P_e = \frac{1}{2}\text{erfc}\left(\frac{\sqrt{r}}{3}\right) \tag{5.57}$$

当 $r \gg 1$ 时，式（5.57）变为

$$P_e \approx \frac{1}{\sqrt{\pi r}}e^{-\frac{r}{4}} \tag{5.58}$$

利用上述同样的方法，可推导 FSK、2PSK 和 2DPSK 调制系统的误码率。

2. 二进制数字调制系统比较

这里将从系统的有效性和可靠性方面对二进制数字调制系统进行比较。在以下比较中，假设各种情况下传码率 R_B 和噪声功率谱 $\frac{n_0}{2}$ 都相同。

1）传输带宽

对于 ASK 和 PSK 信号，带宽约为传码率的 2 倍，因此传输此类信号的传输带宽都要取到 $2R_B$ 以上。对于相位不连续的 FSK 信号，带宽为 $|f_1 - f_2| + 2R_B$，因此，传输带宽等要达到 $|f_1 - f_2| + 2R_B$ 以上。这说明，信道带宽很紧张时，DP2FSK 方式不应被考虑。

2）误码率

二进制载波传输系统的误码率公式如表 5.2 所示。根据表 5.2 所画出的数字调制系统的误码率 P_e 与信噪比 r 的关系曲线如图 5.25 所示。可以看出，在相同信噪比 r 下，相干解调的 2PSK 系统的误码率 P_e 最小。

表 5.2　二进制载波传输系统误码率公式

调制方式		误码率公式	备注
2ASK	相干	$P_e = \frac{1}{2}\text{erfc}\left(\sqrt{\frac{r}{4}}\right)$ $r \gg 1$：$P_e = \frac{1}{\sqrt{\pi r}}e^{-\frac{r}{4}}$	
	非相干	$P_e = \frac{1}{2}e^{-\frac{r}{4}}$	$r = \frac{a^2}{2\sigma_n^2}$
2FSK	相干	$P_e = \frac{1}{2}\text{erfc}\left(\sqrt{\frac{r}{2}}\right)$ $r \gg 1$：$P_e = \frac{1}{\sqrt{2\pi r}}e^{-\frac{r}{2}}$	式中，$\frac{a^2}{2}$ 为已调信号的功率；σ_n^2 为功率噪声。
	非相干	$P_e = \frac{1}{2}e^{-\frac{r}{2}}$	当 $P=0.5$ 时，2ASK 判决阈值 $b^* = \frac{a}{2}$，2PSK、2DPSK 和 2FSK 判决阈值为 $b^* = 0$
2PSK	相干	$P_e = \frac{1}{2}\text{erfc}\left(\sqrt{r}\right)$ $r \gg 1$：$P_e = \frac{1}{2\sqrt{\pi r}}e^{-r}$	
2DPSK	相位比较（差分相干）	$P_e = \frac{1}{2}e^{-r}$	
	极性比较（相干）	$P_e \approx \text{erfc}\left(\sqrt{r}\right)$	

从表 5.2 中可以看出，在相同噪声背景下，系统的误码率与调制方式、解调方式有关。可以总结出以下 3 条结论。

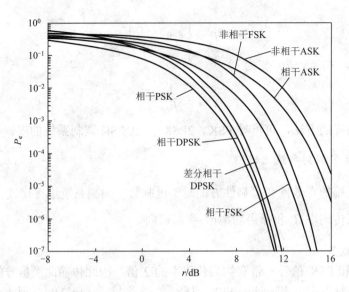

图 5.25 误码率 P_e 与信噪比 r 的关系曲线

（1）接收机输入端信噪比 $r = \dfrac{a^2}{2\sigma_n^2}$ 增大，系统误码率就下降。注意表 5.2 中，$r = \dfrac{a^2}{2\sigma_n^2}$ 对于 2ASK 信号是发"1"码时的信噪比，对于 2FSK 和 2PSK，2DPSK 信号是平均信噪比。

（2）相干解调的抗噪声性能优于非相干解调，两者误码率的关系基本上是 $\dfrac{1}{2}\mathrm{erfc}\left(\sqrt{x}\right)$ 与 $\dfrac{1}{2}\mathrm{e}^{-x}$ 的关系，一般情况下，$\dfrac{1}{2}\mathrm{e}^{-x} > \dfrac{1}{2}\mathrm{erfc}\left(\sqrt{x}\right)$。当 x 较大时，$\mathrm{erfc}\left(\sqrt{x}\right) \approx \dfrac{1}{\sqrt{\pi x}}\mathrm{e}^{-x}$，故当 x 较大时，相干解调与非相干解调抗噪声性能差别较小。

（3）在相同误码率时，信噪比 r 的要求是：相干解调 2PSK 比 2FSK 小 3dB，2FSK 比 ASK 小 3dB；非相干解调 2DPSK 比 2FSK 小 3dB，2FSK 比 2ASK 小 3dB。但当 2ASK 系统 r 是平均信噪比时，2ASK 系统的性能与 2FSK 系统性能相同，此时要求 2ASK 信号发"1"码时信号振幅是 2FSK 振幅的 $\sqrt{2}$ 倍，即要求信号峰值功率大。因此，在峰值功率是主要矛盾的场合，2ASK 方案不予考虑。

3）抗干扰能力

调制方案的选择，还应考虑实际信道干扰的特点。2FSK 和 2PSK 及 2DPSK 是等幅信号，判决阈值与接收信号电平无关。2ASK 方案中判决阈值要随输入电平的变化而自动调整，如果判决阈值始终保持 $\dfrac{a}{2}$（当 $P(0) = P(1)$ 时），误码率会增大。因此，2ASK 对信道特性敏感。

一般地，在信道衰落严重时，相干解调中本地载波难以提取，多采用非相干方案。但是，在远距离通信中，功率受限是主要矛盾时，解调还是采用相干方案，此时在误码率相同条件下，相干解调需要较小的功率。

5.3 数字信号的最佳接收

在 5.2 节讨论二进制数字调制时，根据它们的时域表达式及波形可以直接得到一些解调方法，并根据给出的解调方法，讨论了二进制数字调制系统的抗噪声性能。在实际数字传输系统中，信号在传输过程中会受到信道影响，最常见的信道是加性高斯白噪声。在信号和噪声共同作用下，这些解调方法是否最佳？什么样的接收系统才是最佳的？这是需要关心的问题。所谓最佳，实际上并不是一个绝对的概念，而是在相对意义上说的。因此，在讨论"最佳"时首先要确定"最佳"的准则。在数字通信中最常用的"最佳"准则是最大输出信噪比和最小差错概率。下面分别讨论在这两个准则下的最佳接收机。

5.3.1　匹配滤波器

在数字通信系统中，滤波器是其中重要部件之一。滤波器的作用有两方面：一方面是使基带信号频谱成形，如为了满足奈奎斯特第一准则，基带信号频谱通常采用升余弦滚降形状；另一方面是在接收端限制白噪声，将信号频带外的噪声滤掉，减小它对信号正确判决的影响。因此，如何设计最佳的接收滤波器是个重要问题。

通常对最佳线性滤波器的设计有两种准则：一种是使滤波后的信号波形与发送信号之间的均方误差最小，由此导出的最佳线性滤波器称为维纳滤波器；另一种是使滤波器输出信噪比在某一特定时刻达到最大。在数字通信中，后一种使输出信噪比最大的最佳线性滤波器具有特别重要的意义，因为数字通信中最关心的是能否在背景噪声下正确地判断信号。例如，在二进制数字调制中，只需要在一段接收信号内判断两种可能信号中出现的是哪一种。显然，在判断时刻的信噪比越高，越有利于做出正确的判决。本小节讨论上述第二种滤波器。

假设输出信噪比最大的最佳滤波器的频域传递函数为 $H(\omega)$，时域冲激响应为 $h(t)$。滤波器输入信号为发送信号与噪声的叠加信号，即

$$x(t) = s(t) + n(t) \tag{5.59}$$

式中，$s(t)$ 为发送信号，其频谱函数为 $P_s(\omega)$；$n(t)$ 为双边功率谱密度，是 $P_n(\omega) = \dfrac{n_0}{2}$ 的加性高斯白噪声。滤波器输出信号为

$$y(t) = [s(t) + n(t)] * h(t) \tag{5.60}$$

式中，信号部分为

$$y_s(t) = s(t) * h(t) = \frac{1}{2\pi} \int_{-\infty}^{\infty} P_s(\omega) H(\omega) e^{j\omega t} d\omega \tag{5.61}$$

在 $t = T$ 时刻的输出信号抽样值为

$$y_s(T) = \frac{1}{2\pi} \int_{-\infty}^{\infty} P_s(\omega) H(\omega) e^{j\omega T} d\omega \tag{5.62}$$

滤波器输出噪声的功率谱密度为 $Y_n(\omega) = P_n(\omega) |H(\omega)|^2$，则平均功率为

$$N_0 = \frac{1}{2\pi} \int_{-\infty}^{\infty} Y_n(\omega) d\omega = \frac{1}{2\pi} \int_{-\infty}^{\infty} P_n(\omega) |H(\omega)|^2 d\omega \tag{5.63}$$

因此，$t = t_0$ 时刻的输出信噪比为

$$\mathrm{SNR} = \frac{\left| \dfrac{1}{2\pi} \int_{-\infty}^{\infty} P_s(\omega) H(\omega) e^{j\omega t_0} d\omega \right|^2}{\dfrac{1}{2\pi} \int_{-\infty}^{\infty} P_n(\omega) |H(\omega)|^2 d\omega} \tag{5.64}$$

使输出信噪比 SNR 达到最大的传递函数 $H(\omega)$ 是所要求的最佳滤波器的传递函数。式 (5.64) 是一个泛函求极值的问题，可以利用施瓦茨（Schwartz）不等式来求解。施瓦茨不等式为

$$\left| \frac{1}{2\pi} \int_{-\infty}^{\infty} X(\omega) Y(\omega) \mathrm{d}\omega \right|^2 \leqslant \frac{1}{2\pi} \int_{-\infty}^{\infty} |X(\omega)|^2 \mathrm{d}\omega \times \frac{1}{2\pi} \int_{-\infty}^{\infty} |Y(\omega)|^2 \mathrm{d}\omega \tag{5.65}$$

将式 (5.65) 用于式 (5.64)，可得

$$
\begin{aligned}
\mathrm{SNR} &= \frac{\left| \dfrac{1}{2\pi} \displaystyle\int_{-\infty}^{\infty} \dfrac{P_\mathrm{s}(\omega) \mathrm{e}^{\mathrm{j}\omega t_0}}{\sqrt{P_\mathrm{n}(\omega)}} \sqrt{P_\mathrm{n}(\omega)} H(\omega) \mathrm{d}\omega \right|^2}{\dfrac{1}{2\pi} \displaystyle\int_{-\infty}^{\infty} P_\mathrm{n}(\omega) |H(\omega)|^2 \mathrm{d}\omega} \\[3mm]
&\leqslant \frac{\dfrac{1}{2\pi} \displaystyle\int_{-\infty}^{\infty} \dfrac{|P_\mathrm{s}(\omega)|^2}{P_\mathrm{n}(\omega)} \mathrm{d}\omega \times \dfrac{1}{2\pi} \displaystyle\int_{-\infty}^{\infty} P_\mathrm{n}(\omega) |H(\omega)|^2 \mathrm{d}\omega}{\dfrac{1}{2\pi} \displaystyle\int_{-\infty}^{\infty} P_\mathrm{n}(\omega) |H(\omega)|^2 \mathrm{d}\omega} \\[3mm]
&= \frac{1}{2\pi} \int_{-\infty}^{\infty} \frac{|P_\mathrm{s}(\omega)|^2}{P_\mathrm{n}(\omega)} \mathrm{d}\omega
\end{aligned}
\tag{5.66}
$$

要使不等式 (5.66) 变为等式，当且仅当

$$k \left[\frac{P_\mathrm{s}(\omega) \mathrm{e}^{\mathrm{j}\omega t_0}}{\sqrt{P_\mathrm{n}(\omega)}} \right]^* = \sqrt{P_\mathrm{n}(\omega)} H(\omega) \tag{5.67}$$

式中，k 为常数；*表示复共轭。

由式 (5.67) 和 $P_\mathrm{n}(\omega) = \dfrac{n_0}{2}$ 可推导出 $H(\omega)$ 为

$$H(\omega) = \frac{k P_\mathrm{s}^*(\omega) \mathrm{e}^{-\mathrm{j}\omega t_0}}{P_\mathrm{n}(\omega)} = K P_\mathrm{s}^*(\omega) \mathrm{e}^{-\mathrm{j}\omega t} \tag{5.68}$$

式中，$K = \dfrac{2k}{n_0}$ 为常数。由式 (5.68) 可知，输出信噪比最大的滤波器的传递函数与信号频谱的复共轭成正比，故称为匹配滤波器。

匹配滤波器的冲激响应为

$$h(t) = \frac{1}{2\pi} \int_{-\infty}^{\infty} K P_\mathrm{s}^*(\omega) \mathrm{e}^{-\mathrm{j}\omega(t_0 - t)} \mathrm{d}\omega \tag{5.69}$$

对于实信号 $s(t)$，有 $P_\mathrm{s}^*(\omega) = P_\mathrm{s}(-\omega)$。因此

$$h(t) = \frac{1}{2\pi} \int_{-\infty}^{\infty} K P_\mathrm{s}(\omega) \mathrm{e}^{-\mathrm{j}\omega(t_0 - t)} \mathrm{d}\omega = K s(t_0 - t) \tag{5.70}$$

由式 (5.70) 可知，匹配滤波器的冲激响应 $h(t)$ 是输入信号 $s(t)$ 的镜像信号，t_0 是输出最大信噪比时刻，这里一般取 $t_0 = T$。

匹配滤波器输出的信号波形可用下式计算，即

$$y_\mathrm{s}(t) = s(t) * h(t) = \int_{-\infty}^{\infty} s(t - \tau) h(\tau) \mathrm{d}\tau = K R_\mathrm{s}(t - t_0) \tag{5.71}$$

式中，$R_\mathrm{s}(t)$ 为 $s(t)$ 的自相关函数。由此可见，匹配滤波器的输出信号波形与输入信号的自

相关函数成比例。

匹配滤波器的最大输出信噪比为

$$\text{SNR}=\frac{1}{2\pi}\int_{-\infty}^{\infty}\frac{\left|P_{s}\left(\omega\right)\right|^{2}}{n_{0}/2}\mathrm{d}\omega=\frac{2E_{s}}{n_{0}} \qquad (5.72)$$

式中，E_s 为输入信号 $s(t)$ 的能量。

根据匹配滤波器原理构成的二进制数字信号的接收机框图如图 5.26 所示，图中有两个匹配滤波器，分别与信号 $s_1(t)$ 和 $s_2(t)$ 匹配，滤波器输出在 $t=T$ 时刻抽样后，再进行比较，选择其中最大的信号作为判决结果。

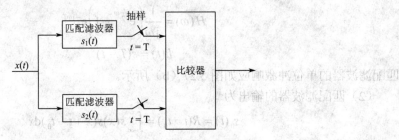

图 5.26　二进制信号的匹配滤波器接收机

例 5.1　设输入信号如图 5.27（a）所示，试求该信号的匹配滤波器传输函数和输出信号波形。

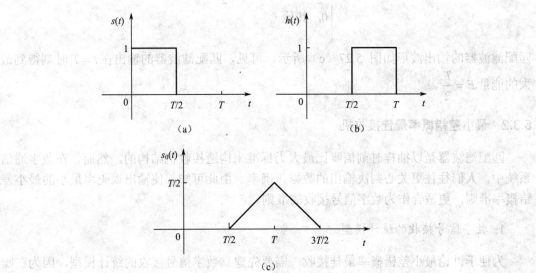

图 5.27　信号时间波形

解：

（1）输入信号为

$$s\left(t\right)=\begin{cases}1, & 0\leq t\leq\dfrac{T}{2}\\[2mm]0, & \text{其他}\end{cases}$$

输入信号 $s(t)$ 的频谱函数为

$$S(\omega) = \int_{-\infty}^{\infty} s(t)e^{-j\omega t}dt = \int_{0}^{\frac{T}{2}} e^{-j\omega t}dt = \frac{1}{j\omega}\left(1 - e^{-j\frac{T}{2}\omega}\right)$$

匹配滤波器的传输函数为

$$H(\omega) = S^*(\omega)e^{-j\omega t_0} = \frac{1}{j\omega}(e^{j\frac{T}{2}\omega} - 1)e^{-j\omega t_0}$$

匹配滤波器的单位冲激响应为

$$h(t) = s(t_0 - t)$$

取 $t_0 = T$ ，则有

$$H(\omega) = \frac{1}{j\omega}\left(e^{j\frac{T}{2}\omega} - 1\right)e^{-j\omega T}$$

$$h(t) = s(T - t)$$

匹配滤波器的单位冲激响应如图 5.27（b）所示。

（2）匹配滤波器的输出为

$$s_0(t) = R(t - t_0) = \int_{-\infty}^{\infty} s(x)s(x + t - t_0)dx$$

$$= \begin{cases} -\dfrac{T}{2} + t, & \dfrac{T}{2} \leqslant t < T \\ \dfrac{3T}{2} - t, & T \leqslant t \leqslant \dfrac{3T}{2} \\ 0, & \text{其他} \end{cases}$$

匹配滤波器的输出波形如图 5.27（c）所示。可见，匹配滤波器的输出在 $t = T$ 时刻得到最大的能量 $E = \dfrac{T}{2}$。

5.3.2 最小差错概率最佳接收机

匹配滤波器是以抽样时刻信噪比最大为标准来构造接收机结构的。然而，在数字通信系统中，人们往往更关心判决输出的数据正确率。由此可知，使输出误码率最小的最小差错概率准则，更适合作为数字信号接收的准则。

1. 数字信号接收的统计模型

为便于讨论最小差错概率最佳接收，需要先建立数字信号接收的统计模型，因为在噪声背景下的数字信号接收过程是一个统计判决问题。

数字通信系统的统计模型如图 5.28 所示。图中消息空间、信号空间、噪声空间、观察空间及判决空间分别代表消息、发送信号、噪声、接收信号波形及判决结果的所有可能状态的集合。

在数字通信系统中，消息是离散的状态，假设离散消息源的状态集合为 $U = \{u_1 \quad u_2 \quad \cdots \quad u_m\}$。若消息集合中每一状态的发送是统计独立的，第 i 个状态的出现概率为 $P(x_i)$，则消息的一维概率分布为

$$\begin{bmatrix} u_1, & u_2, & u_3, & \cdots, & u_m \\ P(u_1), & P(u_2), & P(u_3), & \cdots, & P(u_m) \end{bmatrix} \tag{5.73}$$

根据概率论的性质，有 $\sum_{i=1}^{m} P(u_i) = 1$ ，若 $u_1, u_2, \cdots, u_m$ 出现的概率相同，则 $P(u_i) = \dfrac{1}{m}$ 。

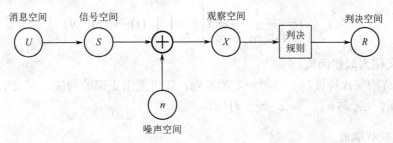

图 5.28　数字通信系统的统计模型

发送信号与消息之间通常是一一对应的，因此发送信号也有 m 个： $s_1, s_2, \cdots, s_m$ ，同样其一维概率分布为

$$\begin{bmatrix} s_1, & s_2, & s_3, & \cdots, & s_m \\ P(s_1), & P(s_2), & P(s_3), & \cdots, & P(s_m) \end{bmatrix} \tag{5.74}$$

式中， $P(s_i)$ 为发送信号 s_i 出现的概率，有 $\sum_{i=1}^{m} P(s_i) = 1$ 。

这里，考虑噪声空间 n 是加性高斯白噪声，则各个抽样值具有独立同分布，且其一维概率密度函数均为正态分布。因此，对于 $(0, T_s)$ 观察时间内的 k 个噪声抽样值 $n_1, n_2, \cdots, n_k$ ，其 k 维联合概率密度为

$$\begin{aligned} f(n) &= f(n_1) f(n_2) \cdots f(n_k) \\ &= \frac{1}{\left(\sqrt{2\pi}\sigma_n\right)^k} \exp\left[-\frac{1}{2\sigma_k^2} \sum_{i=1}^{k} n_i^2\right] \end{aligned} \tag{5.75}$$

式中， σ_k^2 为噪声方差（即平均功率），噪声均值为 0 。

若限带信道的截止频率为 f_H ，理想抽样频率为 $2f_H$ ，则在 $(0, T_s)$ 时间内共有 $2f_H T_s$ 个抽样值，其平均功率为

$$N_0 = \frac{1}{2f_H T_s} \sum_{i=1}^{k} n_i^2, \quad k = 2f_H T_s \tag{5.76}$$

令抽样间隔 $\Delta t = \dfrac{1}{2f_H}$ ，若 $\Delta t \ll T_s$ ，则式（5.76）可近似用积分代替，有

$$N_0 = \frac{1}{T_s} \sum_{i=1}^{k} n_i^2 \Delta t \approx \frac{1}{T_s} \int_0^{T_s} n^2(t) \,\mathrm{d}t \tag{5.77}$$

结合式（5.76）和式（5.77），代入式（5.75）中，可得

$$f(n) = \frac{1}{\left(\sqrt{2\pi}\sigma_n\right)^k} \exp\left[-\frac{1}{n_0} \int_0^{T_s} n^2(t) \,\mathrm{d}t\right] \tag{5.78}$$

式中， $n_0 = \dfrac{\sigma_n^2}{f_H}$ 为单边噪声功率谱密度。

在观察空间，接收信号 $x(t)$ 是发送信号 $s_i(t)$ 与噪声之和，有

$$x(t) = s_i(t) + n(t), \quad i = 1, 2, \cdots, m \tag{5.79}$$

由于 $n(t)$ 为加性高斯白噪声，因此 $x(t)$ 可以看成均值为 $s_i(t)$ 的正态分布。当发送信号为 $s_i(t)$ 时，$x(t)$ 的条件概率密度函数为

$$f_{s_i}(x) = \frac{1}{\left(\sqrt{2\pi}\sigma_n\right)^k} \exp\left\{-\frac{1}{n_0}\int_0^{T_s}[x(t) - s_i(t)]^2\,\mathrm{d}t\right\} \tag{5.80}$$

式（5.80）又称为似然函数。

根据 $x(t)$ 的统计特性，并遵循一定的准则，即可做出正确的判决，判决空间中可能出现的状态 $r_1, r_2, \cdots, r_m$ 与 $u_1, u_2, \cdots, u_m$ 一一对应。

2. 最佳接收准则

在传输过程中，信号会受到信道噪声的干扰，发送 u_i 时不一定能判为 r_i，这样将会造成错误接收。在数字通信系统中，最直观且最合理的最佳接收准则是最小错误概率准则。

在二进制数字通信系统中，发送信息只有两种状态，即 u_1 和 u_2（即 1 和 0），所对应的发送信号为 $s_1(t)$ 和 $s_2(t)$。假设 $s_1(t)$ 和 $s_2(t)$ 在观察时刻的取值分别为 a_1 和 a_2，则当发送信号为 $s_1(t)$ 或 $s_2(t)$ 时，$x(t)$ 的概率密度函数分别为

$$\begin{cases} f_{s_1}(x) = \dfrac{1}{\left(\sqrt{2\pi}\sigma_n\right)^k} \exp\left\{-\dfrac{1}{n_0}\int_0^{T_s}[x(t) - a_1]^2\,\mathrm{d}t\right\} \\[3mm] f_{s_2}(x) = \dfrac{1}{\left(\sqrt{2\pi}\sigma_n\right)^k} \exp\left\{-\dfrac{1}{n_0}\int_0^{T_s}[x(t) - a_2]^2\,\mathrm{d}t\right\} \end{cases} \tag{5.81}$$

$f_{s_1}(x)$ 和 $f_{s_2}(x)$ 的曲线如图 5.29 所示。

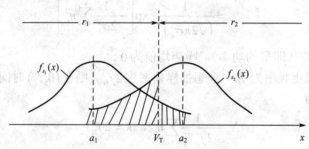

图 5.29　$f_{s_1}(x)$ 和 $f_{s_2}(x)$ 的曲线

由图 5.29 可以看出，如果根据接收到的 x 值来判决 r_1 或 r_2，则应当选择判决阈值 V_T 在 a_1 与 a_2 之间。当 $x > V_T$ 时，判为 r_2；而当 $x < V_T$ 时，判为 r_1。

发送 $s_1(t)$ 或 $s_2(t)$ 时错误判决的概率分别为图中阴影部分的面积，它们分别为

$$P_{s_1}(s_2) = \int_{V_T}^{\infty} f_{s_1}(x)\,\mathrm{d}x \tag{5.82}$$

$$P_{s_2}(s_1) = \int_{-\infty}^{V_T} f_{s_2}(x)\,\mathrm{d}x \tag{5.83}$$

式中，$P_{s_1}(s_2)$ 为发送 $s_1(t)$ 而错误判为 $s_2(t)$ 的概率；$P_{s_2}(s_1)$ 为发送 $s_2(t)$ 而错误判为 $s_1(t)$ 的概率。因此，系统总的误码率为

$$P_e = P_{s_1}(s_2)P(s_1) + P_{s_2}(s_1)P(s_2)$$
$$= P(s_1)\int_{V_T}^{\infty} f_{s_1}(x)\mathrm{d}x + P(s_2)\int_{-\infty}^{V_T} f_{s_2}(x)\mathrm{d}x \tag{5.84}$$

式中，$P(s_1)$ 和 $P(s_2)$ 分别为发送 $s_1(t)$ 或 $s_2(t)$ 的概率。通常 $P(s_1)$ 和 $P(s_2)$ 是已知的，此时 P_e 仅与 V_T 有关。

为了求出最佳判决阈值，只需解下列方程，即

$$\frac{\partial P_e}{\partial V_T} = -P(s_1)f_{s_1}(V_T) + P(s_2)f_{s_2}(V_T) = 0 \tag{5.85}$$

由式（5.85）可得，最佳判决时必须满足

$$\frac{f_{s_1}(V_T)}{f_{s_2}(V_T)} = \frac{P(s_2)}{P(s_1)} \tag{5.86}$$

因此，为了达到最小差错概率，可按以下规则进行判决，即

$$\begin{cases} \dfrac{f_{s_1}(x)}{f_{s_2}(x)} > \dfrac{P(s_2)}{P(s_1)}, & \text{判为} r_1（\text{即} s_1） \\[3mm] \dfrac{f_{s_1}(x)}{f_{s_2}(x)} < \dfrac{P(s_2)}{P(s_1)}, & \text{判为} r_2（\text{即} s_2） \end{cases} \tag{5.87}$$

以上判决规则称为似然比准则，这里 $f_{s_1}(x)$ 和 $f_{s_2}(x)$ 称为似然函数，$\frac{f_{s_1}(x)}{f_{s_2}(x)}$ 称为似然比。

当发送信号 $s_1(t)$ 和 $s_2(t)$ 是等概出现时，即 $P(s_1) = P(s_2)$ 时，则有

$$\begin{cases} \dfrac{f_{s_1}(x)}{f_{s_2}(x)} > 1, & \text{判为} r_1 \\[3mm] \dfrac{f_{s_1}(x)}{f_{s_2}(x)} < 1, & \text{判为} r_2 \end{cases} \tag{5.88}$$

式（5.88）判决规则称为最大似然法则，其物理概念为：在接收到的 x 值中，哪个似然函数大就判为哪个信号。

以上概念很容易推广到多进制通信系统的情况。假设可能发送的信号有 m 个，且它们出现概率相等，则最大似然准则可以表示为

$$f_{s_i}(x) > f_{s_j}(x)，\text{判为} s_i \tag{5.89}$$

式中，$i = 1,2,\cdots,m$；$j = 1,2,\cdots,m$；$i \neq j$。

下面讨论最大似然准则下的最佳接收机结构。

将式（5.81）代入式（5.87），并取对数，可得到

$$n_0 \ln\frac{1}{P(s_1)} + \int_0^{T_s}[x(t)-s_1(t)]^2\mathrm{d}t > n_0 \ln\frac{1}{P(s_2)} + \int_0^{T_s}[x(t)-s_1(t)]^2\mathrm{d}t，\text{判为} s_1 \tag{5.90}$$

$$n_0 \ln\frac{1}{P(s_1)} + \int_0^{T_s}[x(t)-s_1(t)]^2\mathrm{d}t < n_0 \ln\frac{1}{P(s_2)} + \int_0^{T_s}[x(t)-s_1(t)]^2\mathrm{d}t，\text{判为} s_2 \tag{5.91}$$

假设发送信号 $s_1(t)$ 和 $s_2(t)$ 有相同的能量，整理式（5.90）和式（5.91），可得

$$U_1 + \int_0^{T_s}x(t)s_1(t)\mathrm{d}t > U_2 + \int_0^{T_s}x(t)s_2(t)\mathrm{d}t，\text{判为} s_1 \tag{5.92}$$

$$U_2 + \int_0^{T_s} x(t)s_1(t)\mathrm{d}t > U_2 + \int_0^{T_s} x(t)s_2(t)\mathrm{d}t \text{，判为 } s_2 \qquad (5.93)$$

式中，$U_1 = \dfrac{n_0}{2}\ln P(s_1)$；$U_2 = \dfrac{n_0}{2}\ln P(s_2)$。

　　根据式（5.92）和式（5.93），可得到最大似然准则下最佳接收机的结构，如图 5.30（a）所示。如果发送信号 $s_1(t)$ 和 $s_2(t)$ 等概率出现，即 $P(s_1)=P(s_2)$，则最佳接收机结构如图 5.30（b）所示。图中相乘器和积分器构成相关器，则这种接收机也称为相关接收机，开关表示在 $t = T_s$ 时刻进行抽样，将两路抽样结果进行比较，即可判决收到的信号是 $s_1(t)$ 还是 $s_2(t)$。

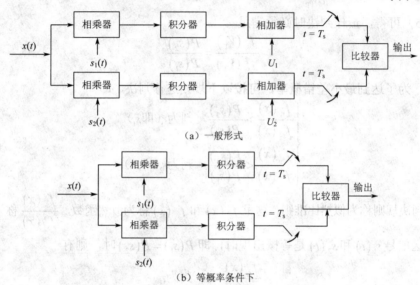

图 5.30　最大似然准则下最佳接收机结构

　　实际上，这里仅仅讨论确知信号的最佳接收机结构，它是一种理想情况，然而在实际应用中，由于种种原因，接收信号的各分量或多或少带有随机因素，因而在检测时除了不可避免的噪声会造成判决错误外，信号参量的未知性使检测错误又增加了一个因素。随机相位信号是一种典型且简单的随参信号，如具有随机相位的 2FSK 信号和具有随机相位的 2ASK 信号，其最佳接收机问题的分析思路与确定信号最佳接收机的分析思路是一致的。

　　3. 二进制最佳接收机的误码率

　　匹配滤波器和相关接收机两者是等价的，因此可以从两者中的任一个出发来分析计算最佳接收机的误码性能。下面从匹配滤波器角度来讨论这个问题。

　　假设匹配滤波器的输入为

$$x(t) = s_i(t) + n(t) \qquad (5.94)$$

式中，$s_i(t)$ 为发送信号，$i=1, 2$。

　　匹配滤波器的输出为

$$\begin{aligned}
y(t) &= x(t) * h(t) \\
&= \int_0^{\infty} h(\tau)x(t-\tau)\mathrm{d}\tau \\
&= \int_0^{\infty} h(\tau)s_i(t-\tau) + \int_0^{\infty} h(\tau)n(t-\tau)\mathrm{d}\tau
\end{aligned} \qquad (5.95)$$

在 $t=T_s$ 时刻，$y(t)$ 的抽样值为

$$y(T_s) = \int_0^\infty h(\tau)s_i(T_s-\tau)\mathrm{d}\tau + \int_0^\infty h(\tau)n(T_s-\tau)\mathrm{d}\tau \tag{5.96}$$

式中，第一项积分为常数，其值取决于出现的信号是 $s_1(t)$ 还是 $s_2(t)$；第二项积分为一个高斯随机信号。

$y(t)$ 是高斯随机信号，其均值为

$$m_1 = \int_0^\infty h(\tau)s_1(T_s-\tau)\mathrm{d}\tau \tag{5.97}$$

$$m_2 = \int_0^\infty h(\tau)s_2(T_s-\tau)\mathrm{d}\tau \tag{5.98}$$

式中，m_1 为收到 $s_1(t)$ 时 $y(t)$ 的均值；m_2 为收到 $s_2(t)$ 时 $y(t)$ 的均值。

$y(t)$ 的方差为

$$\sigma_y^2 = \frac{1}{2\pi}\int_{-\infty}^\infty |H(\omega)|^2 G_n(\omega)\mathrm{d}\omega \tag{5.99}$$

式中，$H(\omega)$ 为匹配滤波器传递函数；$G_n(\omega)$ 为噪声功率密度。

根据最大似然准则，接收机可以利用 $y(T_s)$ 做出判决，即发送信号是 $s_1(t)$ 还是 $s_2(t)$。若 $P(s_1)=P(s_2)$，有

$$\begin{cases} \dfrac{f_{s_1}(y)}{f_{s_2}(y)} > 1, & \text{判为}s_1 \\[3mm] \dfrac{f_{s_1}(y)}{f_{s_2}(y)} < 1, & \text{判为}s_2 \end{cases} \tag{5.100}$$

其中，

$$\begin{cases} f_{s_1}(y) = \dfrac{1}{\sqrt{2\pi}\sigma_y}\exp\left\{-\dfrac{[y(T_s)-m_1]^2}{2\sigma_y^2}\right\} \\[4mm] f_{s_2}(y) = \dfrac{1}{\sqrt{2\pi}\sigma_y}\exp\left\{-\dfrac{[y(T_s)-m_2]^2}{2\sigma_y^2}\right\} \end{cases} \tag{5.101}$$

将式（5.101）代入式（5.100），两边取对数，则得到

$$\begin{cases} [y(T_s)-m_1]^2 - [y(T_s)-m_2]^2 < 0, & \text{判为}s_1 \\[2mm] [y(T_s)-m_1]^2 - [y(T_s)-m_2]^2 > 0, & \text{判为}s_2 \end{cases} \tag{5.102}$$

假设 $m_1 > m_2$，则式（5.102）可化简为

$$\begin{cases} y(T_s) < \dfrac{m_1+m_2}{2}, & \text{判为}s_1 \\[3mm] y(T_s) > \dfrac{m_1+m_2}{2}, & \text{判为}s_2 \end{cases} \tag{5.103}$$

系统总的误码率为

$$P_e = P(s_1)\int_{\frac{m_1+m_2}{2}}^\infty f_{s_1}(y)\mathrm{d}y + P(s_2)\int_{-\infty}^{\frac{m_1+m_2}{2}} f_{s_2}(y)\mathrm{d}y \tag{5.104}$$

将 $P(s_1)=P(s_2)=\dfrac{1}{2}$ 和式（5.101）代入式（5.104），可得

$$P_e = \frac{1}{2} Q\left(\frac{\frac{m_1+m_2}{2}-m_1}{\sigma_y}\right) + \frac{1}{2}\left[1 - Q\left(\frac{\frac{m_1+m_2}{2}-m_2}{\sigma_y}\right)\right]$$

$$= Q\left(\frac{|m_2-m_1|}{2\sigma_y}\right) = Q(d) \tag{5.105}$$

式中，Q 函数定义为 $Q(\alpha) = \int_\alpha^\infty \frac{1}{\sqrt{2\pi}} e^{-\frac{y^2}{2}} dy$；归一化距离为 $d = \dfrac{|m_2-m_1|}{2\sigma_y}$。

考虑信道噪声是加性高斯白噪声，其双边功率谱密度为 $\dfrac{n_0}{2}$，由式（5.99）可得

$$\sigma_y^2 = \frac{n_0}{2} \times \frac{1}{2\pi} \int_{-\infty}^\infty |H(\omega)|^2 d\omega = \frac{n_0}{2} \int_0^\infty h^2(t) dt$$

结合上式及式（5.97）、式（5.98）和式（5.105）可得

$$d^2 = \frac{\left|\int_0^\infty h(\tau)[s_2(T_s-\tau)-s_1(T_s-\tau)]d\tau\right|^2}{2n_0 \int_0^\infty h^2(t) dt} \tag{5.106}$$

从式（5.106）可知，d 越大，错误率越小。为了获得最低的误码率，求能使 d^2 达到最大的 $h(t)$，可以利用施瓦茨不等式（5.65）来求解这个问题。当 $h(t) = s_2(T_s-t) - s_1(T_s-t)$（$0 \le t \le T$）时，$d^2$ 达到最大值，则有

$$d_{\max}^2 = \frac{\int_0^{T_s} [s_2(T_s-t)-s_1(T_s-t)]^2 dt}{2n_0} \tag{5.107}$$

将式（5.107）的分子展开，可得

$$\int_0^{T_s} [s_2(T_s-t)-s_1(T_s-t)]^2 dt$$

$$= \int_0^{T_s} \left[s_2^2(T_s-t) - 2s_1(T_s-t)s_2(T_s-t) + s_1^2(T_s-t)\right] dt$$

$$= E_{s_1} + E_{s_2} - 2\rho\sqrt{E_{s_1} E_{s_2}} \tag{5.108}$$

式中，E_{s_1}、E_{s_2} 分别为 $s_1(t)$ 和 $s_2(t)$ 在 $0 \le t \le T_s$ 内的能量，有

$$E_{s_1} = \int_0^{T_s} s_1^2(T_s-t) dt = \int_0^{T_s} s_1^2(t) dt$$

$$E_{s_2} = \int_0^{T_s} s_2^2(T_s-t) dt = \int_0^{T_s} s_2^2(t) dt$$

ρ 为相关系数，取值范围为 $(-1,1)$，取决于 $s_1(t)$ 与 $s_2(t)$ 的相似程度，有

$$\rho = \frac{\int_0^{T_s} s_2(t)s_1(t) dt}{\sqrt{E_{s_1} E_{s_2}}}$$

由式（5.105）可得最小误码率为

$$P_e = Q\left(\sqrt{\frac{E_{s_1} + E_{s_2} - 2\rho\sqrt{E_{s_1} E_{s_2}}}{2n_0}}\right) \tag{5.109}$$

当信号具有相同能量时，即 $E_{s_1} = E_{s_2} = E_b$，则有

$$P_e = Q\left(\sqrt{\frac{E_b}{n_0}(1-\rho)}\right) \tag{5.110}$$

式（5.110）为二进制通信系统最佳接收机误码率的一般化表达式。

下面讨论 2ASK、2PSK 和 2FSK 调制的误码率公式。

对于 2ASK 调制，相关系数 $\rho = 0$，其误码率为

$$P_{e,2ASK} = Q\left(\sqrt{\frac{E_b}{n_0}}\right) \tag{5.111}$$

对于 2PSK 信号，相关系数 $\rho = -1$，其误码率为

$$P_{e,2PSK} = Q\left(\sqrt{\frac{2E_b}{n_0}}\right) \tag{5.112}$$

对于 2FSK 信号，当 $s_1(t)$ 与 $s_2(t)$ 相互正交时，相关系数 $\rho = 0$，其误码率为

$$P_{e,2FSK} = Q\left(\sqrt{\frac{E_b}{n_0}}\right) \tag{5.113}$$

以上利用二进制确知信号最佳接收机结构（即相干接收机）推导其误码率性能，同理，也可以利用二进制随机相位信号最佳接收机结构（即非相干接收机）推导其误码率性能，因此可得到 2ASK 和 2FSK 的非相干接收机的误码性能。

5.3.3　最佳接收机性能比较

上述已得到 2ASK、2FSK、2PSK 等最佳接收机的误码率性能。在 5.2.4 小节中，采用一般相干解调和非相干解调的方法，得到 2ASK、2FSK、2PSK 等实际接收机的误码率性能。下面将对这些系统的性能进行比较。

实际接收机和最佳接收机误码性能如表 5.3 所示。

表 5.3　误码率公式总结表

接收方式	实际接收机误码率 P_e	最佳接收机误码率 P_e
相干 PSK	$\frac{1}{2}\mathrm{erfc}\left(\sqrt{r}\right)$	$\frac{1}{2}\mathrm{erfc}\left[\sqrt{\frac{E_b}{n_0}}\right]$
相干 FSK	$\frac{1}{2}\mathrm{erfc}\left(\sqrt{\frac{r}{2}}\right)$	$\frac{1}{2}\mathrm{erfc}\left[\sqrt{\frac{E_b}{2n_0}}\right]$
相干 ASK	$\frac{1}{2}\mathrm{erfc}\left(\sqrt{\frac{r}{4}}\right)$	$\frac{1}{2}\mathrm{erfc}\left[\sqrt{\frac{E_b}{4n_0}}\right]$
非相干 FSK	$\frac{1}{2}e^{-\frac{r}{2}}$	$\frac{1}{2}e^{-\frac{E_b}{2n_0}}$

从表中可以看出，两种结构形式的接收机误码率表示式具有相同的数学形式，实际接收机中的信噪比 $r = \frac{S}{N}$ 与最佳接收机中的能量噪声功率谱密度之比 $\frac{E_b}{n_0}$ 相对应。在相同的条件下，可以得到以下结论。

（1）当 $r > \frac{E_b}{n_0}$ 时，实际接收机性能优于最佳接收机性能。

（2）当 $r < \dfrac{E_b}{n_0}$ 时，最佳接收机性能优于实际接收机性能。

（3）当 $r = \dfrac{E_b}{n_0}$ 时，实际接收机性能与最佳接收机性能相同。

下面分析 r 与 $\dfrac{E_b}{n_0}$ 之间的关系。

对于实际接收机，其输入端有一个带通滤波器，信噪比 $r = \dfrac{S}{N}$ 是指带通滤波器输出端的信噪比。假设噪声为加性高斯白噪声，单边功率谱密度为 n_0，带通滤波器的等效矩形带宽为 B，则带通滤波器输出端的信噪比为

$$r = \frac{S}{N} = \frac{S}{n_0 B} \tag{5.114}$$

对于最佳接收系统，接收机前端没有带通滤波器，其输入端信号能量与噪声功率谱密度之比为

$$\frac{E_b}{n_0} = \frac{ST}{n_0} = \frac{S}{n_0 \frac{1}{T}} \tag{5.115}$$

式中，S 为信号平均功率；T 为码元时间宽度。

比较式（5.114）和式（5.115）可以看出，系统性能的比较主要是对实际接收机带通滤波器带宽 B 与码元时间宽度 T 的比较。同样得到以下结论。

（1）当 $B < \dfrac{1}{T}$ 时，实际接收机性能优于最佳接收机性能。

（2）当 $B > \dfrac{1}{T}$ 时，最佳接收机性能优于实际接收机性能。

（3）当 $B = \dfrac{1}{T}$ 时，实际接收机性能与最佳接收机性能相同。

一般而言，为使信号顺利通过，在实际接收机中，带通滤波器的带宽必须满足 $B > \dfrac{1}{T}$。因此，在相同条件下，最佳接收机性能一定优于实际接收机性能。

5.4 多进制数字调制系统

多进制数字调制是指利用多进制数字基带信号去调制高频载波参数，让高频载波参数随基带信号规律变化而变化的过程。高频连续载波的参数有振幅、频率、相位，故多进制数字调制可分为多进制（设为 M 进制）幅移键控（MASK）、多进制频移键控（MFSK）和多进制相移键控（MPSK 和 MDPSK）3 种基本方式。可以把其中的两个参数组合起来调制，如把振幅和相位组合起来得到 M 进制正交振幅调制（MQAM）等。

对于 M 进制传码率 R_B 和传信率 R_b 的关系，第 1 章给出 $R_b = R_B \cdot \log_2 M$ 的公式，根据此公式知，多进制与二进制数字调制相比具有以下两个特点。

（1）在相同的码元传输速率下，多进制的信息传输速率高。也就是说，多进制传输可

提高传信率，从而提高系统的有效性。

（2）在相同的信息速率下，多进制码元速率比二进制低，从而码元持续时间长。码元宽度的增大会增加码元的能量，并能减小由于信道特性引起的码间串扰的影响等。

以上多进制的高效性或抗码间串扰能力，正是使多进制获得广泛应用的理由。但在接收机输入信噪比相同的条件下，多进制数字传输系统的误码率比二进制大，且设备较复杂。

5.4.1　M 进制幅移键控

1. MASK 信号

MASK 方式是用 M 进制数字基带信号控制高频连续载波振幅，实现频谱搬移的过程。因此，MASK 信号是 M 种振幅、一种频率的信号，可表示为

$$e_0(t) = \left[\sum_n b_n g(t - nT_s) \right] \cos(\omega_c t) \tag{5.116}$$

式中，$T_s = \dfrac{1}{f_s}$ 为码元宽度；f_s 为码元重复频率，在数值上等于传码率 R_B；b_n 为多种状态，可表示为

$$b_n = \begin{cases} 0, & 概率 P_0 \\ 1, & 概率 P_1 \\ 2, & \cdots \\ \vdots \\ M-1, & 概率 P_{M-1} \end{cases} \tag{5.117}$$

且有 $P_0 + P_1 + \cdots + P_{M-1} = 1$；$g(t)$ 为单个基带信号码元波形，持续时间为 T_s。

图 5.31 所示为 $M=4$、$g(t)$ 为矩形的 4ASK 波形。

从图中可以看出，4ASK 信号可以看成由时间上不重叠的 3 个不同振幅值的 2ASK 信号的叠加。推广到一般，MASK 可看成时间上不重叠的 $M-1$ 个不同振幅值的 2ASK 信号的叠加。因此，MASK 信号 $e_0(t)$ 的功率谱密度就是这 $M-1$ 个 2ASK 信号功率谱密度之和。尽管叠加后的功率谱密度结构复杂，但主瓣的宽度为 $\dfrac{2}{T_s} = 2f_s$，即 MASK 信号带宽为 $2f_s$。

与前面讨论的二进制情况比较，当两者码元速率相等时，2ASK 信号带宽等于 MASK 信号带宽，即

$$B_{2ASK} = B_{MASK} = 2R_B \tag{5.118}$$

MASK 的频带利用率为

$$\eta = \frac{R_b}{B} = \frac{R_B \cdot \log_2 M}{2R_B} = \frac{\log_2 M}{2} \tag{5.119}$$

在 MASK 方式中，$g(t)$ 的最简单波形是矩形。为了限制信号频谱，也可采用其他波形，如升余弦滚降信号或部分响应信号等。

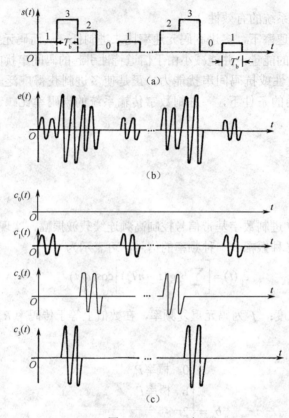

图 5.31   4ASK 波形

2. MASK 实现方法

MASK 信号产生的实现形式有多电平残留边带调制、多电平相关编码单边带调制及多电平正交振幅调制。MASK 信号的解调与 2ASK 信号相似，可以采用相干解调方式，也可以采用非相干解调方式。

3. MASK 系统的误码率

假设发送端产生的 MASK 信号振幅分别为 $\pm d, \pm 3d, \cdots, \pm(M-1)d$，则发送波形可表示为

$$s_{\text{T}}(t) = \begin{cases} \pm u_1(t), & \text{发送} \pm d\text{电平时} \\ \pm u_2(t), & \text{发送} \pm 3d\text{电平时} \\ \vdots \\ \pm u_{\frac{M}{2}}(t), & \text{发送} \pm(M-1)d\text{电平时} \end{cases}$$

式中,

$$\pm u_1(t) = \begin{cases} \pm d\cos(\omega_c t), & 0 \leqslant t \leqslant T_s \\ 0, & \text{其他} \end{cases}$$

$$\pm u_2(t) = \begin{cases} \pm 3d\cos(\omega_c t), & 0 \leqslant t \leqslant T_s \\ 0, & \text{其他} \end{cases}$$

$$\pm u_{\frac{M}{2}}(t) = \begin{cases} \pm(M-1)d\cos(\omega_c t), & 0 \leqslant t \leqslant T_s \\ 0, & \text{其他} \end{cases}$$

假定信道不使 $s_T(t)$ 产生任何畸变，而且接收端输入带通滤波器有理想特性，则通过带通滤波器的信号为

$$y(t) = s_T(t) + n(t)$$

式中，$n(t)$ 为窄带加性高斯白噪声。解调就是要判决 $y(t)$ 属于哪一电平。若接收系统采用相干解调，则系统的误码率为

$$P_e = \left(\frac{M-1}{M}\right)\text{erfc}\left(\sqrt{\frac{3r}{M^2-1}}\right) \tag{5.120}$$

式中，$r = \dfrac{S}{\sigma_n^2}$ 为信噪比。从式（5.120）可以看出，P_e 与 r 及 M 有关。图 5.32 所示为 MASK 系统误码率 P_e 性能曲线。

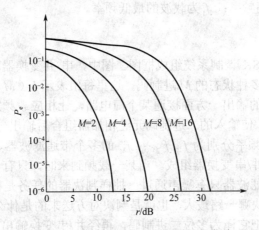

图 5.32　MASK 系统误码率 P_e 性能曲线

4. MASK 系统的优、缺点

（1）传输效率高。频带利用率是 2ASK 的 $\log_2 M$ 倍。
（2）抗衰落能力差，只宜用于恒参信道。
（3）当接收机输入端平均信噪比相同时，MASK 系统的误码率比 2ASK 系统误码率大。
（4）电平数 M 越大，设备越复杂。

5.4.2　M 进制频移键控

1. MFSK 信号

MFSK 是 2FSK 的直接推广。它是用 M 进制数字基带信号控制高频连续载波的频率，实现频谱搬移的过程。因此，MFSK 信号用 M 个频率的等幅正弦波分别代表不同的数字信息，它可表示为

$$e_{MFSK}(t) = \sum_{i=1}^{M} s_i(t)\cos(\omega_i t) \tag{5.121}$$

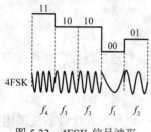

图 5.33　4FSK 信号波形

式中，ω_i 为载波角频率，通常取 $f_i = \dfrac{n}{2T_s}$（n 为正整数，$i = 1, 2, \cdots, M$），它使 M 种发送信号相互正交。图 5.33 所示为 $M = 4$ 的 4FSK 信号波形。

MFSK 也可分为相位连续的 CPMFSK 信号和相位不连续的 DPMFSK 信号。图 5.33 是 DP4FSK 信号。DPMFSK 信号可由键控法产生。从图 5.33 中可以看出，DPMFSK 可以看作由 M 个振幅相同、载频不同、时间上互不重叠的 2ASK 信号叠加的结果。设 MFSK 信号码元速率 $R_B = \dfrac{1}{T_s}$，则 DPMFSK 信号带宽为

$$B_{\mathrm{DP}M\mathrm{FSK}} = f_M - f_1 + \frac{2}{T_s} \tag{5.122}$$

式中，f_M 为载波的最高频率；f_1 为载波的最低频率。

2. MFSK 系统框图

图 5.34 所示为 MFSK 调制系统组成框图。图中，串/并变换器和逻辑电路将一组组的输入二进制码转换成有多种状态的 M 进制码，这里每组表示 k（$M = 2^k$）位。当某组二进制码到来时，逻辑电路的输出一方面接通某个门电路，让相应载频发送出去，另一方面却同时关闭所有的门电路，使输入的二进制码元经相加器组合后输出一个 MFSK 波形。MFSK 信号的解调部分由中心频率分别为 $f_1, f_2, \cdots, f_M$ 的多个带通滤波器、包络检波器及一个抽样判决器、逻辑电路、并/串变换器组成。当某一载频到来时，只有一个带通滤波器有信号及噪声通过，其他带通滤波器只有噪声通过。抽样判决器的任务是在某时刻比较所有包络检波器输出的电压，判决哪一路最大，也就是判决对方送来的是什么频率、对应的是 M 进制哪种码元。逻辑电路把它译为多位二进制码，再经并/串变换输出二进制信号。

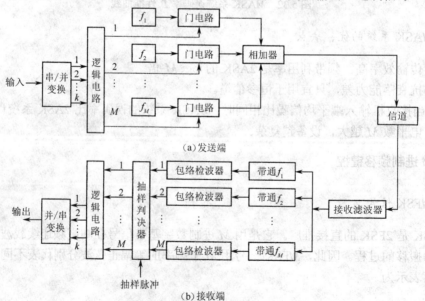

(a) 发送端

(b) 接收端

图 5.34　MFSK 调制系统组成框图

　　MFSK 信号除用上述分路滤波、包络检波外，还可采用分路滤波相干检测。此时只需将图 5.34 中的包络检波器去掉，换成相乘器及低通滤波器即可，各路相乘器分别输入不同频率的相干载波信号。

3. MFSK 系统的误码率

MFSK 系统的误码率分析方法与 2FSK 类似。采用非相干解调时，MFSK 系统误码率为

$$P_e = \frac{M-1}{2} e^{-\frac{r}{2}} \tag{5.123}$$

采用相干解调时，MFSK 系统误码率为

$$P_e = \frac{M-1}{2} \text{erfc} \sqrt{\frac{r}{2}} \tag{5.124}$$

式中，r 为平均接收信号信噪比。图 5.35 所示为 MFSK 系统误码率性能曲线。从图中可以看出，误码率 P_e 是进制数 M 和平均信噪比 r 的函数。当 r 一定时，M 越大，P_e 越大；当 M 一定时，r 越大，P_e 越小。此外，相干解调性能优于非相干解调，但随着 M 增大，性能趋于一致。

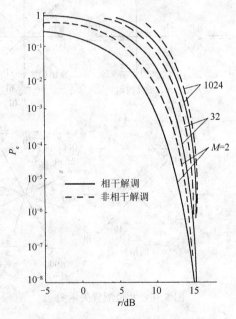

图 5.35　MFSK 系统误码率性能曲线

4. MFSK 系统特点

　　在传信率相同的条件下，MFSK 比 2FSK 有更宽的码元宽度，这样就可有效地减小由于多径效应造成的码元干扰的影响，其抗衰落性能优于 ASK 和 PSK，也优于 2FSK。MFSK 的主要缺点是信号频带宽，频带利用率低。

5.4.3　M 进制相移键控

　　M 进制相移键控是用 M 进制数字基带信号改变高频连续载波相位，实现频谱搬移的过

程。根据数字基带信号改变载波的初相位还是相对相位，M 进制相移键控可以分为 M 进制绝对相移键控（MPSK）和 M 进制相对相移键控（MDPSK）。目前，应用较多的 M 进制相移键控是四相制和八相制。下面以 $M=4$ 为例介绍 MPSK 和 MDPSK 信号、系统及性能。

1. 4PSK 和 4DPSK 信号

4PSK 是四相绝对相移键控的简记形式，也可简记为 QPSK。4PSK 信号中 4 种相位直接表示数字基带信号的 4 种码元。相位配置常用的两种形式如图 5.36 所示。图中虚线为基准相位（参考相位）。对于 4PSK 信号，基准相位表示未调载波的相位，各相位值都是对参考相位而言的。两种相位配置形式都采用等间隔的相位差来区分相位状态，M 相制的相位间隔为 $\dfrac{2\pi}{M}$；这样造成的平均差错概率最小。对四相制而言，图 5.36 所示的两种形式又分别称为 $\dfrac{\pi}{2}$ 体系和 $\dfrac{\pi}{4}$ 体系。

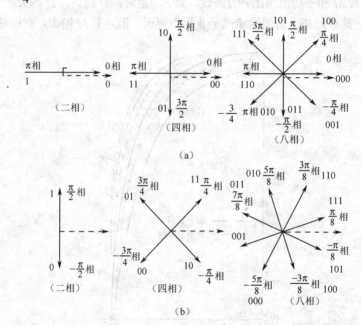

图 5.36　相位配置矢量图

4DPSK 是四相相对相移键控的简写形式，也可简记为 QDPSK。4DPSK 信号是利用载波的相对相位表示四进制信号。图 5.36 所示的相位配置也适合于 4DPSK 信号，其中相位即为相对相位，虚线表示基准相位，它是前一个已调载波码元的终相。

设载波频率 f_c 是码元重复频率 $\dfrac{1}{T_s}$ 的整数倍。两种形式 4PSK、4DPSK 信号波形如图 5.37 所示（其中假设 $f_c = \dfrac{1}{T_s}$）。

设载波为 $\cos(\omega_c t)$，相对于参考相位的相移为 φ_k，则一般 M 进制相移键控波形可用正交形式表示为

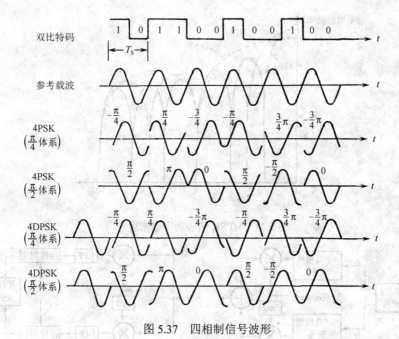

图 5.37 四相制信号波形

$$e_0(t) = \sum_{k=-\infty}^{\infty} g(t-kT_s)\cos(\omega_c t + \varphi_k)$$

$$= \cos(\omega t) \sum_{k=-\infty}^{\infty} \cos\varphi_k g(t-kT_s) - \sin(\omega_c t) \sum_{k=-\infty}^{\infty} \sin\varphi_k g(t-kT_s)$$

$$= \left[\sum_{k=-\infty}^{\infty} a_k g(t-kT_s)\right]\cos(\omega_c t) - \left[\sum_{k=-\infty}^{\infty} b_k g(t-kT_s)\right]\sin(\omega_c t)$$

$$= I(t)\cos(\omega_c t) - Q(t)\sin(\omega_c t) \tag{5.125}$$

式中，$g(t)$ 为高度为 1、宽度为 T_s 的门函数；φ_k 为受调相位，有 M 种取值；$a_k = \cos\varphi_k$；$b_k = \sin\varphi_k$；$I(t)$ 表示同相（I）信号；$Q(t)$ 表示正交（Q）信号。从式（5.125）可以看出，多相调制的波形可以看作对 I、Q 两路正交载波进行多电平双边带调制所得信号之和。因此，多进制相移键控信号的带宽与多电平双边带调制时的相同，为 2 倍的码元重复频率，即为 $\dfrac{2}{T_s}$。

M 进制相移键控的功率谱密度如图 5.38 所示。为了比较，图中给出了传信率 R_b 相同时，2PSK、4PSK 和 8PSK 信号的单边功率谱。显然，R_b 一定时，M 越大，功率谱主瓣越窄，从而频带利用率越高。M 进制相移键控的频带利用率与 MASK 相同。

2. 4PSK 信号的产生和解调

4PSK 调制系统框图如图 5.39 所示。发送端采用的是正交调制方法，式（5.125）是其框图建立思想，也即将相邻二进制信号同时产生载波相互正交的 2PSK 信号相加合成为 4PSK 信号。图 5.39 中发送端串/并变换将串行输入的二进制信号变为两个一组送出，单/双极性变换将"1"变为"+1"，"0"变为"−1"，再分别与载波相乘，最后相加，合成具有图 5.36（b）所示的 4PSK 信号。图 5.39 接收端是通过相干解调恢复基带信号的，同样存在相位模糊现象。

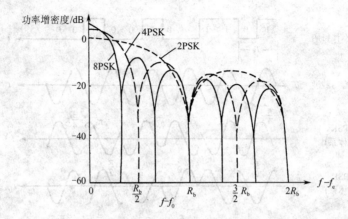

图 5.38 MPSK 信号功率谱密度

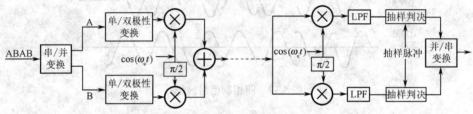

图 5.39 4PSK 调制系统框图

如果要合成图 5.36（a）所示的 4PSK 信号，只需改变图 5.39 中载波相位的相移网络，如图 5.40 所示。

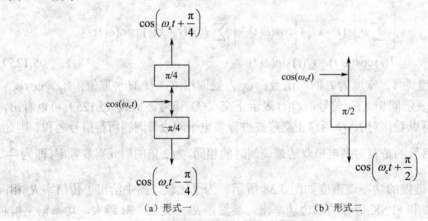

（a）形式一   （b）形式二

图 5.40 图 5.36 中 4PSK 调制系统相移网络

图 5.39 产生 4PSK 信号的方法又称为直接调相法。此外，还有一些方法也可以产生 PSK 信号，如相位选择法、脉冲插入法等。图 5.41 所示为相位选择法产生 4PSK 信号框图。在相位选择法中，四相载波发生器输出 4PSK 信号需 4 种不同相位的载波。输入二进制数据流经串/并变换器输出双比特码元，逻辑选相电路根据输入的双比特码元，每个时间间隔 T_s 选择其中一种相位的载波，然后经带通滤波器滤除高频成分输出。

3. 4DPSK 信号的产生和解调

为了克服 4PSK 信号相干解调产生的相位模糊现象，实际中更实用的是 4DPSK 方式。

4DPSK 信号的产生方法可在 4PSK 直接调相的基础上再加码变换器实现。图 5.42 所示为直接调相-码变换法产生 4DPSK 信号框图。图中单/双极性变换的规律是 0→+1、1→-1,码变换器完成四进制差分编码。按图示方法可获得图 5.36（a）所示的 4DPSK 信号。

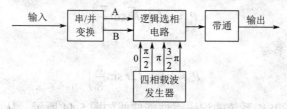

图 5.41 相位选择法产生 4PSK 信号框图

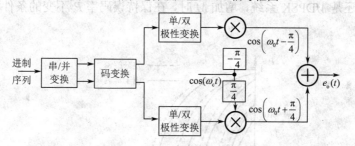

图 5.42 直接调相-码变换法产生 4DPSK 信号框图

与 2DPSK 信号的解调类似,4DPSK 信号解调可采用相干解调再加码反变换方式,也可采用相位比较法,分别如图 5.43（a）和（b）所示。

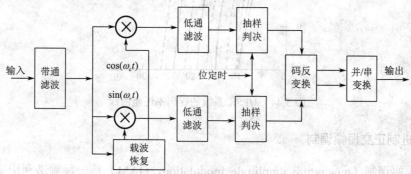

（a）相干解调加码反变换解调 4DPSK 信号原理

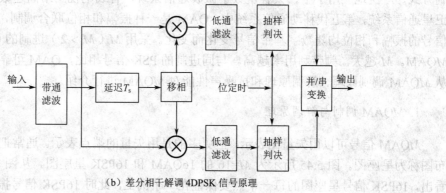

（b）差分相干解调 4DPSK 信号原理

图 5.43 4DPSK 信号的解调

4. 4PSK 及 4DPSK 系统的误码率

采用相干解调的 4PSK 系统误码率为

$$P_e \approx \mathrm{erfc}\left(\sqrt{r}\sin\frac{\pi}{4}\right) \tag{5.126}$$

4DPSK 系统误码率为

$$P_e \approx \mathrm{erfc}\left(\sqrt{2r}\sin\frac{\pi}{8}\right) \tag{5.127}$$

式中，r 为信噪比。MPSK 系统的误码率性能曲线如图 5.44 所示。从图 5.44 中可以看出，不论是 MPSK 还是 MDPSK 系统，增加 M 时，在保持误码率 P_e 不变的条件下，必须提高信噪比 r。

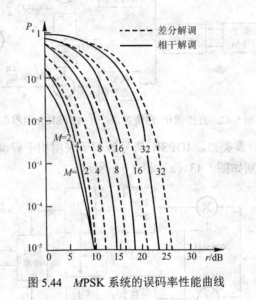

图 5.44　MPSK 系统的误码率性能曲线

5.4.4　M 进制正交振幅调制

正交振幅调制（quadrature amplitude modulation，QAM）是一种频谱利用率很高的调制方式，广泛地应用于中、大容量数字微波通信系统，有线电视网络高速数据传输系统，卫星通信系统，第五代移动通信系统中。QAM 是一种振幅和相位联合调制，也就是其已调信号的振幅和相位均随数字基带信号变化而变化。采用 M（M > 2）进制的 QAM，可记为 MQAM。M 越大，频带利用率越高。与同进制的 PSK 信号相比，QAM 可靠性更高。下面从 MQAM 调制原理、解调原理和抗噪声性能对 MQAM 进行介绍。

1. MQAM 调制与解调原理

MQAM 信号可以用矢量图表示，但更多的是用矢量的端点表示。通常把矢量端点的分布图称为星座图。图 5.45 所示为 M=16 的 16QAM 和 16PSK 星座图。从图 5.45（a）可以看出，16PSK 信号星座图的每一个点要保证在一个圆上，此时 16PSK 信号振幅不变，相位有 16 种，每种对应 4 位二进制码的一种组合；在图 5.45（b）和（c）中，16QAM 信号的星座图的每一个点分布在圆内,此时 16QAM 信号振幅和相位都有变化,是一种调幅调相波。

比较在给定条件下两星座图中相邻点之间的最小距离,可以说明系统的抗干扰能力。在图 5.45 中,在信号最大功率均为 A^2 条件下,可以求出图 5.45(a)中 16PSK 相邻点距离 d_1 和图 5.45(b)中 16QAM 相邻点间距离 d_2 分别如下。

对于 16PSK,有

$$d_1 = 2A\sin\frac{\pi}{16} = 0.39A$$

对于 16QAM,有

$$d_2 = \frac{\sqrt{2}}{\sqrt{M}-1}A = \frac{\sqrt{2}A}{\sqrt{16}-1} = 0.47A$$

结果表明,$d_2 > d_1$。星座图中,两信号点距离越大,在噪声干扰使星座图模糊的情况下要求分开两个可能信号点越容易办到。因此,16QAM 系统的抗干扰能力优于 16PSK 系统。

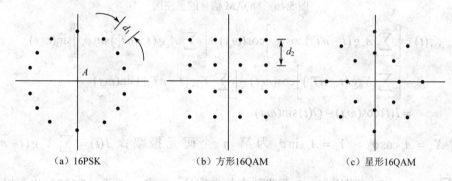

(a) 16PSK   (b) 方形16QAM   (c) 星形16QAM

图 5.45 16PSK 和 16QAM 星座图

图 5.45(b)所示的 16QAM 星座图是方形星座图,图 5.45(c)所示的 16QAM 星座图是星形星座图。星座图的结构不同,振幅值和相位值的数量就不同。例如,方形 16QAM 有 3 种振幅值、12 种相位值;星形 16QAM 有 2 种振幅值、8 种相位值。星形 16QAM 具有较少的振幅和相位值,因此其在衰落信道中比方形 16QAM 更为适用。但两者在抗干扰能力方面,方形 16QAM 优于星形 16QAM。这是因为在平均发送功率相同的情况下,可以计算得到方形 16QAM 星座图信号点之间的最小距离大于星形 16QAM 星座图信号点之间的最小距离。

M 为 4、16、32、…、256 时,MQAM 信号的星座图如图 5.46 所示,其中 M 为 4、16、64、256 时星座图为矩形,而 M 为 32、128 时星座图为十字形。

MQAM 信号的一般数学表示式为

$$e_{MQAM}(t) = \sum_{n=-\infty}^{\infty} A_n g(t - nT_s)\cos(\omega_c t + \phi_n) \tag{5.128}$$

式中,A_n 为基带信号的振幅;$g(t - nT_s)$ 为宽度为 T 的第 n 个码元基带信号波形;ϕ_n 为第 n 个码元载波的相位。式(5.128)展开的正交表示形式为

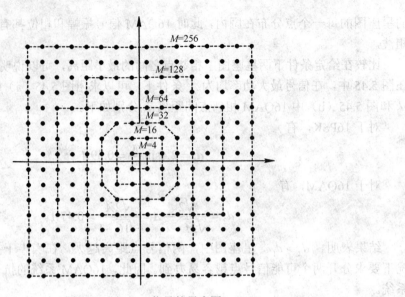

图 5.46 MQAM 信号的星座图

$$e_{MQAM}(t) = \left[\sum_{n=-\infty}^{\infty} A_n g(t-nT_s)\cos\phi_n\right]\cos(\omega_c t) - \left[\sum_{n=-\infty}^{\infty} A_n g(t-nT_s)\sin\phi_n\right]\sin(\omega_c t)$$

$$= \left[\sum_{n=-\infty}^{\infty} X_n g(t-nT_s)\right]\cos(\omega_c t) - \left[\sum_{n=-\infty}^{\infty} Y_n g(t-nT_s)\right]\sin(\omega_c t)$$

$$= I(t)\cos(\omega_c t) - Q(t)\sin(\omega_c t) \tag{5.129}$$

式中，$X_n = A_n\cos\phi_n$、$Y_n = A_n\sin\phi_n$ 为第 n 个码元振幅；$I(t) = \sum\limits_{n=-\infty}^{\infty} X_n g(t-nT_s)$ 和

$Q(t) = \sum\limits_{n=-\infty}^{\infty} Y_n g(t-nT_s)$ 分别为 I、Q 两路数字基带信号。因此，由式（5.129）也可以看出，

QAM 是 I、Q 两路数字基带信号对两个相互正交的同频载波进行抑制载波双边带调制。

根据式（5.129），并结合星座图，可给出 $MQAM$ 信号调制原理框图，如图 5.47 所示。图中，L 为星座图上信号点在水平轴和垂直轴上投影的电平数，输入速率为 R_b 的二进制序列，经串/并变换为两路并行二进制序列，它们的速率为输入序列的一半，即 $\dfrac{R_b}{2}$，这两路

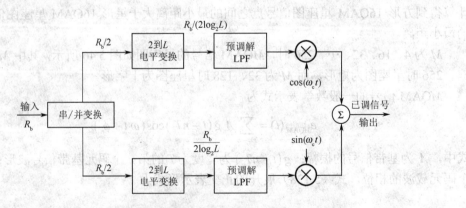

图 5.47 MQAM 信号调制原理框图

序列再分别经过 2 电平到 L 电平的变换，形成 L 电平的基带信号，此时的速率为 $\dfrac{R_b}{2\log_2 L}$。

为了抑制已调信号的带外辐射，要将 L 进制基带信号进行预调制低通滤波，再分别与同相载波 $\cos(\omega_c t)$ 和正交载波 $\sin(\omega_c t)$ 相乘。最后将两路信号相加即得到 $MQAM$ 信号。

图 5.48 所示为 $MQAM$ 信号解调原理。图中采用正交相干解调方法。输入信号与本地恢复的两个正交载波相乘后，经过低通滤波器输出 I、Q 两路多电平基带信号，经多电平判决和 L 电平到 2 电平转换，得到两路二进制数据流，最后经并/串变换，输出即为解调后的二进制数据信号。

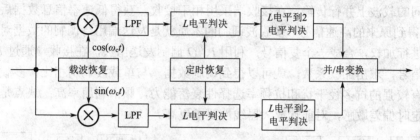

图 5.48　$MQAM$ 信号相干解调原理

2. $MQAM$ 的误码率

对于方形 $MQAM$ 信号，根据其信号产生可看成由两个相互正交且独立的多电平 ASK 信号叠加而成，利用多电平信号误码率分析方法，可得 $MQAM$ 系统的误码率为

$$P_e = \left(1 - \frac{1}{L}\right)\text{erfc}\left(\sqrt{\frac{3\log_2 L}{L^2 - 1}\frac{E_b}{n_0}}\right) \tag{5.130}$$

式中，$L^2 = M$；$\dfrac{E_b}{n_0}$ 为归一化信噪比；E_b 为每比特能量；n_0 为噪声单边功率谱密度。式（5.130）的曲线表示如图 5.49 所示。从图 5.49 中可以看出，增加 M 时，在保持误码率 P_e 不

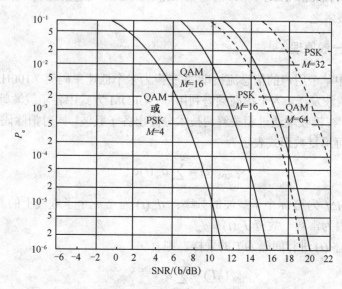

图 5.49　$MQAM$ 的误码率曲线

变的条件下，必须提高信噪比 r；当 $M>4$ 时，$MQAM$ 系统的性能优于 $MPSK$ 系统。

5.5 正交频分复用调制

前面所述的是单载波调制体制，这种体制在高速数据传输中，因信道特性的不理想而造成信号失真和码间串扰。为了解决这些问题，除了第 4 章介绍的均衡器外，还可以采用多载波传输技术。多载波调制系统框图如图 5.50 所示，它是一种并行体制，其基本思想是在发送端将高速率的信息数据流经串/并变换，分割成若干路低速率数据流，再将它们分别调制到不同的载波上并行传输；在接收端采用相干接收，获得低速率信息数据后，再通过并/串变换得到原来的高速信号。多载波调制的本质就是发送端用待调制的数据对一系列复指数信号进行加权，合成一个复信号，利用 I、Q 调制发送出去，在接收端通过 I、Q 解调恢复出复信号，求出加权系数，就可以得到调制数据。与单载波调制相比，多载波调制的优点是具有较强的抗多径干扰和抗频率选择性衰落能力，频谱利用率高；缺点是对载波频率偏差和定时偏差敏感，对前端放大器线性要求更高。

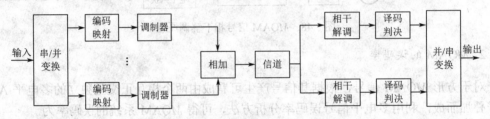

图 5.50 多载波调制系统框图

正交频分复用调制（orthogonal frequency division multiplexing，OFDM）技术是多载波调制中一种高效调制技术，主要应用有高速率数字用户线路（high-rate digital subscriber line，HDSL）、非对称数字用户线路（asymmetric digital subscriber line，ADSL）、高清晰度电视（high definition television，HDTV）地面广播系统。OFDM 也是第三代、第四代、第五代移动通信系统采用技术之一。

5.5.1 OFDM 的一般原理

OFDM 系统中单个用户的信息流被串/并变换为多个低速率码流（100Hz～50kHz），每个码流都用一个载波发送。为了提高频谱利用率，OFDM 方式中各子载波频谱有 1/2 重叠，但保持相互正交。在接收端通过相关解调技术分离出各子载波，同时消除码间串扰的影响。

OFDM 信号可用复数形式表示为

$$s_{\mathrm{OFDM}}(t) = \sum_{m=0}^{M-1} d_m(t)\mathrm{e}^{\mathrm{j}2\pi f_m t} \tag{5.131}$$

式中，$f_m = f_c + m\Delta f$ 为第 m 个子载波的频率；$d_m(t)$ 为第 m 个子载波上的复数信号，它在一个符号周期 T_s 内为常数，故有 $d_m(t) = d_m$。

若对信号 $s_{\mathrm{OFDM}}(t)$ 进行间隔为 T 的采样，则有

$$s_{\mathrm{OFDM}}(kT) = \sum_{m=0}^{M-1} d_m \mathrm{e}^{\mathrm{j}2\pi(f_c + m\Delta f)kT} \tag{5.132}$$

　　假设一个符号周期 T_s 内含有 N 个抽样值，即 $T_s = NT$。产生 OFDM 信号的过程是先基带实现，再上变频。因此，基带处理过程中可令 $f_c = 0$，则式（5.132）可化简为

$$s_{\text{OFDM}}(kT) = \sum_{m=0}^{M-1} d_m \mathrm{e}^{\mathrm{j}(m2\pi\Delta f)kT} \tag{5.133}$$

　　将式（5.133）与离散傅里叶逆变换（inverse discrete Fourier transform，IDFT）形式相比较，若将 d_m 看作频率采样信号，则 $s_{\text{OFDM}}(kT)$ 为对应时域信号。若令

$$\Delta f = \frac{1}{NT} = \frac{1}{T_s} \tag{5.134}$$

则 OFDM 信号不但保持各子载波相互正交，而且可以用离散傅里叶变换（discrete Fourier transform，DFT）来表示。

　　OFDM 系统中引入 DFT 技术对并行数据进行调制和解调，故图 5.50 中的调制器可以用 DFT 模块替代。OFDM 系统中子带频谱是 $S_a(x)$ 函数，OFDM 信号频谱结构如图 5.51 所示。

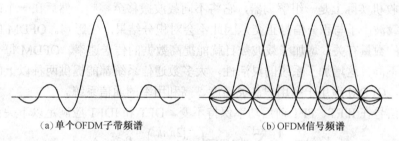

（a）单个OFDM子带频谱　　　　　　　　（b）OFDM信号频谱

图 5.51　OFDM 信号频谱结构

5.5.2　OFDM 信号调制与解调

　　基于快速傅里叶变换（fast Fourier transform，FFT）产生与接收 OFDM 信号原理如图 5.52 所示。在图 5.52（a）所示的发送端，输入速率为 R_b 的二进制数据序列先进行串/并变换，将串行数据转化为 N 个并行数据并分配给 N 个不同的子信道，此时子信道信号传输速率为 $\dfrac{R_b}{N}$。N 路数据经过编码映射为 N 个复数子符号 X_k。随后编码映射输出信号被送入一个进行快速傅里叶逆变换（inverse fast Fourier transform，IFFT）的模块，此模块将频域内 N 个复数子符号 X_k 变换成时域中的 $2N$ 个实数样值 $X_k(k = 0,1,\cdots,2N-1)$。由此原始数据就被 OFDM 按照频域数据进行处理。计算出的 IFFT 的样值，被循环前缀 $X_k = X_{2N+k}(k = -1,-2,\cdots,-J)$ 加到样值前，形成循环拓展的 OFDM 信息码字。此码字再次通过并/串变换，然后按串行方式通过 D/A 转换和低通滤波器输出基带信号，最后经过上变频输出 OFDM 信号。

（a）OFDM 信号调制

图 5.52　基于 FFT 的 OFDM 结构框图

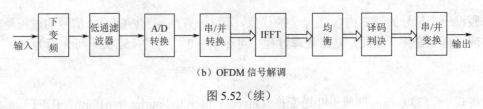

（b）OFDM 信号解调

图 5.52（续）

在图 5.52（b）所示的接收端，操作过程与发送端相反。首先输入的 OFDM 信号经过下变频变换到基带，A/D 转换、串/并转换后的信号去掉循环前缀，再进行 2N 点 FFT 得到一帧数据。再通过均衡对信道失真进行校正，最后通过译码判决和并/串变换，恢复出发送的二进制数据序列。

由于 OFDM 采用的基带调制为 IDFT，因此可以认为数据的编码映射是在频域进行的，经过 IFFT 变换为时域信号发送出去。接收端通过 FFT 恢复出频域信号。

OFDM 尽管还是频分复用，但已与过去的 FDM 有了很大的不同：不再是通过很多带通滤波器来实现，而是直接在基带处理，这也是 OFDM 有别于其他系统的优点之一。OFDM 的接收机实际上是一组解调器，它将不同载波搬移至零频，然后在一个码元周期内积分，其他载波由于与积分信号正交，因此不会对积分结果产生影响。OFDM 的高数据速率与子载波的数量有关，增加子载波数目就能提高数据的传送速率。OFDM 每个频带的调制方法可以不同，这增加了系统的灵活性，大多数通信系统都能提供两种以上的业务来支持多个用户，OFDM 适用于多用户高灵活度、高利用率的通信系统。

为了使信号在 IFFT、FFT 前后功率保持不变，DFT 和 IDFT 应满足以下关系：

$$X(k) = \frac{1}{\sqrt{N}} \sum_{n=0}^{N-1} x(n) \exp\left(\frac{-\mathrm{j}2\pi nk}{N}\right), \quad 0 \leqslant k \leqslant N-1 \tag{5.135}$$

$$X(n) = \frac{1}{\sqrt{N}} \sum_{k=0}^{N-1} x(k) \exp\left(\frac{-\mathrm{j}2\pi nk}{N}\right), \quad 0 \leqslant n \leqslant N-1 \tag{5.136}$$

在 OFDM 系统中，符号周期、载波间隔和子载波数应根据实际应用条件合理选择。符号周期的大小影响载波间距及编码调制迟延时间。若信号星座固定，则符号周期越长，抗干扰能力越强，但是载波数量和 FFT 的规模也越大。各子载波间距的大小也受到载波偏移及相位稳定度的影响。一般选定符号周期时应使信道在一个符号周期内保持稳定。子载波的数量根据信道带宽、数据速率及符号周期来确定。OFDM 系统采用的调制方式应根据功率及频谱利用率的要求来选择。常用的调制方式有 QPSK 和 16QAM 方式。另外，不同的子信道还可以采用不同的调制方式，特性较好的子信道可以采用频谱利用率较高的调制方式，而衰落较大的子信道应选用功率利用率较高的调制方式，这是 OFDM 系统的优点之一。

5.5.3 OFDM 技术的优、缺点

1. 优点

（1）频谱利用率很高。频谱效率比串行系统高近 1 倍。这一点在频率资源有限的无线环境中很重要。OFDM 信号的相邻子载波相互重叠，从理论上讲其频谱利用率可以接近奈奎斯特极限。

（2）抗衰落能力强。OFDM 把用户信息通过多个子载波传输，在每个子载波上的信号

时间就相应地比同速率的单载波系统上的信号时间长很多倍，使 OFDM 对脉冲噪声和信道快衰落的抵抗力更强。同时，通过子载波的联合编码，达到了子信道间的频率分集作用，也增强了对脉冲噪声和信道快衰落的抵抗力。因此，如果衰落不是特别严重，就没有必要再添加时域均衡器。

（3）适合高速数据传输。OFDM 自适应调制机制使不同的子载波可以按照信道情况和噪声背景的不同使用不同的调制方式。当信道条件好时，采用效率高的调制方式。当信道条件差时，采用抗干扰能力强的调制方式。此外，OFDM 加载算法的采用，使系统可以把更多的数据集中放在条件好的信道上以高速率进行传送。因此，OFDM 技术非常适合高速数据传输。

（4）抗码间串扰能力强。码间串扰是数字通信系统中除噪声干扰外最主要的干扰，与加性噪声干扰不同，它是一种乘性干扰。造成码间串扰的原因有很多，实际上，只要传输信道的频带是有限的，就会造成一定的码间串扰。由于 OFDM 采用了循环前缀，因此对抗码间串扰的能力很强。

2. 缺点

（1）对系统中的非线性问题敏感。在基于 DFT 的 OFDM 系统中，所有调制器的输出都自动地联合加在一起，然后，这个合并后的信号被放大。这与原始的 OFDM 系统不同，在最初的 OFDM 系统中，是先对 MODEM 的输出进行放大，再将各个放大后的信号合并在一起。这就使基于 DFT 的 OFDM 系统对放大器的非线性敏感，因为合并后的信号而具有类似于高斯噪声的振幅特性。

（2）对定时和频率偏移敏感。精确定时和减小频偏对 OFDM 尤为重要。因为如果做不到这一点，OFDM 的正交性将无法保证，就必然引起各子载波之间的相互干扰及符号间干扰。

5.6　载波同步技术

相干解调的关键是本地要求产生相干载波，这个相干载波要求与接收信号中的调制载波同频同相。人们把获取这个载波的过程称载波同步或载波提取。

与位同步提取技术类似，载波信号提取也有两类方法，即直接法和插入导频法。直接法是从已调信号中提取载波信号；插入导频法是发送端发送导频信号，接收端用窄带滤波器提取导频信号，用来产生本地载波信号。

1. 直接法

直接法也称为自同步法。这种方法是设法从接收已调信号中提取载波分量。这里主要介绍同相正交环法。

同相正交环的框图如图 5.53 所示。设图中输入信号为 $m(t)\cos(\omega_c t)$，压控振荡器的输出 $v_1 = \cos(\omega_c t + \theta)$ 即是提取的载波信号，v_1 中 θ 为锁相环的剩余相位误差，通常是很小的。根据图 5.53，各点波形表达式为

$$v_3 = m(t)\cos(\omega_c t)\cos(\omega_c t + \theta) = \frac{1}{2}m(t)\left[\cos\theta + \cos(2\omega_c t + \theta)\right]$$

$$v_4 = m(t)\cos(\omega_c t)\sin(\omega_c t + \theta) = \frac{1}{2}m(t)[\sin\theta + \sin(2\omega_c t + \theta)]$$

$$v_5 = \frac{1}{2}m(t)\cos\theta$$

$$v_6 = \frac{1}{2}m(t)\sin\theta$$

$$v_7 = v_5 v_6 = \frac{1}{4}m^2(t)\sin\theta\cos\theta = \frac{1}{8}m^2(t)\sin 2\theta \approx \frac{1}{4}m^2(t)\cdot\theta$$

式中，v_7 的大小与相位误差 θ 成正比，v_7 经过环路滤波器后控制压控振荡器，调整 v_1 的相位，使稳态相差减小到很小的数值，得到一个频率与 f_c 相同、θ 很小的本地载波信号。

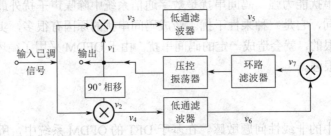

图 5.53 同相正交环框图

用同相正交环可直接解调出基带信号 $m(t)$，即 v_5。与平方环法比较，显然电路要复杂些，但它的工作频率即为载波频率，而平方环工作频率是载波频率的 2 倍，显然当载波频率很高时，工作频率低的同相正交环易于实现。

同相正交环也同样存在相位模糊现象。这是因为锁相环工作时可以锁定在任何一个稳定的平衡上。考虑 v_7 控制压控振荡器的稳态平衡点有 $\theta=0$ 和 $\theta=\pi$，故 v_1 可能为 $\cos(\omega_c t)$，也可能为 $\cos(\omega_c t + \pi)$，因此 v_1 相位不确定，有相位模糊现象。

对于多相移相信号，也可以类似地用多相科斯塔斯环法提取载波。图 5.54 所示为四相科斯塔斯环法提取载波框图，压控振荡器输出即为提取的载波信号。此方法也同样存在相位模糊现象。

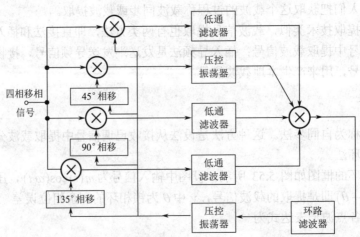

图 5.54 四相科斯塔斯环法提取载波框图

2. 导频法

导频法又称为外同步法,这种方法接收端提取发送端专门插入的导频作为本地载波信号。下面仅介绍在双边带信号中插入导频。

在双边带信号频谱中插入导频的位置是载波频率 f_c,信号频谱应该在 f_c 为零处;否则导频与信号频谱成分重叠在一起,接收时不易提取。对于模拟调制的双边带、单边带信号,在载频 f_c 附近信号频谱为 0,但对于 2PSK 和 2DPSK 信号,在 f_c 附近有较大的频谱成分,因此对于这样的数字信号,在调制以前先对基带 $s(t)$ 进行相关编码,其作用是让基带信号在零频处为 0,如图 5.55(a)和(b)所示。这样经过双边带调制后可以得到图 5.55(c)所示的频谱,在 f_c 附近频谱成分很小,就可以在 f_c 处插入导频。

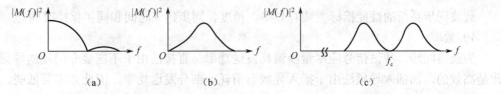

图 5.55　在双边带信号中插入导频

图 5.56 所示为插入导频法框图。发送端插入导频信号与载波信号频率相同(都是 f_c),相位相差 $90°$。因此,插入的导频是正交载波。那么为什么插入的导频是正交载波呢?只要对接收端的解调过程进行分析即可得出结论。

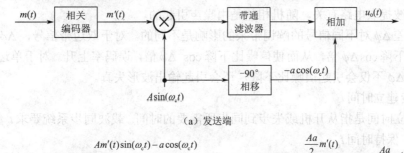

(a)发送端

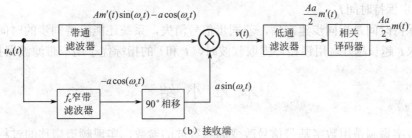

(b)接收端

图 5.56　插入导频法框图

设调制信号为 $m(t)$,$m(t)$ 不含直流分量,未调载波为 $A\sin(\omega_c t)$,则发送端输出信号 $u_o(t)$ 为

$$u_o(t) = -a\cos(\omega_c t) + Am'(t)\sin(\omega_c t)$$

接收端收到 $u_o(t)$ 后,其中导频经 f_c 窄带滤波器滤出,再经 $90°$ 相移电路后得 $a\sin(\omega_c t)$。$u_o(t)$ 与 $a\sin(\omega_c t)$ 乘法器输出 $v(t)$ 为

$$v_o(t) = u_o(t) \cdot a\sin(\omega_c t) = aAm'(t)\sin^2(\omega_c t) - a^2\sin(\omega_c t)\cos(\omega_c t)$$

$$= \frac{aA}{2}m'(t) - \frac{aA}{2}m'(t)\cos(2\omega_c t) - \frac{a^2}{2}\sin(2\omega_c t)$$

$v(t)$ 经过低通滤波器后得到 $\frac{aA}{2}m'(t)$。如果发送端导频不是正交载波，即不加-90°相移电路，此时按图 5.56，接收到的信号为 $\frac{aA}{2}m(t) + \frac{aA}{2}$，多了不需要的直流成分 $\frac{aA}{2}$，此直流分量会对数字信号产生影响。

3. 载波同步系统的性能

载波同步系统的性能指标主要有效率、精度、同步建立时间和同步保持时间。

1）效率

为获得同步，载波信号应尽量少消耗发送功率。直接法由于不需要专门发送导频，因此是高效的，而插入导频法由于插入导频要消耗一部分发送功率，因此效率要低些。载波同步追求高效率。

2）精度

精度是指提取载波与需要的载波标准比较，应该有尽量小的相位误差。如需要的同步载波为 $\cos(\omega_c t)$，提取的同步载波为 $\cos(\omega_c t + \Delta\phi)$，其中的 $\Delta\phi$ 就是相位误差，要求 $\Delta\phi$ 应尽量小，也即要求载波提取的高精度。一般 $\Delta\phi$ 由两部分组成，即稳态相差和随机相差。稳态相差与载波提取电路有关，随机相差是由噪声引起的。

相位误差 $\Delta\phi$ 对不同信号的解调带来的影响是不同的。对于双边带信号，$\Delta\phi$ 会引起接收信号振幅下降 $\cos\Delta\phi$ 倍，从而使信噪比下降 $\cos^2\Delta\phi$ 倍，误码率上升。对于单边带和残留边带信号，$\Delta\phi$ 不仅会引起信噪比下降，还会引起输出波形失真。

3）同步建立时间 t_s

同步建立时间是指从开机或失步到同步所需的时间。载波同步系统要求 t_s 越小越好。

4）同步保持时间 t_c

同步保持时间是指同步建立后，若同步信号消失，系统还能维持同步的时间。载波同步系统要求 t_c 越长越好。用锁相环提取载波时，t_s 和 t_c 的指标优于用窄带滤波器提取载波。

本 章 小 结

（1）数字调制是用数字基带信号改变高频载波的参数，实现频谱搬移的过程，其主要作用是让信号与信道匹配。按照基带信号改变载波参数的不同，数字调制可分为幅移键控（ASK）、频移键控（FSK）和相移键控（PSK 和 DPSK）。产生这些信号的方法有直接法和键控法。

（2）2ASK 是二进制数字基带信号改变高频载波振幅的调制方式，2ASK 信号又称为 OOK 信号。它可表示为单极性不归零基带信号 $s(t)$ 与载波 $\cos(\omega_c t)$ 的乘积，即 $e_0(t) = s(t)\cos(\omega_c t)$，其频谱满足线性搬移关系，带宽是基带信号带宽的 2 倍。调制方式有直接法和键控法，解调方式有相干解调和非相干解调。

（3）2FSK 是二进制数字基带信号改变高频载波频率的调制方式，可分为相位连续的 FSK 和相位离散的 2FSK，分别记为 CP2FSK 和 DP2FSK。DP2FSK 可表示为 $e_0(t)=s(t)\cos(\omega_c t)+\overline{s(t)}\cos(\omega_c t)$，其频谱不满足线性搬移关系，带宽为 $B=2f_s+|f_1-f_2|$。

2FSK 调制方法有直接法和键控法，解调方法有鉴频法、过零点检测法、相干解调和非相干解调。

（4）2PSK 称为二进制绝对相移键控，是用已调信号与未调载波信号相位差表示二进制基带信号的，它可表示为双极性不归零基带信号 $s(t)$ 与高频载波 $\cos(\omega_c t)$ 的乘积，即 $e_0(t)=s(t)\cos(\omega_c t)$，其频谱是一个线性搬移的关系，带宽为数字基带带宽的 2 倍。调制的方法有直接法和键控法，解调只能采用相干解调。2PSK 调制存在相位模糊现象。

2DPSK 称为二进制相对相移键控，是用已调信号相邻码元载波相位相对变化表示基带信号的。它可以通过对基带信号进行差分编码，再进行 2PSK 调制形成，其时域、频域表示式类似于 2PSK 信号，带宽也为基带带宽的 2 倍。2DPSK 信号解调的方法有极性比较-码变换法和差分检测法（又称为相位比较法），系统不存在相位模糊的问题，它比 2PSK 性能差。

（5）数字信号的最佳接收是一个相对的概念，在某种准则下的最佳系统，在另一种准则下就不一定是最佳的。在某些特定条件下，几种最佳准则也可能是等价的。数字通信系统最常采用的最佳准则是输出信噪比最大准则和差错概率最小准则。输出信噪比最大准则下的最佳接收机通常称为匹配滤波最佳接收机。在相同条件下，最佳接收机性能一定优于实际接收机性能。

（6）多进制数字调制是高效调制，但其抗加性噪声能力不及二进制数字调制，且随着进制数增大，误码率上升。实际中多用四相制和八相制调制方法。QAM 是一种频谱利用率很高的调制方式。其同进制数的调制与 PSK 相比，在星座图上有更大距离，因此抗干扰能力更强。从原理上看，QAM 是一种多进制振幅和相位联合调制方案。

（7）正交频分复用（OFDM）方式是一种多载波调制技术。为了提高频谱利用率，OFDM 方式中各子载波有 1/2 重叠，但保持正交，OFDM 是基于 FFT 实现的。OFDM 是一种高效调制技术，它具有较强的抗多径传播和频率选择性衰落的能力以及较高的频谱利用率。

（8）载波同步是为了解决相干解调问题。相干解调需要接收端提供一个与接收信号中的调制载波同频同相的相干载波，这个载波的获得称为载波提取或载波同步。载波同步的方法有直接法和插入导频法。直接法有平方变换法和平方环法及同相正交环法，它们均存在相位模糊现象。直接法是在适当频率位置插入导频，在接收端加以提取。载波同步的主要指标有效率、精度、同步建立时间和同步保持时间。载波相位误差会使 2PSK 信号误码率增加，使单边带信号及残留边带信号解调输出波形失真。

习　题

1. 已知待传送二元序列为 $\{a_k\}=1011010011$，试画出 2ASK 波形。

（1）设载频 $f_c=R_B=\dfrac{1}{T_b}$。　　　　（2）设 $f_c=1.5R_B$。

2. 已知某 2ASK 系统的码元传输速率为 10^3B，所用的载波信号为 $A\cos(4\pi \times 10^6 t)$。

（1）设所传送的数字信息为 011001，试画出相应的 2ASK 信号波形示意图。

（2）求 2ASK 信号的第一零点带宽。

3. 设某 2FSK 调制系统的码元传输速率为 1KB，已调信号的载频为 1kHz 或 2kHz。

（1）若发送数字信息为 011010，试画出相应的 2FSK 信号波形。

（2）试讨论这里的 2FSK 信号应选择怎样的解调器解调。

（3）若发送数字信息是等概率的，试画出它的功率谱密度草图。

4. 一相位不连续的 2FSK 信号，发"1"及"0"时其波形分别为 $s_1(t)=A\cos(2000\pi t+\varphi_1)$ 及 $s_0(t)=A\cos(8000\pi t+\varphi_0)$，码元速率为 600B，采用普通分路滤波器检测，系统频带宽度最小应为多少？

5. 已知数字信息 $\{a_n\}$=1011010，分别以下列两种情况画出 2PSK、2DPSK 及相对码 $\{b_n\}$ 的波形。

（1）码元速率为 1.2KB，载波频率为 1.2kHz。

（2）码元速率为 1.2KB，载波频率为 1.8kHz。

6. 已知数字信息为 1101001，并设码元宽度是载波周期的 2 倍，试画出绝对码、相对码、2PSK 信号、2DPSK 信号的波形。

7. 假设在某 2DPSK 系统中，载波频率为 2.4kHz，码元速率为 1.2KB，已知相对码序列为 1100010111。

（1）试画出 2DPSK 信号波形（注意：相位偏移 $\Delta\varphi$ 可自行假设）。

（2）若采用差分相干解调法接收该信号时，试画出解调系统的各点波形。

（3）若发送信息符号"0"和"1"的概率分别为 0.6 和 0.4，试求 2DPSK 信号的功率谱密度。

8. 设 2DPSK 信号相位比较法解调原理框图及输入信号波形如题图 5.1 所示，试画出 b、c、d、e、f 各点的波形。

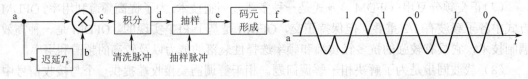

（a）2DPSK 信号相位比较法解调原理框图   （b）输入信号波形

题图 5.1

9. 2ASK 包络检测接收机输入端的平均信噪功率比 $r=7$dB，输入端高斯白噪声的双边功率谱密度为 2×10^{-14} W/Hz。码元传输速率为 50B，设"1"和"0"等概率出现。试计算：

（1）最佳判决阈值；

（2）系统误码率；

（3）其他条件不变，相干解调的系统误码率。

10. 设二进制双极性信号最佳传输系统中，信号"0"和"1"是等概率发送的，信号传输速率为 56Kbit/s，接收码元波形为不归零矩形脉冲，信道加性高斯白噪声的双边功率谱密度为 10^{-15} W/Hz。试问为使误码率不大于 10^{-5}，需要的最小接收信号功率是多少？

11. 在功率谱密度为 $n_0/2$ 的高斯白噪声背景下，设信号波形为

$$f(t)=\begin{cases} A, & 0\leqslant t<T_B/2 \\ -A, & T_B/2\leqslant t\leqslant T_B \\ 0, & \text{其他} \end{cases}$$

设计一个与信号波形 $f(t)$ 相对应的匹配滤波器，并确定：

（1）最大输出信噪比的时刻；

（2）该滤波器的冲激响应和输出信号波形的表达式，并绘出波形；

（3）最大输出信噪比。

12. 设 2PSK 信号的最佳接收机与实际接收机具有相同的输入信噪比 $E_b/n_0=10\text{dB}$，实际接收机的带通滤波器带宽为 $6/T(\text{Hz})$，T 为码元长度。试比较两种接收机的误码率相差多少。

13. 8 电平调制的 MASK 系统，其信息传输速率为 4800bit/s，求其码元传输速率及传输带宽。

14. 基带数字信号 $g(t)$ 如题图 5.2 所示。

（1）试画出 MASK 的时域波形。

（2）试大略画出 MFSK 的时域波形。

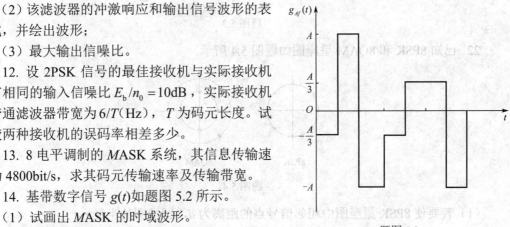

题图 5.2

15. 已知接收机输入平均信噪功率比 $\rho=10\text{dB}$，试分别计算单极性非相干 4ASK、单极性相干 4ASK、双极性相干 4ASK 系统的误码率。

16. 设 2FSK 信号为

$$\begin{cases} s_0(t)=A\sin 2\pi f_0 t, & 0\leqslant t\leqslant T \\ s_1(t)=A\sin 2\pi f_1 t, & 0\leqslant t\leqslant T \end{cases}$$

且 $f_0=2/T$，$f_1=2f_0$，$s_0(t)$ 和 $s_1(t)$ 等概率出现。

（1）试画出其相关接收机原理框图。

（2）设发送码元 010，试画出接收机各点时间波形。

（3）设信道高斯白噪声的双边功率谱密度为 $n_0/2(\text{W/Hz})$，试求该系统的误码率。

17. 已知接收机输入信噪功率比 $r=10\text{dB}$，试分别计算非相干 4FSK、相干 4FSK 系统的误码率。

18. 设发送数字信息序列为 01011000110100，试按图 5.36 所示的要求，分别画出相应的 4PSK 及 4DPSK 信号的所有可能波形。

19. 已知接收机输入信噪功率比 $r=10\text{dB}$，试分别计算差分 4DPSK、相干 4PSK 系统的误码率。在大信噪比条件下，若误码率相同，求两者输入信噪功率比之间的关系。

20. 传码率为 200B，试比较 8ASK、8FSK、8PSK 系统的带宽、信息速率及频带利用率。（设 8FSK 的频率配置使功率谱主瓣刚好不重叠。）

21. 正交双边带调制原理框图如题图 5.3 所示。

（1）讨论载波相位误差 ϕ 对该系统有何影响。

（2）若 $A_1=2A_2$，要求两路间干扰和信号电压比不超过 2%，试确定 ϕ 的最大值。

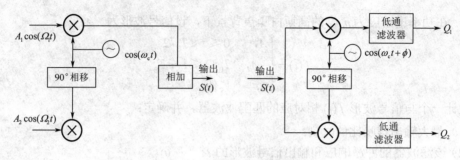

题图 5.3

22. 已知 8PSK 和 8QAM 星座图如题图 5.4 所示。

8PSK   8QAM

题图 5.4

（1）若要使 8PSK 星座图中相邻信号点的距离为 d，试求圆的半径 r。

（2）若要使 8QAM 星座图中相邻信号点的距离为 d，试求内圆半径 r_1 和外圆半径 r_2。

（3）假设所有信号点出现概率相等，试求这两个信号星座图各自的平均功率，并对结果进行比较。

23. 题图 5.5 是两种 8QAM 信号星座图，相邻信号点的最小距离为 d。假设各信号点是等概率的。

（1）分别求两个星座信号的平均功率。

（2）试比较两个星座的功率效率。

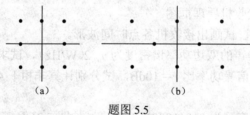

(a)   (b)

题图 5.5

24. 已知 8QAM 星座图如题图 5.5（a）所示，试对该星座图进行格雷（Gray）编码。

25. 某数字通信系统采用 QAM 方式在有线电话信道传输数据。假设码元传输速率为 2400 符号/s，信道加性高斯白噪声双边功率谱密度为 $\frac{n_0}{2}$，要求系统误码率小于 10^{-5}。

（1）若信息传输速率为 9600bit/s，试求所需要的信噪比 $\frac{E_b}{n_0}$。

（2）若信息传输速率为 14400bit/s，试求所需 $\frac{E_b}{n_0}$。

（3）从以上结果可得出什么结论？

第 6 章　差错控制编码

衡量和评价通信系统的主要性能指标是通信的有效性和可靠性。由于信道传输特性不理想以及噪声的影响，接收到的信息不可避免地会发生错误，影响传输系统的可靠性。在数字通信系统中，提高可靠性的主要途径是信道编码。信道编码也称为差错控制编码。随着数字通信技术的快速发展和传输宽带的日益提高，数字通信的可靠性已越来越受到人们的重视。不同的通信业务对系统的误码率有不同的要求，当一般的信道误码性能达不到要求时，就要采用差错控制编码技术来提高数字通信的可靠性。差错控制编码技术始于 1948 年香农发表于《贝尔系统技术》杂志的"通信的数学理论"一文，随后受到广泛关注和深入研究。本章将主要介绍差错控制编码的基本原理、线性分组码、卷积码等常用差错控制码的编译原理及其应用。

6.1　概　述

6.1.1　基本概念

差错控制编码的基本方法：在发送端的信息码元序列中，以某种确定的编码规则加入一些码元（称为校验码元），使信息码元与校验码元之间具有某种关联（约束）。在接收端，按事先确定的编码规则检验信息码元与校验码元之间的关系，如果数字信号在传输过程中发生差错，则信息码元与校验码元之间的约束关系就被破坏，这样就可以发现差错或纠正差错。有些差错控制编码方式可以发现差错，有些不但可以发现差错，而且可以纠正差错。

现代数字通信系统中，利用检错和纠错编码进行差错控制。常用的差错控制的基本工作方式有 3 种，如图 6.1 所示。图中有阴影的框图表示在该端检测错误。

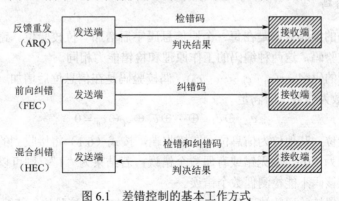

图 6.1　差错控制的基本工作方式

1. 反馈重发方式

反馈重发方式也称为自动请求重发（automatic repeat request，ARQ）方式。在该方式中，发送端发送带有校验码元的检错码，通过正向信道（从发送端向接收端）传输到接收端，接收端译码器根据该码的编码规则判断是否有差错产生，并通过反向信道将判决结果反馈至发送端。发送端根据收到的反馈结果，将发生差错的信息重发给接收端，直到被接收端正确接收。ARQ 方式的特点是需要反馈信道，译码设备简单，对突发错误很有效。但在误码率高的信道中，由于重发多，导致传输效率低、实时性差。

2. 前向纠错方式

在前向纠错（forward error correction，FEC）方式中，发送端发送能够纠正错误的码，通过信道传输到接收端，接收端译码器根据相应的译码算法纠正传输中出现的错误。其特点是只需要单向传输，实时性好，传输效率高；但译码设备较复杂。

3. 混合纠错方式

混合纠错（hybrid error correction，HEC）方式是反馈重发与前向纠错两种方式的结合。在该方式中，发送端发送的码不仅具有检错能力，还有一定的纠错能力。接收端收到码字后，译码器首先检验错误情况，如果在码的纠错能力以内，则自动纠错；如果超过码的纠错能力，则由接收端向发送端反馈信道命令重发来纠正错误。

在实际通信中，往往根据不同的应用场景选用相应的差错控制技术。反馈重发多用于像计算机通信等对时延要求不高但对数据可靠性要求非常高的文件传输中；前向纠错主要用于信道质量较差、对传输时延要求较严格的有线和无线传输中；在复杂的短波信道和数字信道中采用混合纠错方式。

6.1.2 几种简单的检错码

在数字通信技术的发展过程中，人们通过不断地摸索和实践，创造出了一些简单有效的编码方法。常见的有奇偶校验码、二维奇偶校验码、恒比码和循环冗余检验（cyclic redundancy check，CRC）码等。

1. 奇偶校验码

奇偶校验码的编码规则是在每一个原信息码字后增加一位校验位。奇偶校验码可分为奇校验码和偶校验码，这两种编码的工作原理和检错能力相同。

假如接收到的码字 $c=(c_{n-1} \ c_{n-2} \cdots c_1 \ c_0)$，偶校验码是在信息位后增加一位校验位，使码字中"1"的个数为偶数，即满足

$$c_{n-1} \oplus c_{n-2} \oplus \cdots \oplus c_2 \oplus c_1 \oplus c_0 = 0 \tag{6.1}$$

式中，c_0 为校验位，其他位为信息位。在接收端，按式（6.1）将接收到的码字中的码元模二加法，若结果为"0"，则无错或有偶数个错误；若结果为"1"，则可以断定该码字中有奇数个错误。但该码不能检测偶数个错误。

奇校验码与偶校验码的情况相似，在信息位后增加一位校验位，使编码码字中"1"的数目为奇数，即满足

$$c_{n-1} \oplus c_{n-2} \oplus \cdots \oplus c_2 \oplus c_1 \oplus c_0 = 1 \tag{6.2}$$

2. 二维奇偶校验码

二维奇偶校验码又称行列校验码。奇偶校验码只能检测奇数个错误，而二维奇偶校验码解决了不能检测偶数个错误的问题。它是把要发送的信息码元组成一个二维阵列，在每一行的最后按奇偶校验规则增加一位水平校验位，按行检出每行的奇数个错误；再按列方向在每列的最后也增加一位垂直校验位（包括行校验位所在列），按列检出奇数个错误，如图 6.2 所示。

$$
\begin{array}{ccccc}
c_{n-1}^{m-1} & c_{n-2}^{m-1} & \cdots & c_1^{m-1} & c_0^{m-1} \\
c_{n-1}^{m-2} & c_{n-2}^{m-2} & \cdots & c_1^{m-2} & c_0^{m-2} \\
\vdots & \vdots & & \vdots & \vdots \\
c_{n-1}^{1} & c_{n-2}^{1} & \cdots & c_1^{1} & c_0^{1} \\
c_{n-1}^{0} & c_{n-2}^{0} & \cdots & c_1^{0} & c_0^{0}
\end{array}
$$

图 6.2 二维奇偶校验码

这种码不仅可以检出每行及每列的奇数个错误，而且行列交叉有可能检测出偶数个错误。例如，c_{1n_1}、c_{1n_2} 出错，虽然不能通过 c_0^1 检测出来，但可以通过 c_{0n_1}、c_{0n_2} 检测出来。但有些偶数个错误不可能被检测出来，如任意构成方阵的 4 个错误。

此外，这种二维奇偶校验码还适用于检测突发错误。因为突发错误常常成串出现，随后有较长一段无错区间，所以在某一行出现多个错误的概率较大，而这种二维奇偶校验码正适合检测这类错误。当码字中仅在一行有奇数个错误时，还能确定错误位置，从而进行纠正。

3. 恒比码

码字中 1 的数目与 0 的数目保持恒定比例的码称为恒比码。由于恒比码中，每个码字所含 "1" 的数目相同，因此恒比码又称等重码、定 1 码。这种码在检测时，只要计算接收码元中 1 的个数是否与规定的相同，就可判断有无错误。

目前我国电传通信中，普遍采用 3∶2 码，又称 "5 中取 3" 的恒比码，即每个码字的长度为 5，每个码字中 "1" 的个数为 3。可以编成的不同码字数目等于 5 中取 3 的组合数，即 10 个。这 10 个码字刚好用来表示 10 个阿拉伯数字，如表 6.1 所示。

目前国际上通用的 ARQ 电报通信系统中，采用 3∶4 恒比码，即 "7 中取 3" 恒比码，共有 35 个码字，用于代表 26 个英文字母及其他符号。

表 6.1 3∶2 恒比码

数字	码字
0	0 1 1 0 1
1	0 1 0 1 1
2	1 1 0 0 1
3	1 0 1 1 0
4	1 1 0 1 0
5	0 0 1 1 1
6	0 1 1 0 1
7	1 1 1 0 0
8	0 1 1 1 0
9	1 0 0 1 1

4. 循环冗余校验码

循环冗余校验是一种根据网络数据包或计算机文件等数据产生简短固定位数校验码的一种信道编码技术，主要用来检测或校验数据传输或者保存后可能出现的错误。它是利用除法及余数的原理来检测错误的。

采用 CRC 码时，校验位计算由信息位与生成多项式 $G(x)$ 做模二除法确定。常用 CRC

生成多项式如表 6.2 所示。CRC 校验过程如图 6.3 所示，发送端计算出 CRC 后随数据一同发送给接收端，接收端接收后同样进行除法运算，得到结果为 0 则证明没有出错；否则说明数据通信出现错误。

表 6.2　常用 CRC 生成多项式

名称	生成多项式	应用举例
CRC-4	x^4+x+1	ITU、G707
CRC-8	x^8+x^2+x+1	ATM header
CRC-10	$x^{10}+x^9+x^5+x^4+x+1$	ATM AAL
CRC-16	$x^{16}+x^{12}+x^5+1$	Bluetooth、ZigBee
CRC-32	$x^{32}+x^{26}+x^{23}+x^{22}+x^{16}+x^{12}+x^{11}+x^{10}+x^8+x^7+x^5+x^4+x^2+x+1$	ZIP、RAR、LANs

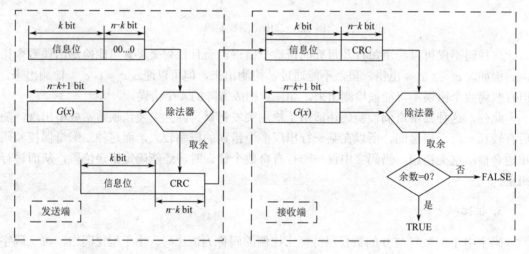

图 6.3　CRC 校验过程

6.1.3　纠错码的基本原理

差错编码的基本思想是在被传输信息中增加一些冗余码元，通过利用附加码元和信息码元之间的约束关系，进行检测和纠正错误。一般来说，冗余码元的位数越多纠错、检错能力越强。

差错编码中的名词解释如下。

码长：编码码字的码元总位数称为码字的长度，简称码长。

码重：码字中，非零码元的数目称为码字的重量，简称码重。

码距：两个等长码字之间对应位不同的数目称为这两个码字的距离，简称码距。

最小码距：在全体码字集合中，码字距离的最小值称为最小码距。

以分组码为例来说明差错控制编码检错和纠错的基本原理。分组码一般用 (n,k) 表示，其中 n 是编码码字的码长，k 是码字中信息码元的位数。$n-k=r$ 是码字中校验码元的位数。如果用二进制码元表示码字，共有 2^k 个不同的信息组，对应有 2^k 个不同的编码码字，称为许用码字。其余 2^n-2^k 个未被选用的码字称为禁用码字。

纠错的抗干扰能力完全取决于许用码字之间的码距，码距的最小值越大，说明码字间的最小差别越大，抗干扰能力就越强。

分组码的最小码距 d_{min} 与检错和纠错能力之间满足下列关系：

（1）当码字用于检测错误时，如果要检测 e 个错误，则要求最小码距 $d_{min} \geqslant e+1$；

（2）当码字用于纠正错误时，如果要纠正 t 个错误，则要求 $d_{min} \geqslant 2t+1$；

（3）若码字用于纠正 t 个错误，同时检测 e 个错误时（$e>t$），则要求 $d_{min} \geqslant t+e+1$。

检测错误时，只需检查接收到的码字是否属于禁用码字，因此如果最小码距 $d_{min} \leqslant e$，会出现一个许用码字出现 e 个错误后变成另一个许用码字的情况，这样在接收端就无法检测出错误；而在纠正错误时，遵循"就近原则"，即将错误码字纠正为与其码距最小的许用码字，因此如果最小码距 $d_{min} \leqslant 2t$，就会出现一个许用码字出现 t 个错误后错纠为另一个许用码字的情况。图 6.4 所示为最小码距 d_{min} 与检错和纠错能力之间的关系。实线圆为检错范围，可交叉；虚线圆为纠错范围，不可交叉。

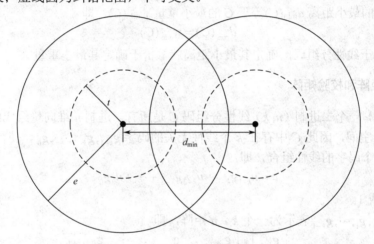

图 6.4　最小码距与检错、纠错能力关系

6.2　线性分组码

6.2.1　线性分组码的基本概念

分组码是一组固定长度的码字，可表示为 (n,k)，通常用于前向纠错。在编码时，k 位信息码元按一定规则被编码成码长为 n 的码字，而 $n-k$ 个校验位的作用就是实现检错与纠错。这样，一个 $k$bit 信息的分组码可以映射到一个码长为 n 的码字上。当校验码元与信息码元之间为线性关系时，称为线性分组码。

对于一个 (n,k) 码，如果在编码器的码库中存储 2^k 个长度为 n 的码字，当 n 和 k 很大时，编码器的复杂度将非常高。因此，研究实际可行的分组码是很有必要的，如本节提到的线性分组码可大大降低编码复杂度，是一种理想的结构。

一个二元分组码是线性的充要条件是其任意两个码字的模二和仍是该分组码中的一个码字。换句话说：线性分组码的 2^k 个 n 维向量之间进行任意模二加法结果仍落在该 2^k 个 n

维向量构成的 k 维空间内。因此，可以给出如下线性分组码的定义：

一个二元 (n,k) 分组码，当且仅当其 2^k 个码字构成二元域上所有 n 维向量组成的向量空间 V 的一个 k 维子空间时被称为线性 (n,k) 码。

设线性分组码码字 $c=(c_{n-1}c_{n-2}\cdots c_{n-k}c_{n-k-1}\cdots c_0)$，高 k 位为信息位，低 $n-k$ 位为校验位。C 为 c 所有可能码字的集合。$w(c)$ 为码字 c 的汉明重量。$W(C)$ 为集合 C 的汉明重量，表示 c 所有可能码字的重量。显然，线性分组码里有且仅有一个全零码字，因此记 $w_{\min}(C)$ 为 C 中非零码字的最小重量，即

$$w_{\min}(C)=\min\{w(c):c\in C,c\neq 0\} \tag{6.3}$$

令 v 和 w 是集合 C 中两个不同的 n 维向量，记 v 和 w 之间汉明距离为 $d(v,w)$。对于线性码，由于其在二元域上的封闭性，有 $v-w=c\,(c\in C,\ c\neq 0)$，因此集合 C 中两个不同码字的汉明距离等于集合中某一非零码字的汉明重量，即

$$d(v,w)=w(c) \tag{6.4}$$

同样，C 的最小距离 $d_{\min}(C)$ 等于 C 的最小重量 $w_{\min}(C)$，即

$$d_{\min}(C)=w_{\min}(C) \tag{6.5}$$

因此，对于线性分组码，确定其最小距离就等价于确定其最小重量。

6.2.2　生成矩阵和校验矩阵

前面提到，一个二进制 (n,k) 线性分组码 C 是所有二进制 n 维向量组成的向量空间 V 的一个 k 维子空间，因此 C 中存在 k 个线性无关的码字 $g_{k-1},g_{k-2},\cdots,g_0$，使得 C 中每个码字 c 都是这 k 个码字的线性组合，即

$$c=u_{k-1}g_{k-1}+u_{k-2}g_{k-2}+\cdots+u_0g_0 \tag{6.6}$$

式中，$u_i=0$ 或 1。

可以把 $g_0,g_1,\cdots,g_{k-1}$ 表示为一个 $k\times n$ 矩阵，即

$$G=\begin{bmatrix} g_{k-1} \\ g_{k-2} \\ \vdots \\ g_0 \end{bmatrix}=\begin{bmatrix} g_{k-1,n-1} & g_{k-1,n-2} & \cdots & g_{k-1,0} \\ g_{k-2,n-1} & g_{k-2,n-2} & \cdots & g_{k-2,0} \\ \vdots & \vdots & & \vdots \\ g_{0,n-1} & g_{0,n-2} & \cdots & g_{0,0} \end{bmatrix} \tag{6.7}$$

令 $u=(u_{k-1},u_{k-2},\cdots,u_0)$ 是待编码的消息，其对应编码后码字 $c=(c_{n-1}c_{n-2}\cdots c_{n-k}c_{n-k-1}\cdots c_0)$ 与 G 的关系为

$$c=u\cdot G=(u_{k-1},u_{k-2},\cdots,u_0)\cdot\begin{bmatrix} g_{k-1} \\ g_{k-2} \\ \vdots \\ g_0 \end{bmatrix}=u_{k-1}g_{k-1}+u_{k-2}g_{k-2}+\cdots+u_0g_0 \tag{6.8}$$

因此，码字 c 是矩阵 G 的行向量关于 u 的线性组合，称 G 为 (n,k) 线性分组码 C 的生成矩阵。

通常，生成矩阵 G 可以通过线性变换转化成以下系统形式，即

$$G=[\,I_k\,|\,P\,]=\begin{bmatrix} 1 & 0 & \cdots & 0 & p_{k-1,n-k-1} & p_{k-1,n-k-2} & \cdots & p_{k-1,0} \\ 0 & 1 & \cdots & 0 & p_{k-2,n-k-1} & p_{k-2,n-k-2} & \cdots & p_{k-2,0} \\ \vdots & \vdots & & \vdots & \vdots & \vdots & & \vdots \\ 0 & 0 & \cdots & 1 & p_{0,n-k-1} & p_{0,n-k-2} & \cdots & p_{0,0} \end{bmatrix} \tag{6.9}$$

式中，I_k 为 $k \times k$ 的单位矩阵；P 为 $k \times (n-k)$ 的矩阵；$p_{i,j} = 0$ 或 1。由系统矩阵 G 编码得到的码字称为系统码，该码字具有图 6.5 所示的结构。

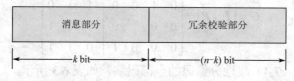

图 6.5　系统码字结构

高 k bit 与信息比特一致，即

$$c_{n-k+i} = u_i, \quad i = 0,1,\cdots,k-1 \tag{6.10}$$

低 $(n-k)$ bit 是信息比特的线性组合，即

$$c_j = u_{k-1}p_{k-1,j} + u_{k-2}p_{k-2,j} + \cdots + u_0 p_{0,j}, \quad j = 0,1,\cdots,n-k-1 \tag{6.11}$$

这 $n-k$ 个由信息比特线性求和得到的码比特称为一致校验比特（简称校验比特）。由式（6.11）给出的 $n-k$ 个等式称为校验方程。

除了生成矩阵 G，一个 (n,k) 线性分组码 C 还可以由其校验矩阵 H 完全定义。对任何一个由 k 个线性独立的行向量组成的 $k \times n$ 矩阵 G，均存在一个由 $n-k$ 个线性独立的行向量组成的 $(n-k) \times n$ 矩阵 H，使得 G 与 H 正交，即矩阵 G 与 H 的关系为

$$GH^{\mathrm{T}} = 0 \tag{6.12}$$

当且仅当 $cH^{\mathrm{T}} = 0$（$n-k$ 维全零向量）时，二进制 n 维向量 $c \in V$ 是 C 中的码字，C 被称为 H 的零空间，H 被称为 C 的校验矩阵。因此，一个线性分组码可以由两个矩阵唯一确定，即生成矩阵 G 和校验矩阵 H。

如果一个 (n,k) 线性分组码的生成矩阵具有式（6.9）的系统形式，则它的系统形式的校验矩阵具有以下形式，即

$$H = \left[P^{\mathrm{T}} \mid I_{n-k} \right] = \begin{bmatrix} p_{k-1,n-k-1} & p_{k-2,n-k-1} & \cdots & p_{0,n-k-1} & 1 & 0 & \cdots & 0 \\ p_{k-1,n-k-2} & p_{k-2,n-k-2} & \cdots & p_{0,n-k-2} & 0 & 1 & \cdots & 0 \\ \vdots & \vdots & & \vdots & \vdots & \vdots & & \vdots \\ p_{k-1,0} & p_{k-2,0} & \cdots & p_{0,0} & 0 & 0 & \cdots & 1 \end{bmatrix} \tag{6.13}$$

利用 $cH^{\mathrm{T}} = 0$，可得

$$c_j + u_{k-1}p_{k-1,j} + u_{k-2}p_{k-2,j} + \cdots + u_0 p_{0,j} = 0, \quad j = 0,1,\cdots,n-k-1 \tag{6.14}$$

根据模二加法运算特点，将 c_j 移到等式右边，可以得到和式（6.11）一样的校验方程，因此，一个 (n,k) 线性分组码完全由其校验矩阵 H 确定。

下面以 $(7,4)$ 线性分组码为例，来说明线性分组码的特点。

例 6.1 设线性分组码码字 $c = [c_6\ c_5\ c_4\ c_3\ c_2\ c_1\ c_0]$，其中高 4 位 $c_6\ c_5\ c_4\ c_3$ 为信息码元，低 3 位 $c_2\ c_1\ c_0$ 为校验码元，是由信息码元模二加法得到，可以用下列线性方程组来描述，即

$$\begin{cases} c_2 = c_6 + c_5 + c_4 \\ c_1 = c_6 + c_5 + c_3 \\ c_0 = c_6 + c_4 + c_3 \end{cases} \tag{6.15}$$

显然，这 3 个方程是线性无关的。用生成矩阵 G 表示该线性方程组，即

$$c = [c_6\ c_5\ c_4\ c_3] \cdot G$$

式中，

$$G = [\boldsymbol{I}_k \mid \boldsymbol{P}] = \begin{bmatrix} 1 & 0 & 0 & 0 & 1 & 1 & 1 \\ 0 & 1 & 0 & 0 & 1 & 1 & 0 \\ 0 & 0 & 1 & 0 & 1 & 0 & 1 \\ 0 & 0 & 0 & 1 & 0 & 1 & 1 \end{bmatrix}$$

根据上式可得到（7,4）线性分组码的全部码字，如表 6.3 所示。

表 6.3 （7,4）线性分组码的码字表

序号	码字		序号	码字	
	信息码元	校验码元		信息码元	校验码元
0	0 0 0 0	0 0 0	8	1 0 0 0	1 1 1
1	0 0 0 1	0 1 1	9	1 0 0 1	1 0 0
2	0 0 1 0	1 0 1	10	1 0 1 0	0 1 0
3	0 0 1 1	1 1 0	11	1 0 1 1	0 0 1
4	0 1 0 0	1 1 0	12	1 1 0 0	0 0 1
5	0 1 0 1	1 0 1	13	1 1 0 1	0 1 0
6	0 1 1 0	0 1 1	14	1 1 1 0	1 0 0
7	0 1 1 1	0 0 0	15	1 1 1 1	1 1 1

可以看出，上述（7,4）线性分组码的最小码距 $d_{min} = 3$，它能纠正一个错误或检测两个错误。同时，从表 6.3 中也可以得到如下线性分组码的主要性质。

① 任意两个许用码字之和仍为一个许用码字，也就是说，线性分组码具有封闭性。

② 分组码的最小码距等于非零码字的最小码重。

式（6.15）表示的（7,4）线性分组码的 3 个方程式可以改写为如下形式：

$$\begin{cases} 1 \cdot c_6 + 1 \cdot c_5 + 1 \cdot c_4 + 0 \cdot c_3 + 1 \cdot c_2 + 0 \cdot c_1 + 0 \cdot c_0 = 0 \\ 1 \cdot c_6 + 1 \cdot c_5 + 0 \cdot c_4 + 1 \cdot c_3 + 0 \cdot c_2 + 1 \cdot c_1 + 0 \cdot c_0 = 0 \\ 1 \cdot c_6 + 0 \cdot c_5 + 1 \cdot c_4 + 1 \cdot c_3 + 0 \cdot c_2 + 0 \cdot c_1 + 1 \cdot c_0 = 0 \end{cases}$$

也可以用校验矩阵 $\boldsymbol{H}$ 来表示，即

$$[c_6 \ c_5 \ c_4 \ c_3 \ c_2 \ c_1 \ c_0]^{\mathrm{T}} \cdot \boldsymbol{H} = [0 \ 0 \ 0]$$

式中，

$$\boldsymbol{H} = [\boldsymbol{P}^{\mathrm{T}} \mid \boldsymbol{I}_{n-k}] = \begin{bmatrix} 1 & 1 & 1 & 0 & 1 & 0 & 0 \\ 1 & 1 & 0 & 1 & 0 & 1 & 0 \\ 1 & 0 & 1 & 1 & 0 & 0 & 1 \end{bmatrix}$$

这样，由生成矩阵和校验矩阵就能唯一确定一个（n,k）线性分组码。

目前，比较常见的线性分组码有汉明码、极化（polar）码、低密度奇偶校验（low density parity check，LDPC）码等。其中汉明码是一种可以纠正单个随机错误的线性分组码，其特点是：无论码长 n 为多少，汉明码最小码距 $d_0 = 3$；码长 n 与校验码元个数 r 满足关系式 $n = 2^r - 1$，且 $r \geqslant 2$。此时构成的（$2^r - 1$，$2^r - 1 - r$）线性分组码，称为汉明码，如上面介绍的（7,4）线性分组码就是一种汉明码。极化码的核心是在编码时通过信道极化处理，使各个子信道呈现出不同的可靠性，当码长持续增加时，部分信道将趋向于容量接近于 1 的

完美信道，另一部分信道趋向于容量接近于 0 的纯噪信道，选择在容量接近于 1 的信道上直接传输信息以逼近信道容量，是目前唯一被严格证明可以达到香农极限的方法。LDPC 码是一种具有稀疏校验矩阵的线性分组码，几乎适用于所有信道，它的性能逼近香农极限，且描述和实现简单，译码过程可以并行操作，因此适合于硬件实现。2016 年 11 月 18 日，在 3GPP RAN187 次会议上，国际移动通信标准化组织 3GPP 最终确定了 5G eMBB（enhanced mobile broadband，增强型移动宽带）场景的信道编码技术方案，其中，极化码作为控制信道的编码方案；LDPC 码作为数据信道的编码方案。

6.2.3　编码与译码

1.　校正子与差错检测

仍以上述（7,4）线性分组码为例，假设 c 为要通过有噪信道传输的码字，y 为信道输出端接收到的码字，由于噪声影响，c 与 y 可能不同。用 e 表示收发码字之差，即

$$e = c + y$$
$$= [c_{n-1}\ c_{n-2}\ \cdots\ c_0] + [y_{n-1}\ y_{n-2}\ \cdots\ y_0] \tag{6.16}$$
$$= [e_{n-1}\ e_{n-2}\ \cdots\ e_0]$$

式中，e 为错误图样。式（6.16）也可以写成以下形式：

$$y = c + e \tag{6.17}$$

可见，若 $e = 0$，则 $y = c$，传输无误码。令 $s = yH^T$，称为伴随式或校正子，则接收端利用接收到的码字 y 计算校正子，即

$$s = yH^T = (c + e)H^T = eH^T \tag{6.18}$$

因此，校正子 s 仅与 e 有关。若某一码字属于许用码字，则它必然满足式（6.18）。利用这一关系，在接收端将接收到的码字 c 和事先在发送端约定好的校验矩阵 H^T 相乘，看是否为零，若为零，则认为接收正确；反之，则认为传输过程中发生了错误，进而设法确定错误的数目和位置。由此可见，校正子 s 与错误图样 e 之间有确定的线性变换关系，与 y 无关。接收端译码器的任务就是从伴随式确定错误图样，然后用接收到的码字减去错误图样以恢复发送端发送的正确码字。

（7,4）线性分组码的伴随式 s 与错误图样 e 的对应关系如表 6.4 所示。从表 6.4 和（7,4）线性分组码的校验矩阵 H 可知，当 s 为非零向量时，校正子 s 的转置与 H 的列向量一一对应。因此，当校正子 s 的转置等于 H 的第 i 列向量时，错码的位置为 c_i。例如，当 $s = [0\ 0\ 1]$ 时，它等于 H 的第 1 列向量，错码的位置为 c_1。

表 6.4　（7,4）线性分组码 s 与 e 的对应关系

序号	错误位置	e							s		
		e_6	e_5	e_4	e_3	e_2	e_1	e_0	s_2	s_1	s_0
0	无	0	0	0	0	0	0	0	0	0	0
1	y_0	0	0	0	0	0	0	1	0	0	1
2	y_1	0	0	0	0	0	1	0	0	1	0
3	y_2	0	0	0	0	1	0	0	1	0	0
4	y_3	0	0	0	1	0	0	0	0	1	1
5	y_4	0	0	1	0	0	0	0	1	0	1

续表

序号	错误位置	e							s		
		e_6	e_5	e_4	e_3	e_2	e_1	e_0	s_2	s_1	s_0
6	y_5	0	1	0	0	0	0	0	1	1	0
7	y_6	1	0	0	0	0	0	0	1	1	1

从以上分析可以得出线性分组码译码的基本步骤如下：

① 计算接收码字 c 的伴随式 s；

② 根据 s 从表 6.4 中找出错误图样 e，判定误码位置；

③ 根据 e 纠正错误，得到正确的码字 $c = e + y$（模二加法）。

2．编码和译码电路

根据式（6.8）和式（6.9），很容易实现（n,k）线性系统码的编码电路，如图 6.6 所示。

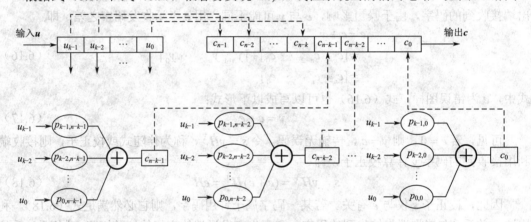

图 6.6　（n,k）线性系统码的编码电路

整个编码操作非常简单，待编码消息 u 进入编码器后，分别进行模二加法，$p_{ij} = 1$ 表示存在连接；否则无连接。经过模二加法器后得到校验比特 $c_{n-k-1}\,c_{n-k-2}\cdots c_0$，拼接在信息比特 $u_{k-1}\,u_{k-2}\cdots u_0$ 之后，从而输出完整码字进入有噪信道。

编码后的码字经过有噪信道可能发生错误，因此在接收端需要校正子电路以保证接收码字无误，对应于图 6.6 所示编码器的校正子电路如图 6.7 所示。

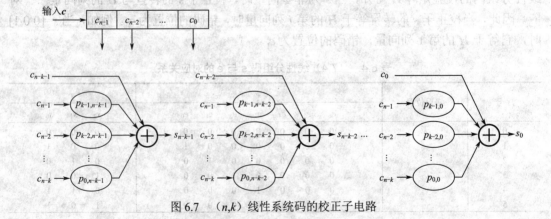

图 6.7　（n,k）线性系统码的校正子电路

得到校正子 s 后，找出错误图样 e，判断误码位置，从而纠正错误得到正确码字。（7,4）线性分组码（表 6.4）的译码器电路原理如图 6.8 所示。

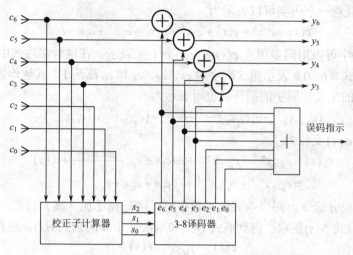

图 6.8 （7,4）系统线性码的译码电路原理

6.3 循 环 码

循环码是另一类重要的线性分组码，它除了具有线性码的一般性质外，还有两个原因使该码引人注目：一是具有固定的代数结构，所以能找到多种实用的方法对该码进行译码；二是具有循环性，即循环码中任一码字（全"0"码字除外）循环移位所得的码字仍为该循环码中的一个许用码字。具体来说，对一码字左移、右移，无论循环移动多少位，得到的结果均为该循环码中的一个码字。循环码的编码与译码电路比较简单，用反馈移位寄存器就可以实现。在差错检测中的效果尤其明显，因此在实际中应用较为广泛。

6.3.1 循环码的基本概念

表 6.5 给出了一种（7,3）循环码的全部码字。由此表可以直观地看出这种码的循环性。例如，表中的第 3 码字向右移一位即得到第 1 码字；第 6 码字向右移一位得到第 7 码字。一般来说，若 $(c_{n-1}c_{n-2}\cdots c_0)$ 是循环码的一个码字，则循环移位后的码字也是该编码中的码字。

表 6.5 一种（7,3）循环码的全部码字

码字编号	信息位			校验位				码字编号	信息位			校验位			
	c_6	c_5	c_4	c_3	c_2	c_1	c_0		c_6	c_5	c_4	c_3	c_2	c_1	c_0
0	0	0	0	0	0	0	0	4	1	0	0	1	1	1	0
1	0	0	1	1	1	0	1	5	1	0	1	0	0	1	1
2	0	1	0	0	1	1	1	6	1	1	0	1	0	0	1
3	0	1	1	1	0	1	0	7	1	1	1	0	1	0	0

在代数理论中，为了便于计算，常用码多项式来表示码字。假设 (n, k) 循环码的码字 $c = (c_{n-1}c_{n-1}\cdots c_1c_0)$，其码多项式 $c(x)$（以降幂顺序排列）可以表示为

$$c(x) = c_{n-1}x^{n-1} + c_{n-2}x^{n-2} + \cdots + c_1 x + c_0 \tag{6.19}$$

式中，x^i 为码元位置的标记，表示其系数所对应的码元在码字中所处的位置。

表 6.5 中的任意一个码字可以表示为

$$c(x) = c_6 x^6 + c_5 x^5 + c_4 x^4 + c_3 x^3 + c_2 x^2 + c_1 x + c_0 \tag{6.20}$$

式中，第 5 个码字可以用码多项式 $c(x) = x^6 + x^4 + x + 1$ 来表示。在这种多项式中，x^i 仅是码元位置的标记，如式（6.20）表示第 5 码字中 c_6、c_4、c_1 和 c_0 都是 1，其他均为 0。

根据循环码的定义，码字的循环移位可表示为

$$(c_{n-1}, c_{n-2}, \cdots, c_1, c_0) \xrightarrow{\text{循环移一位}} (c_{n-2}, \cdots, c_1, c_0, c_{n-1}) \tag{6.21}$$

与之对应的 $c(x)$ 变化为

$$c_0(x) = c_{n-1}x^{n-1} + c_{n-2}x^{n-2} + \cdots c_1 x + c_0 \xrightarrow{\text{循环移一位}} c_1(x)$$
$$= c_{n-2}x^{n-1} + c_{n-3}x^{n-2} + \cdots c_1 x + c_0 x + c_{n-1} \tag{6.22}$$

在整数中有模 n 运算，码多项式的系数也可以进行模 2 加（减）运算。若任一多项式 $c(x)$ 被一 n 次多项式 $N(x)$ 整除，得到商式 $Q(x)$ 和幂次低于 n 的余式 $r(x)$，则有

$$\frac{c(x)}{N(x)} = Q(x) + \frac{r(x)}{N(x)} \tag{6.23}$$

那么码多项式的运算可看作按模 $N(x)$ 运算，即

$$c(x) \equiv r(x) \qquad \bmod N(x) \tag{6.24}$$

此时，码多项式系数仍按模二运算，即系数只能取 0 和 1。例如，x^3 被 $x^3 + 1$ 除余 1，所以可得

$$x^3 \equiv 1 \qquad \bmod(x^3 + 1) \tag{6.25}$$

同理，$x^4 + x^2 + 1$ 被 $x^3 + 1$ 除余 $x^2 + x + 1$，所以可得

$$x^4 + x^2 + 1 \equiv x^2 + x + 1 \qquad \bmod(x^3 + 1) \tag{6.26}$$

因为

$$
\begin{array}{r}
x \\
x^3+1 \overline{\smash{\big)}\ x^4 + x^2 + 1} \\
\underline{x^4 + x} \\
x^2 + x + 1
\end{array}
\tag{6.27}
$$

在模二运算中，可用加法代替减法，故余项不是 $x^2 - x + 1$，而是 $x^2 + x + 1$。

在循环码中，若 $c(x)$ 是一个长为 n 的某一个许用码字的码多项式，则在按模 $x^n + 1$ 运算下，$x^i c(x)$ 亦是一个许用码字的码多项式。例如，

$$c_7(x) = x^6 + x^4 + x + 1$$
$$x^3 c_7(x) = x^3 \cdot (x^6 + x^4 + x + 1) = (x^9 + x^7 + x^4 + x^3)$$
$$= (x^4 + x^3 + x^2 + 1) \qquad \bmod(x^7 + 1) \tag{6.28}$$

$c_7(x)$ 对应码字为 1010011，是表 6.5 中第 5 码字的码字。$x^3 c_7(x)$ 对应的码字为 0011101，正是表 6.5 中第 1 码字的码字。由上述可知，一个长为 n 的循环码必定为按模（$x^n + 1$）。

6.3.2　循环码的生成多项式和生成矩阵

如果某一循环码的所有码字多项式都是多项式 $g(x)$ 的倍式，则称 $g(x)$ 为该码的生成多

项式。可以证明生成多项式 $g(x)$ 具有以下特性。

① $g(x)$ 是一个常数项为 1 的 $r = n - k$ 次多项式。

② $g(x)$ 是 $x^n + 1$ 的一个因式。

③ 该循环码中其他码字多项式都是 $g(x)$ 的倍式。

例 6.2 表 6.5 所示的（7,3）循环码，最低次码多项式为 $x^4 + x^3 + x^2 + 1 = g(x)$，则其他码多项式和对应码字为

$$
\begin{array}{ll}
\text{码多项式} & \text{对应码字} \\
g(x) = x^4 + x^3 + x^2 + 1 & 0011101 \\
x\,g(x) = x^5 + x^4 + x^3 + x & 0111010 \\
x^2 \cdot g(x) = x^6 + x^5 + x^4 + x^2 & 1110100 \\
x^3 \cdot g(x) = x^7 + x^6 + x^5 + x^3 & \\
\qquad = x^6 + x^5 + x^3 + 1 & 1101001 \\
x^4 \cdot g(x) = x^8 + x^7 + x^6 + x^4 & \\
\qquad = x^6 + x^4 + x + 1 & 1010011 \\
x^5 \cdot g(x) = x^9 + x^8 + x^7 + x^5 & \\
\qquad = x^5 + x^2 + x + 1 & 0100111 \\
x^6 \cdot g(x) = x^{10} + x^9 + x^8 + x^6 & \\
\qquad = x^6 + x^3 + x^2 + x & 1001110
\end{array}
$$

由此例也可以看出，能被 $g(x)$ 除尽的次数不大于 $n-1$ 的多项式必为码字多项式。

由上述分析可以得到寻找（n,k）循环码的生成多项式 $g(x)$ 的方法。由于 $g(x)$ 是 $x^n + 1$ 的一个 r 次因子，则令 $x^n + 1 = g(x) \cdot h(x)$，$h(x)$ 也是 x^n+1 的一个因子。因此，对 $x^n + 1$ 作因式分解，取其中的 r 次因子，就是该循环码的生成多项式 $g(x)$。例如，对于（7,3）循环码，$n = 7$，$r = 4$，将 $x^7 + 1$ 分解得 $x^7 + 1 = (x+1)(x^3 + x^2 + 1)(x^3 + x + 1)$。

$g(x)$ 可以有两种取法，即

$$g(x) = (x+1)(x^3 + x^2 + 1) = x^4 + x^2 + x + 1$$

或

$$g(x) = (x+1)\,(x^3 + x + 1) = x^4 + x^3 + x^2 + 1$$

可见，生成多项式并不是唯一的，选用的生成多项式不同，产生的循环码也不同。$g(x) = x^4 + x^3 + x^2 + 1$ 就是例 6.2 中（7,3）循环码的生成多项式。当然，也可以将 $g(x) = x^4 + x^2 + x + 1$ 作为生成多项式，得到另一组（7,3）循环码。

一旦 $g(x)$ 确定，则（n,k）循环码的所有码字就确定了。由 $g(x)$ 左移（乘 x^i，$i = 1,2,\cdots,n-1$）就可以产生其他码字的码多项式。

用 k 个互相独立的码多项式 $g(x)$、$xg(x)$、$\cdots$、$x^{n-k}g(x)$ 可以构造生成矩阵多项式 $G(x)$，即

$$
G(x) = \begin{bmatrix} x^{n-k} \cdot g(x) \\ x^{n-k-1} \cdot g(x) \\ \vdots \\ g(x) \end{bmatrix} = \begin{bmatrix} g_{n-k}x^{n-1} + g_{n-k-1}x^{n-1} + \cdots g_1 x^k + g_0 x^{k-1} \\ g_{n-k}x^{n-2} + g_{n-k-1}x^{n-3} + \cdots g_1 x^{k-1} + g_0 x^{k-2} \\ \vdots \\ g_{n-k}x^{n-k} + g_{n-k-1}x^{n-k-1} + \cdots g_1 x + g_0 \end{bmatrix} \tag{6.29}
$$

从而（n,k）循环码的生成矩阵为

$$G = \begin{bmatrix} g_{n-k} & g_{n-k-1} & \cdots & g_1 & g_0 & 0 & \cdots & \cdots & 0 \\ 0 & g_{n-k} & \cdots & g_2 & g_1 & g_0 & 0 & \cdots & 0 \\ \vdots & \vdots & & \vdots & \vdots & \vdots & \vdots & & \vdots \\ 0 & 0 & \cdots & g_{n-k} & g_{n-k-1} & \cdots & \cdots & g_1 & g_0 \end{bmatrix} \quad (6.30)$$

例如，上述（7,3）循环码的 $g(x)=x^4+x^3+x^2+1$，则生成矩阵多项式为

$$G(x) = \begin{bmatrix} x^2 g(x) \\ x g(x) \\ g(x) \end{bmatrix} = \begin{bmatrix} x^6+x^5+x^4+x^2 \\ x^5+x^4+x^3+x \\ x^4+x^3+x^2+1 \end{bmatrix} \quad (6.31)$$

从而（7,3）循环码的生成矩阵为

$$G = \begin{bmatrix} 1 & 0 & 1 & 1 & 1 & 0 & 0 \\ 0 & 1 & 0 & 1 & 1 & 1 & 0 \\ 0 & 0 & 1 & 0 & 1 & 1 & 1 \end{bmatrix} \quad (6.32)$$

可见生成矩阵的每一行都是上一行右移一位的结果。由于式（6.32）不符合 $G=[I_k | P]$ 形式，因此它不是系统生成矩阵。不过，将它做行列式变换，就可以变为系统生成矩阵，即

$$G = \begin{bmatrix} 1 & 0 & 0 & 1 & 0 & 1 & 1 \\ 0 & 1 & 0 & 1 & 1 & 1 & 0 \\ 0 & 0 & 1 & 0 & 1 & 1 & 1 \end{bmatrix} \quad (6.33)$$

可以写出依据式（6.32）生成的循环码表达式，即

$$c(x) = [c_6 c_5 c_4] G(x) = [c_6 c_5 c_4] \begin{bmatrix} x^2 g(x) \\ x g(x) \\ g(x) \end{bmatrix}$$
$$= c_6 x^2 g(x) + c_5 x g(x) + c_4 g(x)$$
$$= (c_6 x^2 + c_5 x + c_4) g(x) \quad (6.34)$$

式（6.34）表明，所有码多项式 $c(x)$ 都可被 $g(x)$ 整除，而且任意一个次数不大于(k-1)的多项式乘 $g(x)$ 都是码多项式。

6.3.3 循环码的校验多项式和校验矩阵

假设一（n,k）循环码，令 $g(x)$ 是常数项为 1 的 r 次生成多项式，定义循环码校验多项式 $h(x)$ 为

$$h(x) = \frac{x^n+1}{g(x)} = h_k x^k + h_{k-1} x^{k-1} + \cdots + h_1 x + h_0, \quad h_0 = h_k = 1 \quad (6.35)$$

也就是将 x^n+1 因式分解取出 $g(x)$ 后，剩下的因子便是 $h(x)$，即 $x^n+1 = g(x) \cdot h(x)$。若 $g(x)$ 是循环码的生成多项式，那么 $h(x)$ 就是循环码的校验多项式。

例如，$x^7+1 = (x+1)(x^3+x^2+1)(x^3+x+1)$，若取 $g(x)=x^3+x^2+1$，则有 $h(x)=(x+1)(x^3+x+1)$；若取 $g(x)=(x+1)(x^3+x+1)$，则有 $h(x)=x^3+x^2+1$。$g(x)$ 与 $h(x)$ 的地位是对等的：若 $g(x)$ 是(n,k)循环码的生成多项式，则 $h(x)$ 就是该循环码的校验多项式；若 $h(x)$ 是 ($n,n-k$) 循环码的生成多项式，则 $g(x)$ 就是该码的校验多项式，$g(x)$ 和 $h(x)$ 最高次项幂次之

和一定是码长。称 $g(x)$ 生成的 (n,k) 循环码和 $h(x)$ 生成的 $(n,n-k)$ 循环码互为对偶码，码空间互为对偶空间。

根据校验多项式 $h(x) = h_k x^k + h_{k-1}x^{k-1} + \cdots + h_1 x + h_0$，可以写出校验矩阵为

$$H = \begin{bmatrix} h_0 & h_1 & \cdots & h_k & 0 & \cdots & \cdots & 0 \\ 0 & h_0 & h_1 & \cdots & h_k & 0 & \cdots & 0 \\ \vdots & \vdots & \vdots & \vdots & \vdots & \vdots & \vdots & \vdots \\ 0 & 0 & \cdots & 0 & h_0 & h_1 & \cdots & h_k \end{bmatrix} \tag{6.36}$$

由式（6.30）可以验证

$$GH^{T} = 0$$

例如，表 6.5 中的 $(7,3)$ 循环码，$g(x) = x^4 + x^3 + x^2 + 1$，则校验多项式为

$$h(x) = \frac{x^7 + 1}{g(x)} = x^3 + x^2 + 1 \tag{6.37}$$

对应的校验矩阵为

$$H = \begin{bmatrix} 1 & 0 & 1 & 1 & 0 & 0 & 0 \\ 0 & 1 & 0 & 1 & 1 & 0 & 0 \\ 0 & 0 & 1 & 0 & 1 & 1 & 0 \\ 0 & 0 & 0 & 1 & 0 & 1 & 1 \end{bmatrix} \tag{6.38}$$

6.3.4　循环码的编码和译码

1. 循环码的编码方法

循环码的编码可以根据生成多项式 $g(x)$ 或校验多项式 $h(x)$ 通过多项式乘法或除法实现，也可以利用线性分组码的生成矩阵 G 或校验矩阵 H 通过矩阵运算实现。下面以系统循环码的编码电路为例来介绍。系统循环码编码步骤可归纳为以下 3 步。

步骤 1：x^r 乘 $m(x)$，得到的 $x^r m(x)$ 幂次小于 n。这一运算实际上是将信息码元左移 r 位，或在信息码元后附加上 r 个 "0"，给校验码元留出地方。

步骤 2：$x^r m(x)$ 除以 $g(x)$，得到商 $Q(x)$ 和余式 $r(x)$，$Q(x)$ 的幂次小于 $k-1$，$r(x)$ 的幂次小于 r。

步骤 3：将余式 $r(x)$ 加在信息位之后作为校验码，组成多项式 $c(x)$，即

$$c(x) = x^r m(x) + r(x)$$

由于上述 $c(x)$ 可以被 $g(x)$ 整除，商为 $Q(x)$ 幂次小于 $k-1$，因此 $c(x)$ 即为编码输出码字的码多项式。

系统循环码可以用 $n-k$ 级除法编码电路实现，以 $(7,3)$ 循环码为例对系统循环码编码进行介绍，根据 $n-k$ 级除法编码电路结构，以及 $(7,3)$ 循环码的生成多项式 $g(x)=x^4+x^3+x^2+1$，可以画出 $(7,3)$ 循环码 4 级除法编码电路结构如图 6.9 所示。

由图 6.9 可以看出，编码电路可以由移位寄存器和模二加法电路实现。移位寄存器的级数等于 $g(x)$ 的最高幂次 $r=n-k$，本例 $r=4$，则对应有 4 级移位寄存器，分别用 D_0、D_1、D_2、D_3 表示；若将 $g(x)$ 写成 $g(x)=g_4x^4+g_3x^3+g_2x^2+g_1x+g_0$，则 $g(x)$ 的各次系数 g_4、g_3、g_2、g_1、g_0 对应移位寄存器的反馈抽头。本例图 6.9 中 $g_1=0$，因此对应的位置无反馈抽头。从图中

也可以看到，对于任一 $g(x)$，都 $g_r \equiv 1$，$g_0 \equiv 1$ 成立。

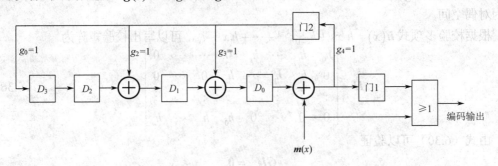

图 6.9　（7,3）系统循环码 4 级除法编码电路结构

图 6.9 的编码过程是：首先移位寄存器清零；3 位信息码元输入时，门 1 断开，3 位信息码元在 3 个码元周期内直接从"或"门输出；同时门 2 接通，3 位信息码元输入到除法电路作运算。第 4 个码元周期到来后，门 2 断开，门 1 接通，将除法电路的 4 位运算结果在第 4～7 码元周期中从"或"门输出。设输入信息码元为 110，对应的编码过程如表 6.6 所示。

表 6.6　（7,3）循环码编码过程

码元周期次序	输入信息码元	门 1 状态	门 2 状态	移位寄存器 $D_0\ D_1\ D_2\ D_3$				编码输出
0				0	0	0	0	
1	1			1	0	1	1	1
2	1	断开	接通	0	1	0	1	1
3	0			1	0	0	1	0
4	0			0	1	0	0	1
5	0			0	0	1	0	1
6	0	接通	断开	0	0	0	1	0
7	0			0	0	0	0	1

通过上述编码方法最终得到的就是系统循环码（即每个码字最左面的 k 位为不变的信息位，最右面的 $n-k$ 位为校验位）。在上例中，$c(x)=1100000+1001=1101001$，对应表 6.7 中第 6 码字。按照这种方法依次把(000)…(111)代入，可以得到全部的码字。

表 6.7　（7,3）系统循环码

信息矢量 $u(u_2 u_1 u_0)$	码字($c_6 c_6 c_4 c_3 c_2 c_1 c_0$)
000	0000000
001	0011101
010	0100111
011	0111010
100	1001110
101	1010011
110	1101001
111	1110100

2. 循环码的译码方法

循环码的译码过程分为 3 个步骤，即检错、错码定位及纠错。其中检错原理比较简单。由于任一码多项式 $c(x)$ 都能被生成多项式 $g(x)$ 整除，因此当接收码字为 $y(x)$，可以作 $y(x)/g(x)$，若能除尽即余式 $r(x)$ 为 0，则表示传输无错码；若余式 $r(x)$ 不为 0，则表示传输有错码。为了能够纠错，要求每个可纠正的错误图样 $e(x)$ 必须与一个特定余式 $r(x)$ 有一一对应关系。错误图样是指式（6.16）中错误向量 e 的各种具体取值图样。因为只有存在上述一一对应的关系时，才可能从上述余式中唯一地决定错误图样，从而纠正错码。因此，原则上译码可按下述步骤进行。

步骤 1：检错。用生成多项式 $g(x)$ 除接收码字 $y(x)$，得出余式 $r(x)$。

步骤 2：错码定位。定位按余式 $r(x)$ 用查表的方法或通过计算校正子 s 得到错误图样 $e(x)$，确定错码的位置。

步骤 3：纠错。从 $y(x)$ 中减去 $e(x)$，便得到已纠正错误的原发送码字 $c(x)$（$c(x)=y(x)-e(x)$）。对于模二运算，减运算与加运算相同，即 $c(x)=y(x)+e(x)$。

由上述分析可知，只要找到生成多项式 $g(x)$，则循环码的编码、译码电路就可以确定，检错和纠错能力也确定了。在实际应用时，往往是根据设计要求的检错和纠错能力来选择 $g(x)$。实用的循环纠错编码有以下几种。

（1）CRC 码，这是一种广泛应用于检错的循环码。其中 CRC-16 的 $g(x)=x^{16}+x^{15}+x^2+1$，CRC-CCITT 的 $g(x)=x^{16}+x^{12}+x^5+1$。

（2）BCH 码：能够纠正多个随机错误的循环码，应用广泛并且很有效。这种编码可以根据要求的纠错个数 t 和码长 n，利用查表法，获得生成多项式 $g(x)$。

例 6.3　$t=1$、$n=7$，为（7,4）BCH 码。查表 6.8 可知本原 BCH 码的 $g(x)$ 参数为 13（表中数据为八进制），对应二进制 1011，则 $g(x)=x^3+x+1$。

表 6.8　部分本原 BCH 循环码表

n	k	t	参数（八进制）	$g(x)$
7	4	1	13	x^3+x+1
15	11	1	23	x^4+x+1
15	7	2	721	$x^8+x^7+x^6+x^4+1$
15	5	3	2467	$x^{10}+x^8+x^5+x^4+x^2+x+1$
31	26	1	45	x^5+x^2+1
31	21	2	3551	$x^{10}+x^9+x^8+x^6+x^5+x^3+1$
31	16	3	107657	$x^{15}+x^{11}+x^{10}+x^9+x^8+x^7+x^5+x^3+x^2+x+1$

6.4　卷　积　码

卷积码又称连环码，是由 Elias 于 1955 年提出的一种纠错码，它和分组码有明显的区别，属于非分组码。在一个二进制分组码（n,k）中，包含 k 个信息位，码字长度为 n，每个码字的 $n-k$ 个校验位仅与本码字的 k 个信息位有关，而与其他码字无关。为了达到一定的纠错能力和码率 $R_c=k/n$，分组码的码字长度 n 通常都比较大。编译码时必须把整个信息码字存储起来，由此产生的延时随着 n 的增加而线性增加。为了减少这个延迟，人们提出了各种解决方案，其中卷积码就是一种较好的信道编码方式。这种编码方式同样是把 k 个信息比特编成 $n$bit，但 k 和 n 通常很小，特别适合以串行形式传输信息，减少了编码延时。

与分组码的比较中，在同等码率 R_c 和同等设备复杂度的情况下，实践证明卷积码的纠错性能至少不比分组码差；而卷积码的最佳译码的实现却又比分组码简单。所以，从信道编码的角度来看，卷积码是一种非常有前途的编码方式。由于卷积码的优异性能，其在卫星通信、空间通信和移动通信等领域发挥着重要作用。

6.4.1 卷积码的基本概念

卷积码常用 (n,k,L) 表示，其中 n 表示某时刻编码器输出的码元数，k 表示该时刻输入的信息元数，L 表示编码过程中互相约束的码段数。卷积码的码率 $R_c=k/n$。

(n,k,L) 卷积码编码器原理框图如图 6.10 所示。编码器主要由一组 L 段的输入移位寄存器（每段有 k 个寄存器，共有 $L \cdot k$ 个寄存器）、n 个模二加法器、n 个输出移位寄存器构成。每个时刻有 k 个信息码元从左端进入输入移位寄存器，同时各级输入移位寄存器暂存的信息码元向右移 k 位，n 个模二加法器在该时刻输出的 n 个码元不仅与当前段的 k 个信息码元有关，而且与前面 $L-1$ 段的信息码元有关，即卷积码的编码器具有记忆性。对 (n,k) 线性分组码编码器来说，本组输出的 $n-k$ 个监督码元仅与本组 k 个信息码元有关，与其他各组无关，也就是说，分组码编码器本身并无记忆性。

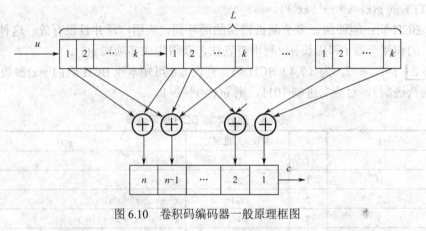

图 6.10 卷积码编码器一般原理框图

$(2,1,2)$ 二元卷积码的编码器如图 6.11 所示。编码器由 $n=2$ 个模二加法器、$k=1$ 路输入和 $L=2$ 级移位寄存器构成。每输入一个信息码元，编码输出为 2 位，即码率 $R_c=k/n=1/2$。

初始状态：各移位寄存器清零，即 $b_1b_2b_3$ 为 000。b_1 为当前输入信息码元，移位寄存器 m_1 的状态 b_2 存储前一个信息码元，移位寄存器 m_2 的状态 b_3 存储前 2 个（即前 m 个）信息码元。根据电路，编码输出由下式确定，即

$$\begin{cases} c_1 = b_1 \oplus b_2 \oplus b_3 \\ c_2 = b_1 \oplus b_3 \end{cases}$$

例如，输入的信息 $D = [1\,0\,0\,1\,1]$，利用上式可以得到卷积码编码输出，如表 6.9 所示。为了使信息 D 全部通过移位寄存器，还必须在信息码元后面加 3 个零。

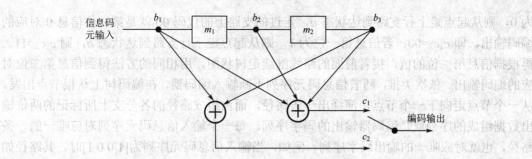

图 6.11 （2,1,2）卷积码编码器

表 6.9 （2,1,2）卷积码编码过程表

信息输入 b_1	1	0	0	1	1	0	0	0
移位寄存器状态 b_2b_3	00	10	01	00	10	11	01	00
编码输出 c_1c_2	11	10	11	11	01	01	11	00

6.4.2 卷积编码的描述方法

描述卷积码的方法有两类，即图解表示法和解析表示法。图解表示法能够直观描述编码过程，常用的图解法包括树状图、状态转移图和网格图。解析表示法比较抽象，主要有卷积表示法和延时算子多项式法。

1. 树状图

树状图描述的是在任意信息码元序列输入时对应的输出码字。根据图 6.11 所示的（2,1,2）二元卷积码的编码电路，可以画出图 6.12 所示的树状图。

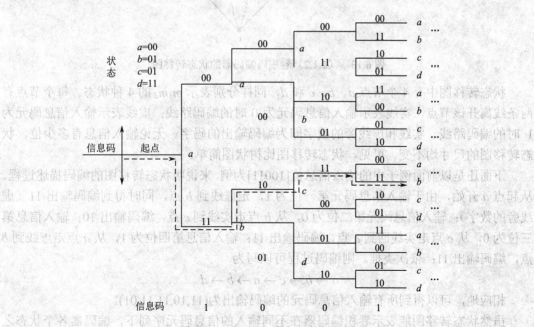

图 6.12 （2,1,2）卷积码的树状图

图 6.12 中 a、b、c 和 d 表示寄存器 m_1m_2 的 4 种状态。若输入信息码元序列的第一位

为 0，则从起点走上行支路到达状态 a，走过的支路上的代码 00 就是第一位信息 0 对应的编码输出，即 c_1c_2=00；若信息第一位为 1，则从起点走下行支路到达状态 b，则 c_1c_2=11。再根据信息第二位的值，接着前面的路线继续走树状图，用相同的方法得到信息第二位对应的编码输出。依次类推，随着信息码元序列不断输入编码器，在编码树上从根节点出发，从一个节点走向下一个节点，演绎出一条路径，而由组成路径的各分支上所标记的两位输出数据组成的序列就是编码器输出的码字序列。每一个输入信息码元序列对应唯一的一条路径，也就对应唯一的输出码字序列。例如，当输入信息码元序列为[1 0 0 1]时，其路径如图 6.12 中虚线所示，编码输出序列为[11 10 11 11]。

由图 6.12 所示的树状图可见，对应第 i 个输入信息码元，相应有 2^i 条支路，当 i 变大时，树状图的尺寸越来越大，这时用树状图来描述卷积码的编码过程就不方便了。

2. 状态转移图

除了用树状图表示编码器的工作过程外，还可以用状态转移图来描述。(2,1,2)卷积编码器的状态转移图如图 6.13 所示。

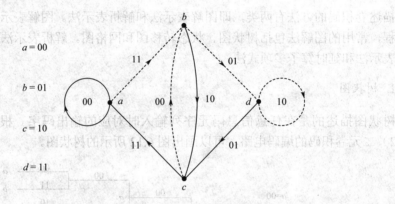

图 6.13　(2,1,2)卷积码编码器的状态转移图

状态转移图中有 4 个节点 a、b、c 和 d，同样分别表示 m_1m_2 的 4 种状态。每个节点有两条线离开该节点，实线表示输入信息码元为 0 时的编码路线；虚线表示输入信息码元为 1 时的编码路线。实线和虚线旁的数字即为编码输出的码字。无论输入信息有多少位，状态转移图的尺寸均不变。可见，状态转移图比树状图简单。

下面还是以前面例子中的输入信息值[10011]为例，来说明状态转移图的编码描述过程。从起点 a 开始，由于输入信息码元第一位为 1，走虚线到 b 点，同时得到编码输出 11（虚线旁的数字）；输入信息码元第二位为 0，从 b 点走实线到 c 点，编码输出 10；输入信息第三位为 0，从 c 点走实线回到 a 点，编码输出 11；输入信息第四位为 1，从 a 点走虚线到 b 点，编码输出 11；依次类推，则编码过程可以写为

$$a \rightarrow b \rightarrow c \rightarrow a \rightarrow b \rightarrow d$$

相应地，可以得到所有输入信息码元的编码输出为(11,10,11,11,01)。

虽然状态转移图能表示卷积编码器在不同输入的信息码元序列下，编码器各个状态之间的转移关系，但并不能表示出编码器状态转移和时间的关系。为了表示这种状态与时间的关系，引入网格图。

3. 编码网格图（或称格图）

编码网格图由状态转移图在时间上展开得到，如图 6.14 所示。图 6.13 中画出了所有可能的信息码元输入时，状态转移的全部可能轨迹。输入信息码元为 0 时，走实线；输入信息码元为 1 时，走虚线。线旁的数字为编码输出，节点表示状态。例如，输入信息值为[10011]时的轨迹为 $a \rightarrow b \rightarrow c \rightarrow a \rightarrow b \rightarrow d$，沿着轨迹可以得到对应的编码输出为 1110111101。

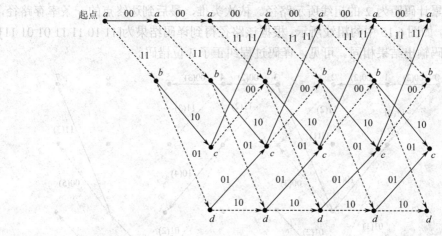

图 6.14 （2,1,2）卷积码的网格图

6.4.3 卷积码的译码

卷积码的译码方法可分为代数译码和概率译码两大类。代数译码沿用分组码代数译码的思路和概念，完全基于码的代数结构，不考虑信道的统计特性。尽管卷积码不是分组码，但仍属于线性码，同样可由生成矩阵 G 和校验矩阵 H 来确定。大数逻辑译码，又称阈值解码，是卷积码代数译码的一种最主要方法。虽然代数译码所要求的设备简单、运算量小，但其译码性能要比概率译码方法差许多。概率译码不仅基于码的代数结构，而且还利用了信道的统计特性对信息进行最大似然判决，找出概率最大的一条路径作为译码的估计输出，因而能充分发挥卷积码的特点，使译码错误概率达到最小。目前，在数字通信的前向纠错中广泛使用概率译码方法，其中的维特比算法又是最常用的译码算法。

1. 维特比译码

维特比译码是一种基于序列的最大似然译码算法。最大似然译码算法的基本思路是，把接收码字与所有可能的码字比较，选择一条具有最大度量的路径作为译码输出。这种译码方法也叫作维特比硬判决译码，本质上是对似然判决译码的简化。维特比硬判决译码算法是一种基于网格图的最大似然译码方法，它并不是在网格图中比较所有可能的路径，而是把接收码字分段处理，每接收一段码字，计算、比较一次，选择一段最可能的分支，即保留码距最小的路径，直到译完整个序列。若对 BSC 信道译码，则实质是以最小距离为度量进行译码。

以上述的（2,1,2）卷积码为例说明维特比硬判决译码过程。设发送端的信息为 $u=$

[1001100]，则编码输出为 c= [11 10 11 11 01 01 11]，设接收端接收的码字为 y= [11 00 11 01 01 00 11]，有 3 位错码。下面参照图 6.15 所示的网格图说明译码过程。

如图 6.15 所示，先选接收码字的前 6 位作标准，对到达第 3 级的 4 个节点的 8 条路径进行比较（图中只画出 5 条），计算出每条路径与接收码字之间的累计码距（累计码距分别用图中括号内的数字表示）。保留累计码距最小的路径作为幸存路径，如图中粗线（粗实线或粗虚线）所示路径累计码距为 1。再根据接收码字第 7～10 位，走到第 5 级，计算、比较、保留最小累计码距为 2 的粗线所示路径。依次类推，最后到达终点的一条幸存路径，就是译码路径，如图 6.15 中的粗线所示。根据该路径得到译码结果为[11 10 11 11 01 01 11]，与发送端的编码输出结果相同。可见，译码过程纠正了 3 位错码。

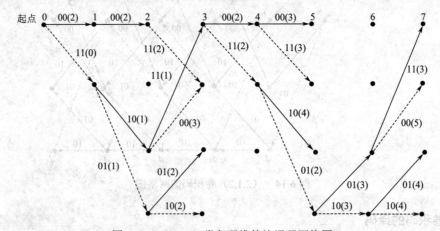

图 6.15　（2,1,2）卷积码维特比译码网格图

2. 序列译码法

序列译码法的译码复杂度基本上与约束度无关，因此可适用于约束度很大的卷积码，从而获得很高的编码增益。与维特比译码一样，序列译码也是以路径的汉明距离为量度准则，选择与接收序列相接近的路径；与其不同的是，序列译码在接收序列的控制下，译码器在树图上寻找编码所走的正确路径，力图尽早排除所有非最大似然路径，从而减少译码的平均计算量。其过程如下。

译码先从树图的起始节点开始，把接收到的第一组 n 个码元与自起点出发的两条分支按照最小汉明距离进行比较，沿着差异最小的分支走向第二个节点。在第二个节点上，译码器仍以同样原理到达下一个节点，依此类推，最后得到一条路径。

若接收码字有错，则自某节点开始，译码器就一直在不正确的路径中行进，译码也一直错误。因此，译码器有一个阈值，当接收码元与译码器所走的路径上的码元之间的差异总数超过阈值时，译码器判定有错，并且返回试走另一分支。经数次返回找出一条正确的路径，最后译码输出。

本 章 小 结

（1）所谓差错控制就是在发送端利用编码器在数字信息序列中加入一些校验码元，接收端译码器利用这些码元的内在规律来检错和纠错。差错控制编码是提高数字传输可靠性的一种技术，它是以牺牲数字传输的有效性为代价的。

（2）差错控制方式有反馈重发方式、前向纠错方式以及混合纠错方式，它们在不同的通信系统中得到了广泛的应用。

（3）在纠错编码技术中，编码的设计与错误性质有关，对能够纠正随机错误的编码往往对纠正突发错误的效果不好，所以要根据错误的性质来设计编码方法。实际上，两种错误在信道上往往是并存的，一般要以一种为主进行设计。

（4）差错控制编码的类型有很多，如线性分组码、卷积码，线性分组码中的汉明码和循环码应用较多，而卷积码在新的编码技术中得到广泛采用。

习 题

1. 一线性码的校验矩阵为

$$H = \begin{bmatrix} 100100110 \\ 101010010 \\ 011100001 \\ 101011101 \end{bmatrix}$$

求其系统生成矩阵。

2. 已知（7,3）分组码的校验关系式为

$$\begin{cases} x_6 & +x_3 & +x_2 & +x_1 & & = 0 \\ x_6 & & +x_2 & +x_1 & +x_0 & = 0 \\ x_6 & +x_5 & & +x_1 & & = 0 \\ x_6 & & +x_4 & & +x_0 & = 0 \end{cases}$$

求其校验矩阵、生成矩阵、全部码字及纠错能力。

3. 汉明码有哪些特点？

4. 已知（7,4）循环码的全部码字为

```
0000000   0001011   0010110   0011101
0100111   0101100   0110001   0111010
1000101   1001110   1010011   1011000
1100010   1101001   1110100   1111111
```

试写出该循环码的生成多项式 $g(x)$ 和生成矩阵 $G(x)$，并将 $G(x)$ 化成系统生成矩阵。

5. 已知（15,5）循环码的生成多项式为 $g(x)=x^{10}+x^8+x^5+x^4+x+1$，求该码的生成矩阵，并写出消息码为 $u(x)= x^4+x+1$ 时的码多项式。

6. 已知（7,4）循环码的生成多项式为 $g(x)=x^3+x+1$。

（1）求其生成矩阵及校验矩阵。

（2）写出系统循环码的全部码字。

7. 已知（7,3）循环码的校验关系为

$$x_6 \oplus x_3 \oplus x_2 \oplus x_1 = 0$$
$$x_5 \oplus x_2 \oplus x_1 \oplus x_0 = 0$$
$$x_6 \oplus x_5 \oplus x_1 = 0$$
$$x_5 \oplus x_4 \oplus x_0 = 0$$

试求该循环码的校验矩阵和生成矩阵。

8. 设计一个由 $g(x)=(x+1)(x^3+x+1)$ 生成的（7,3）循环码的编码电路和译码电路。

9. 一个卷积码编码器包括一个两级移位寄存器（即约束度为 3），3 个模二加法器和 1 个输出复用器，编码器的生成多项式为

$$g_1(x) = 1 + x^2$$
$$g_2(x) = 1 + x$$
$$g_3(x) = 1 + x + x^2$$

试画出编码框图。

10. 一个码率为 1/2 的卷积编码器如题图 6.1 所示，求由信息序列 10111 产生的编码器输出。

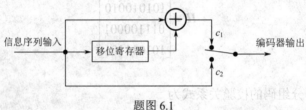

题图 6.1

11. 题图 6.2 所示为码率 $R_c=1/2$，约束长度为 4 的卷积码编码器，若输入的信息序列为 10111…，求产生的编码器输出。

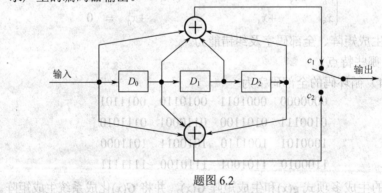

题图 6.2

12. 画出习题 11 中题图 6.2 所示卷积码编码器的树图，绘出对应于信息序列为 10111… 的通过树的路径，把产生的编码器输出和习题 11 所得的结果相比较。

13. 码率为 1/2，约束度为 3 的卷积码的网络图如题图 6.3 所示，如果传送的是全 0 序列，接收的序列是 10 00 10 00 00…，利用维特地（Viterbi）算法计算译码输出序列。

14. 习题 13 中，若传送的不是全零序列，接收到的序列为 10 01 11 00 10 00，利用 Viterbi 算法，计算译码输出序列。译码输出可能纠正了几个错码？

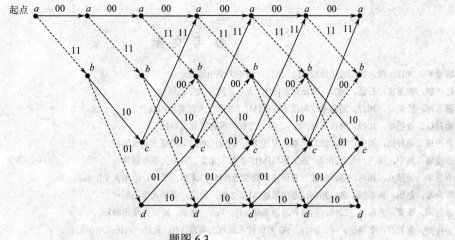

题图 6.3

参 考 文 献

陈爱军, 2018. 深入浅出通信原理[M]. 北京: 清华大学出版社.

陈树新, 尹玉富, 石磊, 2020. 通信原理[M]. 北京: 清华大学出版社.

陈彦彬, 冷建材, 2022. 通信系统与技术基础[M]. 北京: 人民邮电出版社.

樊昌信, 曹丽娜, 2012. 通信原理[M]. 7版. 北京: 国防工业出版社.

韩声栋, 蒋铃鸽, 刘伟, 等, 2017. 通信原理[M]. 2版. 北京: 机械工业出版社.

李晓峰, 周宁, 周亮, 等, 2014. 通信原理[M]. 2版. 北京: 清华大学出版社.

李学华, 吴韶波, 杨玮, 等, 2020. 通信原理简明教程[M]. 4版. 北京: 清华大学出版社.

粟向军, 赵娟, 黄彩云, 等, 2016. 通信原理[M]. 2版. 北京: 清华大学出版社.

汪源源, 朱谦, 包闻亮, 2015. 信号和通信系统[M]. 3版. 北京: 清华大学出版社.

吴俊卿, 张智群, 李保罡, 等, 2021. 5G系统技术原理与实现[M]. 北京: 人民邮电出版社.

杨波, 王元杰, 周亚宁, 2019. 大话通信[M]. 2版. 北京: 人民邮电出版社.

杨育红, 朱义君, 王彬, 等, 2020. 现代通信系统[M]. 北京: 清华大学出版社.

约翰·W. 莱斯(John W. Leis), 2021. 通信系统: 使用MATLAB分析与实现[M]. 徐争光, 等译. 北京: 清华大学出版社.

张甫翊, 徐炳祥, 吴成柯, 2012. 通信原理[M]. 北京: 清华大学出版社.

张辉, 曹丽娜, 2018. 现代通信原理与技术[M]. 4版. 西安: 西安电子科技大学出版社.

张晓瀛, 2021. 通信原理仿真基础[M]. 北京: 电子工业出版社.

张祖凡, 2018. 通信原理[M]. 北京: 电子工业出版社.

周康林, 丁奇, 2021. 大话移动通信[M]. 2版. 北京: 人民邮电出版社.

HAYKIN S, 2018. 通信系统[M]. 4版. 宋铁成, 等译. 北京: 电子工业出版社.

HAYKIN S, 2020. 数字通信系统[M]. 刘郁林, 等译. 北京: 电子工业出版社.

PROAKIS J G, SALCHI M, 2011. 数字通信[M]. 张力军, 等译. 5版. 北京: 电子工业出版社.

ZIEMER R E, TRANTER W H, 2018. 通信原理: 调制、编码与噪声[M]. 谭明新, 译. 7版. 北京: 电子工业出版社.

HAYKIN S, 2010. Communication systems[M]. 4th ed. New York: John Wiley & Sons, Inc.

ITU-T G.711. https://www.itu.int/rec/T-REC-G.711-198811-I/en.

LATHI B P, 2011. Modern digital and analog communication systems[M]. 3rd ed. New York: Oxford University Press.

PROAKIS J G, SALCHI M, 2008. Digital communications[M]. 5th ed. New York: McGraw-Hill, Inc.